电力行业"十四五"规划教材

高等教育电气与自动化类专业系列

U0642990

电力电缆
输电线路设计

主　编　唐　波

副主编　袁发庭　李瀚儒　卞佳音

编　写　刘　任　姜　岚　张龙斌

　　　　蔡晨林　王　帅

中国电力出版社

CHINA ELECTRIC POWER PRESS

内 容 提 要

  本教材系统地介绍了电力电缆输电线路设计基本知识。全书共分六章，主要内容包括电力电缆输电线路基本知识、电力电缆的选型、电力电缆的附件设计原理、电力电缆的敷设方式及施工技术、电缆的防火设计和电缆的路径选择等。本书在讲述电力电缆输电线路设计基本理论的基础上，突出了应用技术所占的比重。

  本教材既可作为电气类专业的本科教材，也可作为相关专业研究生的学习教材，同时可作为相关工程技术人员的参考用书。

图书在版编目（CIP）数据

  电力电缆输电线路设计/唐波主编；袁发庭，李瀚儒，卞佳音副主编. -- 北京：中国电力出版社，2025.7. -- ISBN 978-7-5239-0168-7

  Ⅰ.TM726.4

  中国国家版本馆 CIP 数据核字第 2025QR0889 号

出版发行：中国电力出版社
地 址：北京市东城区北京站西街 19 号（邮政编码 100005）
网 址：http://www.cepp.sgcc.com.cn
责任编辑：张 旻
责任校对：黄 蓓 王海南
装帧设计：赵姗姗
责任印制：吴 迪

印 刷：三河市航远印刷有限公司
版 次：2025 年 7 月第一版
印 次：2025 年 7 月北京第一次印刷
开 本：787 毫米×1092 毫米 16 开本
印 张：10.25
字 数：253 千字
定 价：45.00 元

前　　言

随着全球能源结构转型与新型电力系统建设的加速推进，高压电力电缆作为现代城市供电的"生命线"，正以前所未有的深度融入电力能源网络。从跨海输电工程到城市地下综合管廊，从特高压直流输电到新能源并网系统，电缆输电技术已成为支撑新型能源体系建设的核心载体。在此背景下，面对"双碳"目标下的技术革命与产业升级，培养具有系统设计能力和创新思维的输电线路专业人才，满足电力行业对电力电缆工程领域相关技术人才的需求，已成为电力工程教育领域的重要课题。

本教材旨在为电气工程以及输电线路工程专业的学生提供一本系统学习电力电缆输电线路设计的专业教材，同时也可供从事电缆施工和运行维护等工作的技术人员参考使用。在编写过程中，立足电力电缆工程领域的技术发展前沿，深度融合我国现行设计规范与工程实践经验，较为系统地构建了电缆输电线路设计的知识体系，力求使教材内容既涵盖电力电缆输电线路设计的基础理论知识，又紧密结合工程实际。

教材内容基本上涵盖了电力电缆输电线路设计的各个方面。全书共分六章，第一章为电力电缆输电线路，主要包括电缆的基本结构、电缆的分类、电缆的附件、电缆的附属设备和附属设施、电力电缆的敷设方式等；第二章为电力电缆的选型，包括电缆线路的电气参数计算、载流量计算及电缆的截面积选择等；第三章为电力电缆的附件设计原理，包括电缆终端电场分布特点、电缆连接接头盒的典型结构和终端接头盒的设计计算等；第四章为电力电缆的敷设方式及施工技术，涉及直埋敷设、排管敷设、电缆隧道敷设和电缆沟敷设等；第五章为电缆的防火设计，包括电缆火灾的起因、防火的规定及措施、防火设施的设计等；第六章为电缆的路径选择，包括路径选择原则和技术要求、外部设施间距要求和海底电缆的路径选择等。

本教材由三峡大学唐波主编；三峡大学袁发庭、广东电网广州供电局李瀚儒、卞佳音副主编；唐波统稿。在编写过程中，编者团队调研了多项重点工程案例，得到了许多同仁们的关怀和支持，并参阅了许多同行专家的论著和文献；另外，教材还承蒙广州供电局黄嘉盛高级工程师审阅了全稿，并提出了许多宝贵的意见和建议，在此一并表示感谢。

我们深知教材编写是一项复杂而艰巨的任务，尽管我们努力做到尽善尽美，但由于时间和水平的限制，书中难免存在不足之处。同时，电力电缆技术的创新发展永无止境。随着高温超导电缆、人工智能和三维设计等颠覆性技术的突破，电缆输电线路设计正面临新的机遇与挑战。在此，我们真诚地希望广大读者在使用过程中提出宝贵的意见和建议，以便我们在今后的修订工作中不断完善。

编　者

2025 年 6 月

目　　录

第一章 电力电缆输电线路

GB/T 2900.10—2013《电工术语 电缆》，将电缆定义为用以传输电能、信息和实现电磁能转化的线材产品。电缆和电力电缆都是用于传输电信号的线路。电缆包括电力电缆（用于电力系统主干线路的电能传输、通信电缆传输电信息）、光缆等子类。电力电缆是在电力系统主干线路中专门用于传输和分配电能的导线。在不特别说明的情况下，本书讨论范围仅限于电力电缆。

第一节 概 述

一、电力电缆输电线路

电力电缆输电线路是电力网的重要组成部分，是除了架空输电线路之外，另一种传输电能的途径，具有输送和分配电能的重要作用。架空输电线路通常采用裸导线传输电能，电力电缆输电线路则是用电缆芯导线传输电能。

随着城市化发展进程的逐渐深入，高负荷密集区遍布于各特大城市。在大容量输电通道和城市景观规划的双重需要下，高压电力电缆输电网络已是城市电网的主流建设形式。电缆线路虽然建设投资费用较高，但是它相对于架空输电线路，输送电能的导体有良好的绝缘性能，因此可敷设于地下，不占地面空间，不受自然气象环境影响，具有供电可靠性高、减少线路走廊用地面积等优势；同时电力电缆也可铺设于海底，能解决陆地与海岛的输电联网问题，因此得到越来越多的应用。

目前，电力电缆在输电线路中的应用主要存在三种方案。分别是变电站进线段采用高压电缆敷设一段后，再采用架空线的方式与对端变电站相连；城市中架空输电线路路径选择困难的地方，线路中间一段采用电力电缆，即电缆的两端均为架空输电线路，但这种方式的电缆分段数不宜过多，以免增加运行维护的难度；最后就是变电站之间，全线采用高压电缆。

二、电力电缆输电线路的分类

电力电缆输电线路按敷设方式可分架空绝缘线路、地下电缆线路和海底电缆线路这3种。

架空绝缘线路是一种通过杆塔将专用架空电缆架设在一定高度以传输电能的线路，输电方式介于架空导线和地下电缆之间，一般应用于 10kV 以下。地下电缆线路与架空绝缘线路相比，是将电缆常埋于地下，这种方式不仅可以减少空间占用、提高城市景观美观度，还可以减少电线电缆对大气环境的影响，使电力系统更加稳定、可靠。海底电缆线路用于水下传输大功率电能，与地下电力电缆的作用等同，只不过应用的场合和敷设方式不同，主要用于陆岛之间、横越江河或港湾、从陆上连接钻井平台或钻井平台间的互相连接等。

目前城市建设中，从集约化角度出发采用综合管廊，将电力、通信、广播电视、给水等市政管线集中敷设于公共隧道内。

电力电缆输电线路按传输电流的不同，可分为交流电缆线路和直流电缆线路。

交流电缆线路用于工频为 50Hz 的电力系统中，直流电缆线路用于整流后的直流输电系统中。在输送功率相同和可靠性指标相当的条件下，直流输电换流站的投资比交流变压器大，而直流电缆线路仅为正负极，结构简单，安装维护方便，费用也较低；交流电缆线路为三相线，绝缘要求较高，结构较为复杂，但线路长度超过 20km 后，其综合费用相对于直流电缆线路来说，投资小，电力系统的运行可靠性和调度灵活性也相对较高。

根据结构类型，电缆线路又分为硬管型、软管型和悬挂型。

通常硬管型电缆线路用于公路或呈直线的道路，先将管道埋设在地下，再将电缆线芯穿过管道内敷设，如钢管电缆。为了减少硬管型电缆线路电缆接头的数量，应尽量增加拉入长度，而拉入长度又与线路弯曲度有关，因此应尽可能为直线路径；必须弯曲时，其弯曲半径应加以控制。通常，硬管型电缆线路用于公路或者呈直线的道路。

软管型电缆线路路径选择比较灵活，可采用油浸纸绝缘电缆、固体挤压聚合电缆等。由于一般电缆装盘长度为 200～300m，因此软管型电缆线路多用于弯曲较多的道路，在遇有其他地下管线时也便于交叉。

悬挂型电缆线路即架空敷设，通常悬挂在电杆或建筑物墙上，主要用于线路与环境尽可能不相互影响的场所，如线路穿越人行道、树木、狭窄的街道，也可利用已有电力、通信架空杆塔进行架设，或者作为变电站、开关站的进线或出线。

本书重点论述地下电力电缆输电线路设计的有关问题，在不做特别说明的情况下，电力电缆输电线路均指地下电力电缆输电线路。

三、电力电缆输电线路的组成

电力电缆输电线路是由电力电缆、电缆附件、附属设备和附属设施组成的整个系统，如图 1-1 所示。

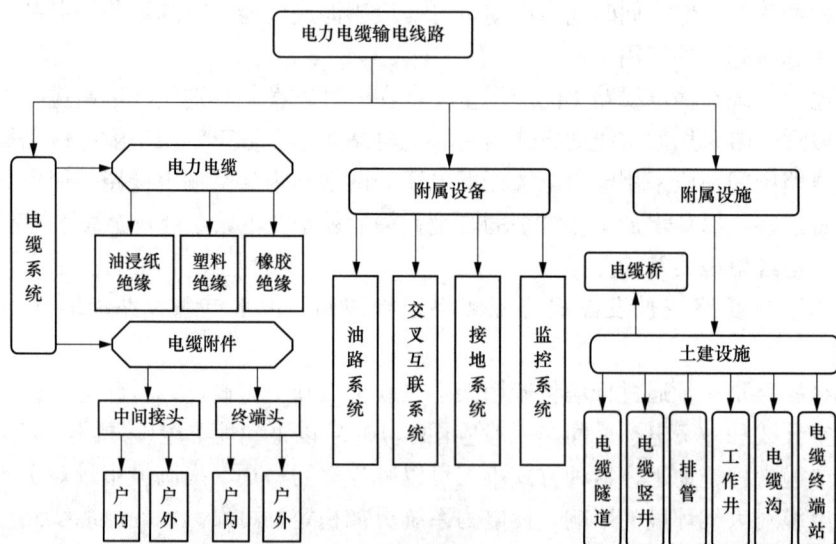

图 1-1　电缆线路的组成

电缆系统是由电力电缆和安装在电缆上的附件构成的系统。电力电缆即电缆，用于传输和分配电能。电缆附件是连接电缆与输配电线路、相关配电装置的部件和设备，一般指电缆线路中各种电缆的中间连接及终端连接的中间接头和终端头。

附属设备是与电缆系统一起形成完整电缆线路的附属装置与部件，包括油路系统、交叉互联系统、接地系统、监控系统等。

附属设施也称电缆构筑物，是与电缆系统一起形成完整电缆线路的土建设施，包括专供敷设电缆或安置电缆附件的电缆沟、电缆隧道、电缆竖井、排管、工作井和电缆终端站等构筑物。

四、电力电缆输电线路的特点

电力电缆输电线路与架空输电线路相比，其如下优点。

（1）电力电缆输电线路运行可靠性高，受雷电、风雨、烟雾、污秽、覆冰等气候条件，以及风筝、鸟害外破等周围环境影响小，传输性能稳定，可靠性高。

（2）电力电缆输电线路不需要架设杆塔，因此不占地面走廊，同一地下通道可容纳多回线路，不存在架空输电线路常见断线倒杆、绝缘子闪络破碎，以及因导线摆动而造成的短路和接地故事。它不仅可以节约木材、钢材、水泥和绝缘子等，还不占用线路走廊、不与城市绿化相冲突，有利于市容整齐美观，尤其在城市繁华地区敷设的电缆线路还能减少对人的伤害。

（3）相对于架空输电线路，电力电缆输电线路的运行管理简单方便，维护工作量小，费用较低。除充油电缆线路外，一般电缆线路只需定期巡查，防止外损，以及 2～3 年做一次预防性试验即可；而架空输电线路由于外界环境的影响和污秽问题，为了保证安全、可靠供电，必须进行经常性维护和试验工作。

（4）电缆的送电容量大，具有向超特高压、大容量发展等的优越性，如采用低温、超导电力电缆等。

（5）电力电缆输电线路相对于架空输电线路，有利于提高电力系统的功率因数。电缆可以看作一个电容器，因此电缆线路的无功功率输出非常大，对改善电力系统功率因数、提高线路输出容量、降低损耗极为有利；而架空输电线路相当于单极导体，其电容小至可以忽略不计。

电力电缆输电线路虽然有以上优点，但也有下列不足之处。

（1）同样的导线截面积，电缆的送电容量小于架空输电线路。电缆线路成本高，一次性投资费用较大，如采用成本最低的直埋方式敷设一条 35kV 电缆线路，其综合投资费用为相同架空导线线路的 4～7 倍。

（2）敷设后的电缆线路难以变动，不适宜作临时性使用。

（3）电缆接头的制作工艺要求较高，需要由受过专门训练的技术人员操作。

（4）查找地下电力电缆故障较困难，必须使用专门的仪器进行测量，并要求测试人员具备一定的专业技能。

（5）由于电力电缆输电线路敷设在地下，电缆发生故障后进行修复通常需要挖出电缆，再进行修复和试验等工作后才能恢复供电，因此电力电缆输电线路修复及恢复供电的时间远大于架空输电线路。

第二节　电缆的基本结构

随着新材料、新工艺的不断出现，新型电缆的电压等级逐渐增高，电缆的品种越来越多，电缆结构也更为复杂。从基本结构上看，电缆主要由导电线芯、绝缘层和保护层这三部分组成。其中，导电线芯用于传输电能；绝缘层用于保证导电线芯与外界电气隔离；保护层则起保护密封作用，使绝缘层不受外界潮气浸入，不受外界损伤，确保绝缘性能。在电压等级较高的情况下，导电线芯和绝缘层之间还需要屏蔽层。

一、电缆的导电线芯

电缆的导电线芯简称导体，通常用导电性能好，韧性和强度高的金属材料制成。导体种类繁多，按材料分，有铜芯和铝芯两种；按线芯数量分，有单芯、二芯、三芯、四芯和五芯等；按导体截面形状分，电缆导体截面有圆形、椭圆形、扇形和中空圆形等；按导体的填充系数大小分，有紧压和非紧压两种。

较大截面积（16mm² 以上）的电缆线芯由多根较小直径的导线分层绞合制成，以此提高电气性能和机械强度，并满足电缆施工的柔软性和弯曲度要求。通常，圆形导线线芯的排列采用正规绞合的形式，中心为 1 根单线，第二层为 6 根单线，第三层为 12 根单线，以后每一层比内层多 6 根。绞合用单线均采用相同的线直径，每一层单线绞合方向和前一层方向相反，最外层采用左向绞合。但是导体中单线的根数及排列方式并非标准的规定内容，因此在电缆应用中，不同的电缆厂家会结合自身设备情况及生产经验调整单线根数及排列形式。

非正规绞合是指层与层之间的单线直径不尽相同，或者所有组成单线都依同一方向的绞合。

为了缩小各层绞线的直径，节约导体材料，很多电缆导体均采用紧压线芯结构。此外，紧压还可使整个导体线芯表面光滑，防止线芯间隙加大而产生局部放电；但紧压也使得导体变硬，电导率下降，电阻损耗增加。经紧压后，每根单线不再是圆形，而是呈不规则形状，原来的空隙部分被单线变形而填充，如图 1-2 所示。线芯紧压过程中由于受到压缩，长度有所增加，因此截面积比原单线截面积的总和要小。此时，实际截面积与外接圆所包含的面积之比，称为导体的填充系数，也称紧压系数。

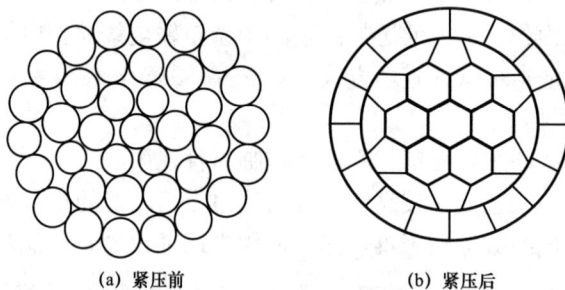

(a) 紧压前　　　　　　　　　　(b) 紧压后

图 1-2　圆形导体紧压前后的截面积

为了描述紧压的程度，紧压系数：

$$\xi = \sum_{i=1}^{n} \frac{A_i}{\frac{\pi}{4}D_C^2} \approx 1.273 \sum_{i=1}^{n} \frac{A_i}{D_C^2} \tag{1-1}$$

式中：n 为线芯单线总根数；D_C 为绞合线芯外接圆直径，mm；A_i 为单线截面积，m²。

ξ 越大，表明电缆线芯压得越紧。非紧压导体的紧压系数通常为 $0.73\sim0.77$；紧压导体的紧压系数可达到 $0.88\sim0.93$。对于交联聚乙烯电缆，为阻止水分沿纵向进入导体内部，其紧压系数应达到 $0.93\sim0.94$。

对于大截面积的电缆导体，常采用分割导线结构，如图 1-3 所示。分割导线结构就是把大截面积导体分成若干个股块再经绞合紧压，股块间用绝缘皱纹纸隔开，使其彼此绝缘。整个导体相当于由几个相互绝缘的扇形股块组成，由于单个扇形股块的截面积减小，这样极大地减小了集肤效应，从而达到减小交流电阻的目的。

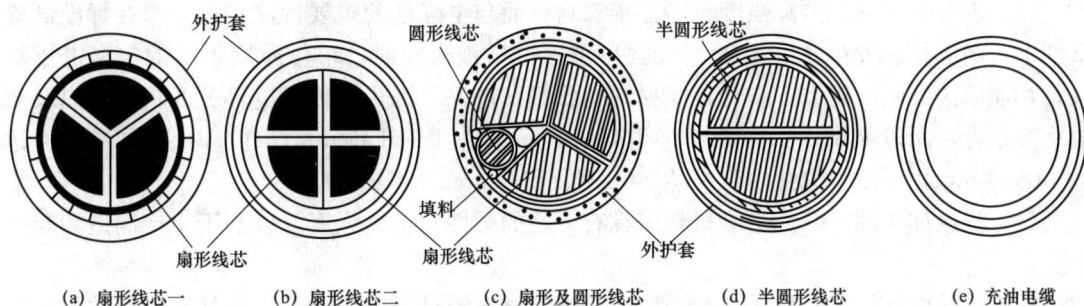

| (a) 扇形线芯一 | (b) 扇形线芯二 | (c) 扇形及圆形线芯 | (d) 半圆形线芯 | (e) 充油电缆 |

图 1-3 电缆线芯的截面形状

电缆导体采用标称截面积表述电缆产品的规格，以 GB/T 18890.2—2015《额定电压 220kV（U_m＝252kV）交联聚乙烯绝缘电力电缆及其附件 第 2 部分：电缆》中规定为例，各标称截面的电缆导电线芯标称截面积分别为 400、500、630、800、1000、1200、1400、1600、1800、2000、2200、2500mm²。

常用截面积的导线布置方式见表 1-1。

表 1-1 常用截面积的导线布置方式

导体标称截面积/mm²	圆形线芯		扇形线芯	
	根数	排列结构	根数	排列结构
25～35	7	1＋6	18	6＋12
50～70				
95	19	1＋6＋12	24	7＋2＋15
120				
150			45	7＋2＋15＋2
185				
240	37	1＋6＋12＋18		
300				
400、500～625	61	1＋6＋12＋18＋24		
800	91	1＋6＋12＋18＋24＋30		

二、电缆的绝缘层

电缆的绝缘层是包覆在线芯外，将线芯与大地及线线间隔离，起着电气绝缘作用的构件。良好的绝缘是保证导体正常传输电能的必要条件，也是确保外界物体和人身安全的重要措施。一般要求绝缘材料具有以下性能。

（1）绝缘电阻大。绝缘电阻是绝缘材料主要性能之一，一般都要求绝缘电阻不低于某个具体数值。如果绝缘电阻值过小，则沿着电缆线路的漏电电流必然增大，造成电能的浪费，同时电能变为热能，为热击穿准备了条件，增加了热击穿的可能性。

（2）介质损耗角正切小。运行于交流电场中的绝缘层中会有泄漏电流通过，使得绝缘层发热，这部分损耗称为介质损耗。介质损耗越大，发热量越大，老化随之加速。为了使介质损耗小，应采用介质损耗角正切小的绝缘材料。在高压电缆中，特别是 35kV 以上电缆，介质损耗是一个极为重要的技术指标。

（3）击穿强度大。击穿强度是表征绝缘材料而与电强度的重要性能指标，指在标准试验条件下，绝缘材料发生击穿时的电场强度值。试样被击穿时，单位厚度承受的击穿电压越大，物质的击穿强度越大，作为绝缘材料的质量就越好。因为电缆导电部分的相间距离及对地距离很近，所以绝缘层始终处于强电场中，一般为 1～5kV/mm，在 110kV 电缆中可达 8～10kV/mm，500kV 电缆中可高达 14～16.5kV/mm。

（4）机械加工性能好。绝缘材料需具有一定的柔性和机械强度，以利于生产制造和施工安装。

（5）化学性能稳定。化学性能不稳定的绝缘材料经过一定的时间，在外来因素的作用下会发生老化现象，其性能下降，甚至无法运行。目前，电缆的使用寿命要求一般不低于 30 年，因此其绝缘材料应具有优异的化学稳定性，经久耐用。

（6）耐电晕性能好。绝缘材料应具有较好的耐电晕性。如果绝缘材料耐电晕性差，绝缘层中的气泡或内外表面的突起在强电场下容易被电离而产生放电现象，放电时产生的臭氧对绝缘层存在破坏作用。

电缆的绝缘层材料有油浸纸、橡胶、纤维、塑料等。

三、电缆的保护层

为了使电缆满足各种使用环境的要求，在电缆绝缘层外面所施加的保护覆盖层称为电缆护层，也称电缆护套。电缆护层的主要作用是保护电缆绝缘层在敷设和运行过程中，免遭机械损伤和各种环境因素的破坏，如水、日光、生物、火灾等，以保持长期稳定的电气性能。因此，电缆护层的质量直接关系电缆的使用寿命。

电缆护层的结构和材料依照电缆的使用场合、电压等级和绝缘材料的不同而不同，主要可分成三大类，即金属护层（包括外护层）、橡塑护层和组合护层。金属护层具有完全的不透水性，可以防止水分及其他有害物质进入电缆绝缘内部，被广泛地作为耐湿性较差的油浸纸绝缘电力电缆的护套。橡塑护层和组合护层都有一定的透水性，橡塑护层主要用于以高聚物材料作为绝缘的电缆。组合护层的透水性比橡塑护层要小得多，适合于石油、化工等侵蚀性环境中使用的电缆。除此之外，为了满足某些特殊要求，如耐辐射、防生物等的电缆护层，称为特殊护层。

1. 金属护层

通常，金属护层由内护层和外护层构成。

内护层即金属护套，其特性由金属材料本身的性能及其工艺所决定。常用的金属护套有铅护套和铝护套。按其加工工艺的不同，可分为热压金属护套和焊接金属护套两种。此外，还有采用成型的金属管作为电缆金属护套，如钢管电缆等。

在金属护套外面起防腐蚀或机械保护作用的覆盖层称为外护层。外护层的结构主要取决于电缆敷设条件对电缆外护层的要求，一般由内衬层、铠装层和外被层三部分构成。

位于铠装层和金属护套之间的同心层称为内衬层，起铠装衬垫和金属护套防腐作用；用于内衬层的材料有绝缘沥青、浸渍皱纹纸带、聚氯乙烯塑料带，以及聚氯乙烯和聚乙烯等。

在内衬层和外被层之间的同心层称为铠装层，起抗压或抗张力的机械保护作用；通常，用于电缆铠装层的材料是钢带或镀锌钢丝。钢带铠装层的主要作用是抗压，这种电缆适合于地下敷设的场合使用；钢带铠装层的主要作用是抗拉，这种电缆主要是水下或垂直敷设的场合使用。

在铠装层外面的同心层称为外被层，对铠装层起防腐蚀保护作用，还对护套内各层结构起到机械保护作用；用于外被层的材料有绝缘沥青、聚氯乙烯塑料带、浸渍黄麻、玻璃毛纱、聚氯乙烯或聚乙烯护套等。

2. 橡塑护层

橡塑护层的特点是柔软、轻便，在移动式电缆中得到极其广泛的应用；但因为橡塑材料都有一定的透水性，所以仅能采用具有高耐湿性的高聚物材料。橡塑护层的结构比较简单，通常只有一个护套，并且一般是橡皮绝缘的电缆用橡皮护套，塑料绝缘的电缆用塑料护套。橡皮护套与塑料护套相比，橡皮护套的强度、弹性和柔韧性较高，但工艺比较复杂；塑料护套的防水性、耐药品性较好，且资源丰富、价格低、加工方便，因此应用更加广泛。

在地下、水下和竖直敷设的场合，为了增加橡塑护套的强度，常在橡塑护套中引入金属铠装，并将其称为橡塑电缆的外护层。

在有些特殊场合（如飞机、轮船通信网等）也采用金属丝编织层作为橡皮电缆的外护层，其主要作用是电磁屏蔽，当然也有一定的机械补强作用。

3. 组合护层

组合护层又称综合护层或简易金属护层。它本在塑料通信电缆中得到相当广泛的应用，但近年来，在塑料电力电缆中也得到了充分的应用。随着石油化学工业的发展，塑料性能不断改进，耐老化、耐药品性都有大幅度的提高，塑料电力电缆的应用范围也日趋扩大，因此组合护层也获得了更加广泛的应用。

组合护层一般都由薄铝带和聚乙烯护套组合而成。它既保留了塑料电缆柔软轻便的特点，又具有隔潮作用，且透水性比单一塑料护套小很多。铝-聚乙烯黏连组合护层的透水性至少可比聚乙烯护层降低 1/50。

各种护套使用的电缆绝缘种类见表 1-2，电缆外护层适用范围和保护对象见表 1-3，电缆铠装钢带或铝带的层数、厚度与宽度见表 1-4，挤出型塑料外护套厚度见表 1-5。

表 1-2　　　　　　　　　　**各种护套使用的电缆绝缘种类**

护套形式			电缆形式				
			油浸纸绝缘电力电缆			橡塑绝缘电力电缆	
			黏性浸渍	充油	充气	橡皮	塑料
金属护具	铅护套		▲	▲	▲	▲	▲
	铝护套	热压	▲	▲	▲	▲	▲
		焊接	▲			▲	▲
	焊接皱纹钢护套		▲			▲	▲
	钢管			▲	▲		

续表

护套形式		电缆形式				
		油浸纸绝缘电力电缆			橡塑绝缘电力电缆	
		黏性浸渍	充油	充气	橡皮	塑料
橡塑护套	橡皮护套				▲	
	塑料护套				▲	▲
组合护套	铝-塑护套				▲	▲
	铝-塑黏合护套	△			▲	▲
	铝-塑-塑护套	△			▲	▲

注　▲表示适用；△表示不适用。

表 1-3　　电缆外护层适用范围和保护对象

外护层种类	适用保护对象	敷设方式									环境条件		
		架空	室内	隧道	电缆沟	管道	直埋一般土	直埋多砾土	竖井	水下	易燃	强电干扰	严重腐蚀
聚氯乙烯护套	铝护套	▲	▲	▲	▲	▲					▲		▲
	铝护套	▲	▲	▲	▲	▲				▲	▲		▲
	皱纹钢或铝护套	▲	▲	▲	▲	▲					▲		▲
	高聚物绝缘线芯	▲	▲	▲	▲						▲		▲
聚乙烯护套	铝护套	▲	▲	▲	▲	▲							▲
	铝护套	▲	▲	▲	▲	▲							▲
	皱纹钢或铝护套	▲	▲	▲	▲	▲							▲
	高聚物绝缘护套	▲	▲	▲	▲								▲
裸钢带铠装	铝护套		▲	▲	▲						▲		
钢带铠装纤维外被	铝护套						▲	▲					
钢带铠装聚氯乙烯外套	铝护套		▲	▲	▲						▲		▲
	铝或皱纹铝护套							▲			▲	▲	▲
	高聚物绝缘线芯		▲	▲	▲			▲			▲		▲
钢带铠装聚乙烯外套	铝护套		▲	▲	▲				▲				▲
	铝或皱纹铝护套		▲	▲	▲			▲				▲	▲
	高聚物绝缘线芯		▲	▲	▲			▲					▲
裸钢带铠装	铝护套铝或皱纹铝护套高聚物绝缘线芯								▲		▲		
细钢丝铠装聚氯乙烯外套									▲	▲	▲		▲
细钢丝铠装聚乙烯外套									▲	▲			▲
防蚀粗钢带铠装纤维外被										▲			▲

注　▲表示适用。

表 1-4 电缆铠装钢带或铝带的层数、厚度与宽度 单位：mm

铠装前假定外径	金属套电缆		非金属套电缆		
	层数×厚度（≤）	宽度（≤）	层数×厚度（≤）		宽度（≤）
			钢带	铝或铝合金带	
≤15	2×0.3	20	2×0.2	2×0.5	20
15.1～20	2×0.5	25	2×0.2	2×0.5	25
20.1～25	2×0.5	30	2×0.2	2×0.5	25
25.1～35	2×0.5	35	2×0.5	2×0.5	30
35.1～40	2×0.5	35	2×0.5	2×0.5	35
40.1～50	2×0.5	45	2×0.5	2×0.5	35
50.1～60	2×0.5	60	2×0.5	2×0.5	45
60.1～70	2×0.8	60	2×0.5	2×0.5	45
>70	2×0.8	60	2×0.8	2×0.8	60

注 铠装前假定外径小于 10mm 时，宜用直径为 0.8～1.6mm 的细钢丝铠装；也可用厚度为 0.1～0.2mm 的镀锡钢带搭盖绕包一层；搭盖率不小于 25%。

表 1-5 挤出型塑料外护套厚度 单位：mm

护套前假定直径	塑料护套标称厚度	护套前假定直径	塑料护套标称厚度	护套前假定直径	塑料护套标称厚度
≤12.8	1.8	41.5～44.2	2.5	72.9～75.7	3.6
12.9～15.7	1.8	44.3～47.1	2.6	75.8～78.5	3.7
15.8～18.5	1.8	47.2～49.9	2.7	78.6～81.4	3.8
18.6～21.4	1.8	50.0～52.8	2.8	81.5～84.2	3.9
21.5～24.2	1.8	52.9～55.7	2.9	84.3～87.1	4.0
24.3～27.1	1.9	55.8～58.5	3.0	87.2～89.9	4.1
27.2～29.9	2.0	58.6～61.4	3.1	90.0～92.8	4.2
30.0～32.8	2.1	61，5～64.2	3.2	92.9～95.7	4.3
32.9～35.7	2.2	64.3～67.1	3.3	95.8～98.5	4.4
35.8～38.5	2.3	67.2～69.9	3.4	98.6～101.4	4.5
38.6～41.4	2.4	70.0～72.8	3.5		

注 挤包是一种绝缘电缆制作工艺，利用机械挤压的作用将融化的绝缘材料均匀地附着在导体表面，将导体和绝缘层一起包覆在挤出机中进行连续挤出，形成一种均匀致密的绝缘层，从而提高电缆的绝缘性能和机械强度。

四、电缆的屏蔽层

在电缆生产过程中，由于制造工艺等原因，不可避免地在导体外表面存在尖端或突起。这些尖端或突起处电场非常高，导致尖端或突起向绝缘层中注入空间电荷，引起绝缘的电树枝化或水树枝化。同时，绝缘层的外表面和金属屏蔽之间不可避免地存在空气间隙，在强电场作用下引发间隙放电。为缓和电缆内部的电场集中，改善绝缘层内外表面电场应力分布，提高电缆的电气强度，要求在导电线芯和绝缘层、绝缘层和金属屏蔽层之间分别加一层半导电屏蔽层，分别称为导体屏蔽层和绝缘屏蔽层。

半导电屏蔽专用料一般由基料、导电材料、交联剂和润滑剂等配混而成。其中，基料是添加大量导电成分后仍能保持良好的挤出加工性能和物理机械性能的高分子材料，如乙烯共聚物等。

第三节　电缆的分类

电缆的品种和规格有上千种，分类方法多种多样，可按传输电流、电压等级、导体材料、导电线芯数和绝缘材料等分类。

一、电缆的分类

1. 按传输电流分类

按照传输电流分类，电缆可分为直流电缆和交流电缆两大类。

这两种电缆的结构组成大致相同，均是由导电线芯、绝缘结构，以及电缆防护部分构成。但是考虑交/直流不同电气特性及电压等级的区别，交/直流电缆在绝缘材料选取上有一些区别。直流电缆允许的最大负载不应使绝缘表面的电场强度超过其允许值，即不仅要考虑电缆的最高工作温度，还要考虑绝缘层的温度分布，同时直流电缆的绝缘层必须能承受在带负荷的情况下由于极性转换而增加的绝缘内电场强度。

2. 按电压等级分类

从施工技术要求、电缆接头、电缆终端头结构特征及运行维护等方面考虑，可以依据电压等级进行不太严格的低压、中压、高压、超高压和特高压五个等级的分类。

（1）低压电缆。1kV 及以下，用于电力、冶金、机械、建筑等行业。

（2）中压电缆。3～35kV，约 50% 用于电力系统的配电网络，将电力从高压变电站送到城市和偏远地区，其余用于建筑行业，机械、冶金、化工和石油化学工业企业等。

（3）高压电缆。66～110kV，绝大部分应用于城市高压配电网络，部分用于大型企业内部供电，如大型钢铁、石油化工企业等。

（4）超高压电缆。220～500kV，主要运用于大型电站的引出线路，欧美等经济发达国家也用于超大城市等用电高负荷中心的输配电网络，北京、上海等国内超大型城市也用于城市输配电网络。

（5）特高压电缆。500kV 以上。目前，全球尚未有投入使用的特高压电缆线路。2024 年 5 月，上海电缆研究所有限公司在全球电线电缆业界首次开展并通过了交流 750kV 交联聚乙烯绝缘电缆系统型式试验。交流 750kV 交联聚乙烯绝缘电缆系统有望在我国西北区域，尤其是大容量抽水蓄能等项目中应用。

3. 按导体材料分类

现有各电压等级的电缆导体主要材料为有色金属，首选铜和铝。导体材料的主要选择指标是金属载流能力和应用成本。

铝芯电缆和铜芯电缆各有优点，铝芯电缆质量小，抗氧化和耐腐蚀性能较强；铜芯电缆具有电阻率低、延展性好、发热温度低、电压损失低、连接头性能稳定及施工方便等优点，所以在实际应用中应结合具体情况进行对比分析。

4. 按导电线芯数分类

电力电缆导电线芯数有单芯、二芯、三芯、四芯和五芯共 5 种，双芯及以上电缆又称为多芯电缆。

通常，单芯电缆用于传送单相交流电、直流电；当电压超过 35kV 时，大多数采用单芯电缆。二芯电缆多用于传送单相交流电或直流电。三芯电缆主要用于三相交流电网中，在 35kV 及以下各种中小截面积的电缆线路中得到了广泛的应用。四芯和五芯电缆多用于低压配电线路，35kV 及以上电缆一般不采用四芯、五芯电缆。

5. 按绝缘材料分类

按绝缘材料的不同，可将电缆分为油浸纸绝缘、塑料绝缘电缆和橡皮绝缘电缆三大类。

油浸纸绝缘应用历史最长，安全可靠，使用寿命长，价格低廉；为了解决其敷设时受落差的限制，发展出了不滴流油浸纸绝缘电缆。塑料绝缘电缆制造加工方便，质量轻，敷设安装方便，不受敷设落差限制，常用有聚氯乙烯、聚乙烯和交联聚乙烯绝缘型。橡皮绝缘电缆包括天然橡胶、乙丙橡胶和硅橡胶绝缘型等，柔软且富有弹性，适合于移动频繁、敷设弯曲半径小的场合。

二、油浸纸绝缘电缆

油浸纸绝缘电缆的绝缘层是以一定宽度的电缆纸螺旋状地包绕在导电线芯上，经过真空干燥处理后用浸渍剂（绝缘油）浸渍而成。油浸纸绝缘电缆的绝缘性能主要取决于纸和浸渍剂的性能，以及生产制造工艺。

油浸纸绝缘电缆自 1880 年问世以来（由英国人卡伦德发明沥青浸渍纸绝缘电缆），已有一百多年的历史，其系列与规格最完善，已广泛应用于 35kV 及以下电压等级的输配电线路中。这种电缆的特点是耐电强度高、介电性能稳定、寿命较长、热稳定性好、载流量大、材料资源丰富、价格低；缺点是油易流淌，不适于高落差敷设，且制造工艺较为复杂，生产周期长，电缆头制作技术比较复杂等。

根据浸渍剂的黏度和加压方式，油浸纸绝缘电缆可分为黏性浸渍纸绝缘电缆、不滴流纸绝缘电缆、滴干纸绝缘电缆、充油绝缘电力电缆；按照每个电线芯外共用或单用金属护套，又分为统包型电缆和分相铅（或铝）包电缆。

统包型电缆由于各相之间屏蔽较差，一般用于 10kV 及以下电压等级，分相铅（或铝）包电缆在 10～35kV 电压等级均有不同程度的应用。

1. 黏性浸渍纸绝缘电缆

黏性浸渍纸绝缘电缆具有较高黏度的浸渍剂，在电缆工作温度范围不易流动，但在浸渍温度下具有较低的黏度，可保证良好的浸渍黏性。浸渍剂一般由光亮油和松香混合而成，其中光亮油占 65%～70%，松香占 30%～35%。也有不少国家采用合成树脂，如聚异丁烯来代替松香，与光亮油混合成低压电缆浸渍剂。

黏性浸渍纸绝缘电缆的浸渍剂虽然黏度很大，但它仍有一定的流动性。当敷设落差较大时，电缆上端因浸渍剂下流而形成空隙，使击穿强度下降，而下端浸渍剂淤积，压力增大，可能胀毁电缆护套。因此，它的敷设落差受到限制，一般不得大于 30m。

2. 不滴流纸绝缘电缆

不滴流纸绝缘电缆与黏性浸渍纸绝缘电缆的差别主要是采用了优异的不滴流浸渍剂配方，浸渍剂在工作温度范围内不流动，呈塑性固体状。因此，不滴流浸渍纸绝缘电缆相比于黏性浸渍电缆的载流量大，老化进程缓慢，使用寿命更长，且适合高落差和垂直的运行环境。在我国 35kV 及以下电压等级的油纸电缆中，不滴流型是推荐品种之一。

3. 滴干纸绝缘电缆

滴干纸绝缘电缆是黏性浸渍纸绝缘电缆的一种，即在黏性浸渍纸绝缘电缆浸渍后增加一道滴干工艺，使黏性浸渍纸间的浸渍剂少 70%，纸内的浸渍剂减少 30%，以消除黏性浸渍纸绝缘电缆在高落差敷设时浸渍剂容易流动的缺点。但由于减少了浸渍剂的含量，其绝缘的耐电强度降低。例如，绝缘厚度相同时，滴干纸绝缘电缆的耐电压强度为 6kV，而黏性浸渍纸绝缘电缆的耐电压强度为 10kV；但前者极大地提高了允许敷设的落差。

4. 充油绝缘电缆

充油绝缘电缆是通过补充浸渍剂的办法消除因负荷变化而在油纸绝缘层中形成的间隙，以提高电缆的工作场强。充油绝缘电缆可分为自容式充油电缆和钢管充油电缆。按照内部油压大小的不同，充油电缆可分为高油压、中油压和低油压 3 种，其工作油压分别是 1~1.5、0.4~0.8、0.02~0.3MPa。

（1）自容式充油电缆。自容式充油电缆带有补充浸渍设备，如压力箱、重力箱等。补充浸渍设备与电缆油道相通，以贮藏或补偿电缆在发生体积变化（因负荷变化引起电缆热胀冷缩）时的浸渍剂，并保持一定的油压。

自容式充油电缆的工作原理如图 1-4 所示，线芯中心油道和端部压力供油箱连通，构成整个电缆系统。当温度升高，供油箱中的浸渍剂（油）膨胀，胀出的油经过油道至供油箱；反之，电缆温度下降时油收缩，油箱中的油经过油道返回绝缘层再填补空隙。这样的工作过程不仅消除了气隙，还防止电缆产生过高的压力。此时，为保证电缆内部油道中油的流畅及提高电缆的绝缘水平，采用绝缘强度高、介质损耗低、纯净和真空处理的低黏度绝缘油，如十二烷基苯合成油等。

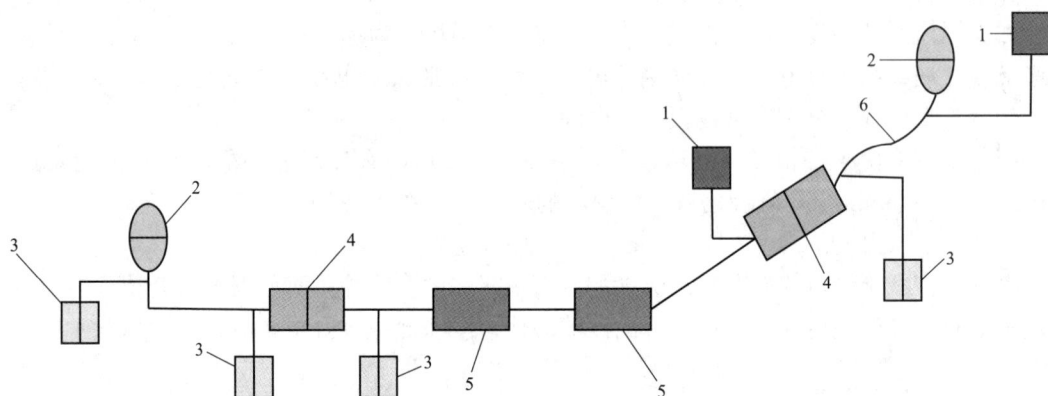

图 1-4　自容式充油电缆的工作原理

1—重力供油箱；2—终端；3—压力供油箱；4—塞止接头；5—绝缘接头；6—电缆

自容式充油电缆有单芯和三芯两种结构。

单芯自容式充油电缆典型结构如图 1-5 所示，其导线一般为中空的，通过中空部分作为油道。中心油道一般由金属螺旋管作支撑，螺旋管采用不锈钢带或 0.6mm 厚镀锡铜带绕成，油道直径不小于 12mm。护套外为具有防水性的沥青和塑料带的内衬层、径向加强层、铠装层和外被层。单芯自容式充油电缆的电压等级一般为 110~750kV。

三芯自容式充油电缆的典型结构，如图 1-6 所示。三芯自容式充油电缆通过专门设计的油道与补充浸渍设备连接，线芯与普通电缆一样由多股铜线绞成或经过紧压成型，补充浸渍剂经放置于绝缘线芯间的螺旋管供给；如果没有螺旋管的，用绝缘线芯间空间供给。三芯自容式充油电缆的电压等级一般为 35～110kV。

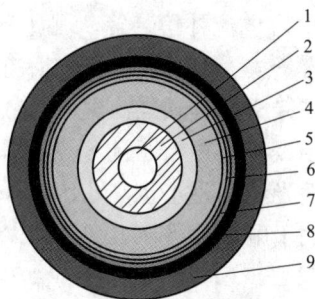

图 1-5　单芯自容式充油电缆结构

1—油道；2—导线；3—导线屏蔽；4—绝缘层；
5—绝缘屏蔽；6—铅套；7—内衬套；
8—加强层；9—外护层

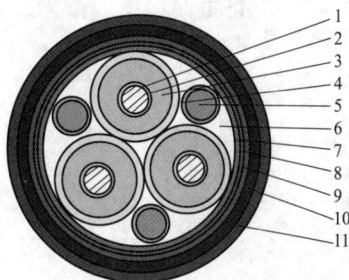

图 1-6　三芯自容式充油电缆的典型结构

1—导线；2—导线屏蔽；3—绝缘层；4—绝缘屏蔽；
5—油道；6—填料；7—铜丝编织带；8—铅套；
9—内衬垫；10—加强层；11—外护层

（2）钢管充油电缆。钢管充油电缆也称钢管电缆，其钢管内充以高压的油。钢管充油电缆一般为三芯，将三根屏蔽的电缆线置于一定压力的绝缘油钢管内，其作用与自容式充油电缆相似。与自容式充油电缆相比，钢管充油电缆采用钢管作为电缆护层，机械强度好，不易受外力损伤，油压高，电气性能较好；同时设备集中，管理维护方便。典型钢管充油电缆结构如图 1-7 所示。

图 1-8 给出了一种三芯扁平式充油电缆结构，其三根屏蔽线芯平行放置，外挤压以扁形铅套。在绝缘芯和铅套间充满绝缘油，其铅套外包以沥青、布带、铜带组成的保护层。在电缆扁平两侧、沿电缆长度方向放置两层弹性皱纹青铜带，并用铜丝缠绕固定；为适用于海底敷设，还应外加铠装防腐层。这种电缆由于采用了弹性护层，无须在电缆线路上加接供油箱等补充浸渍剂设备。

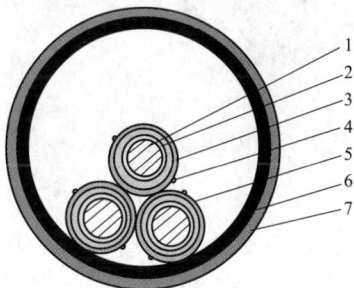

图 1-7　钢管充油电缆结构

1—导线；2—导线屏蔽；3—绝缘层；4—绝缘
屏蔽；5—半圆形滑丝；6—钢管；7—防腐层

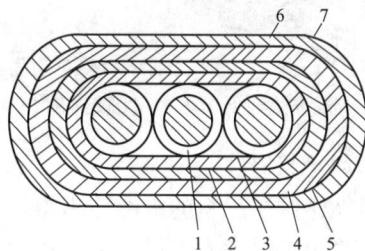

图 1-8　三芯扁平式充油电缆结构

1—绝缘层；2—铅套；3—保护层；4—皱纹弹性青铜丝编织带；
5—固定用铜丝；6—防腐蚀层；7—水底敷设用的钢丝铠装

5. 充气绝缘电力电缆

充气绝缘电力电缆又称管道充气电缆，利用提高绝缘层中气隙的击穿强度原理来提高电缆工作场强，通常在内外两个管之间充一定压力的 SF_6 气体。充气电缆的内管为导电线芯，一般用铝或铜管制成，由环氧树脂浇注成固体绝缘垫片，每隔一定距离支撑在外圈管内外圆管内。外管既可作为 SF_6 气体的压力容器，又可作为电缆的护层，用无缝钢管或铝管制成，其壁厚由气体压力和由于温度变化所产生的应力大小来决定。

由于 SF_6 气体的相对介电常数为 1，与相同容量充油电缆相比，其静电容量几乎只有充油电缆的 1/10，介质损耗小。作为超高压用电缆时，无须电容电流补偿装置，因此有效输电距离长，输送容量大。但充气电缆也存在护套尺寸大，伸缩和连接头多等缺点。电缆施工时，接头需在施工现场操作连接，而且 SF_6 气体净度要求高，导体表面光洁度要求也高，因此施工质量不易保证，仅用于电压等级在 400kV 及以上的超高压、传送容量 1×10^6 kVA 以上的大容量电站内短距离的电气联络线路。

典型充气电缆结构示意如图 1-9 所示。

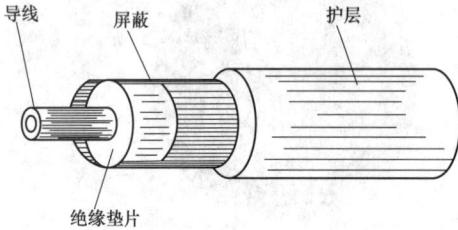

图 1-9　典型的充气电缆结构示意

三、橡皮绝缘电缆

橡皮绝缘电缆是指绝缘层由天然橡胶，或者天然橡胶加不同添加剂构成的电缆。

将橡皮用作电缆绝缘层材料已有悠久的历史，最早的绝缘电线就是用树胶作为绝缘层。橡皮绝缘具有一系列的优点，在很大的温度范围内具有较高的弹性、较高的化学稳定性和电气性能，同时对于气体、潮气、水分等具有低渗透性。橡皮绝缘电缆柔软，可曲度大，但由于它价格高，耐电晕性能差，因此长期以来只用于低压及对可曲度要求高的场合，如发电厂、变电站和工厂企业内部的连接线。

典型的单芯和三芯乙丙橡皮绝缘低压和中压电力电缆结构如图 1-10 和图 1-11 所示。

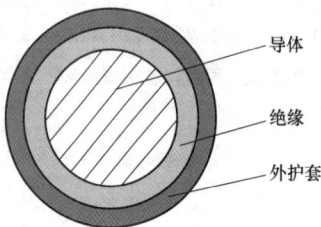

图 1-10　0.6/1kV E(L)V 型单芯乙丙橡皮绝缘低压电力电缆结构

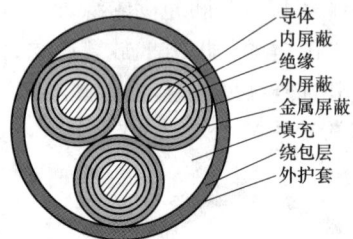

图 1-11　8.7/10kV E(L)V 型三芯乙丙橡皮绝缘中压电力电缆结构

四、塑料绝缘电缆

用塑料做绝缘层材料的电缆称为塑料绝缘电缆。

塑料绝缘电缆与油浸纸绝缘电缆相比，虽然发展较晚，但因制造工艺简单，不受敷设落差限制，适应的工作温度较高，电缆的敷设、接续、维护方便，具有耐化学腐蚀性等优点，现已成为电力电缆中正在迅速发展的品种。随着塑料合成工业的发展，产量提高，成本降低，在中、低压电缆方面，塑料电缆已形成取代油浸纸绝缘电力电缆的趋势。

塑料绝缘电缆的绝缘材料有聚氯乙烯（Polyvinyl Chloride，PVC）、聚乙烯（Polyethylene，PE）和交联聚乙烯（Cross-Linkecl Polyethylene，XLPE）。

与纸绝缘电缆和充油绝缘电缆相比，交联聚乙烯绝缘电缆具有良好的耐热性，正常工作温度可达 90℃，短时过载温度为 130℃，短路温度为 250℃，因此在同一导体截面时，载流量最大。同时，交联聚乙烯绝缘电缆是干式绝缘结构，不需要敷设供油设备，省去了油污处理工作，接头和终端头也容易安装，从而施工时间短，火灾危险也相对较小。因此，交联聚乙烯绝缘电缆的出现使塑料绝缘电缆在 35kV 以上电压等级全面替代油浸纸绝缘电缆成为可能，目前中高压电力电缆领域也基本以交联聚乙烯绝缘电缆为主。

交联聚乙烯绝缘电缆虽然有优异的电气性能和敷设维护方便等优点，但运行经验和研究结果表明，交联聚乙烯绝缘电缆在运行过程中容易产生树枝化放电，造成绝缘老化破坏，严重影响交联聚乙烯绝缘电缆的使用寿命。为此，在超高压交联聚乙烯绝缘电缆生产中，除有与中、低压电缆相似的部分，如线芯紧压、导体和绝缘层加屏蔽外，还特别增加了纵向防水层。当前，国际上已有 500kV 交联聚乙烯的塑料电缆在运行，并正在研制更高电压等级的塑料电缆。

国产的交联聚乙烯绝缘电缆用 YJLV 和 YJV 表示，YJ 表示交联聚乙烯，L 表示铝芯（铜芯可略），V 表示 PVC 护套。图 1-12、图 1-13 分别为单芯和三芯交联聚乙烯电缆结构。

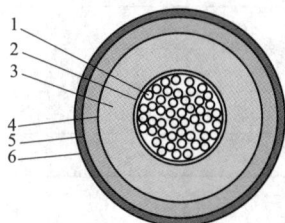

图 1-12 单芯交联聚乙烯电缆结构
1—导体；2—内层半导体层；3—绝缘体；
4—外层半导体层；5—护套；
6—保护（防腐蚀）层

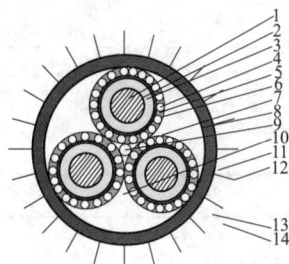

图 1-13 三芯交联聚乙烯电缆结构
1—导线；2—导线屏蔽层；3—交联聚乙烯绝缘；
4—绝缘屏蔽层；5—保护带；6—铜线屏蔽；
7—螺旋铜带；8—塑料带；9—中心填芯；
10—填料；11—内护套；12—扁钢带铠装；
13—钢带；14—外护套

交联聚乙烯绝缘电缆的绝缘层厚度见表 1-6。

表 1-6　　　　　　　　　　交联聚乙烯绝缘电缆的绝缘层厚度

相电压/标称电压 截面积/mm²	0.6/1	1.8/3	3.6/6	616 6/10	8.710 8.7/15	26/35	64/110	127/220	290/500
	绝缘标称厚度/mm								
1.5, 2.5	0.7	—	—	—	—	—	—	—	—
4, 6	0.7	—	—	—	—	—	—	—	—
10	0.7	2.0	2.5	—	—	—	—	—	—
16	0.7	2.0	2.5	3.4	—	—	—	—	—
25	0.9	2.0	2.5	3.4	4.5	—	—	—	—
35	0.9	2.0	2.5	3.4	4.5	—	—	—	—
50	1.0	2.0	2.5	3.4	4.5	10.5	—	—	—

相电压/标称电压 截面积/mm²	0.6/1	1.8/3	3.6/6	616 6/10	8.710 8.7/15	26/35	64/110	127/220	290/500
	绝缘标称厚度/mm								
70, 95	1.1	2.0	2.5	3.4	4.5	10.5	—	—	—
120	1.2	2.0	2.5	3.4	4.5	10.5	—	—	—
150	1.4	2.0	2.5	3.4	4.5	10.5	—	—	—
185	1.6	2.0	2.5	3.4	4.5	10.5	—	—	—
240	1.7	2.0	2.6	3.4	4.5	10.5	19.0	—	—
300	1.8	2.0	2.8	3.4	4.5	10.5	18.5	—	—
400	2.0	2.0	3.0	3.4	4.5	10.5	17.5	27.0	—
500	2.0	2.2	3.2	3.4	4.5	10.5	17.0	27.0	—
630	2.4	2.4	3.2	3.4	4.5	10.5	16.5	26.0	—
800	2.6	2.6	3.2	3.4	4.5	10.5	16.0	25.0	34.0
1000	2.8	2.8	3.2	3.4	4.5	10.5	16.0	24.0	33.0
1200	3.0	3.0	3.2	3.4	4.5	10.5	16.0	24.0	33.0
1400	—	—	3.2	3.4	4.5	10.5	16.0	24.0	32.0
1600	—	—	3.2	3.4	4.5	10.5	16.0	24.0	32.0
1800 及以上	—	—	—	—	—	—	—	24.0	31.0

五、其他特殊电缆

1. 超导电缆

高温超导电缆无阻的、能传输高电流密度的超导材料作为导电体，并能传输大电流的电缆，由电缆芯、低温容器、终端和冷却系统四部分组成。超导电缆根据电气绝缘材料运行温度的不同，可分为室温绝缘超导电缆和冷绝缘超导电缆。

超导电缆具有体积小、质量轻、损耗低和传输容量大的优点，主要应用于短距离传输电力的场合，如发电机到变压器、变电中心到变电站、地下变电站到城市电网端口，以及电镀厂、发电厂和变电站等短距离传输大电流的场合，或者大型城市电力传输场合。

世界上最早开展高温超导电缆研究的是日本，在 1993 年其研制了 7m/66kV/1kA 的三相交流高温超导电缆。随后，美国 Southwire（南线）公司在 1999 年研制出了 30m/12.5kV/1.25kA 的冷绝缘高温超导电缆并实现并网运行，这标志着高温超导技术向实用化迈出了重要的一步。我国在 2004 年，成功将 35kV 高温超导电缆投入实际电网运行；2021 年，上海建成的 1.2km/35kV/2.2kA/133MVA 三相同轴冷绝缘高温超导示范线路，为上海徐汇区核心区域 4 万多户家庭和商户供电。这是目前世界上距离最长和输送容量最大的 35kV 电压等级超导电缆输电工程，标志着我国超导电缆研究处于世界领先水平。

2. 阻燃电缆

阻燃电缆分为一般阻燃电缆和高阻燃电缆。

以材料的氧指数大于或等于 28 的聚烯烃作为外护套，能够阻滞延缓火焰沿着其外表蔓延，使火灾不扩大的电缆称为一般阻燃电缆，其型号冠名为 ZR。在电缆比较密集的隧道、竖井或管道等位置处,为防止电缆着火酿成严重事故,应选用一般阻燃电缆。考虑到一旦发生火灾,消防人员能够及时扑救,有条件时,应选用低烟无卤或低烟低卤护套的一般阻燃电缆,以降低有害气体的排放。

高阻燃电缆的产品型号冠名为 GZR,是具有特殊结构的阻燃电缆,用于防火要求比较高的场所。其结构特点是在绝缘层和外护套之间挤填了一层无机金属化合物,如 $Al(OH)_3$。当遇火时,这层无机金属化合物立即分解,析出结晶水,并生成一层不可燃、不熔融的胶状金属氧化物,包敷在绝缘外层,隔绝氧气,阻止燃烧。因此,这种电缆也称为高阻燃隔氧层电缆。

3. 光纤复合电缆

光纤复合电缆将光纤组合在电缆的结构层中,使其同时具有电力传输和光纤通信功能。光纤复合电缆集两方面功能于一体,因此降低了工程建设投资和运行维护的总费用,具有明显的技术经济意义。在制造过程中,这种电缆将光纤与三相电力电缆一起成缆,光纤位于三相电缆芯的空隙间,得到电缆的铠装层和外护套的机械保护。

4. 架空绝缘电缆

架空绝缘电缆是一种带有聚氯乙烯绝缘、聚乙烯绝缘、交联聚乙烯绝缘等绝缘层的架空导线。架空绝缘电缆以单芯为主,但也可将三相绝缘线芯绞合成一束,不加护套,具有结构简单、安全可靠,同时又具有良好的机械物理性能和电气性能,耐电痕、耐沿面放电、耐大气腐蚀,与裸导线相比,敷设间距小,可节约线路走廊,减少供电事故的发生。

架空绝缘电缆通常用于 35kV 及以下的线路,主要用作架空固定敷设的线路、引户线等。

六、常见的电缆品种

在电力传输系统中常见的电缆品种见表 1-7,U_0 为电缆设计用的导体对地或金属屏蔽之间的额定工频电压;U 为电缆设计用的导体间的额定工频电压。

表 1-7　　　　　　　　　　　　电力电缆的品种及型号

电缆类型	电缆产品名称	电压等级 (U_0/U)/kV	允许最高工作温度/℃	代表产品型号
聚氯乙烯绝缘电力电缆	(1) 聚氯乙烯绝缘电力电缆; (2) 聚氯乙烯绝缘阻燃电力电缆; (3) 聚氯乙烯绝缘耐火电力电缆; (4) 聚氯乙烯绝缘预分支电缆; (5) 聚氯乙烯绝缘光纤复合低压电缆	0.6/1~3.6/6	70	VV、VV22、VLV22、VLV、ZA-VV22、ZR-VV、ZC-VV22、N-VV、N-VV22、FZVV、FZVV-T、FZVV-Q、FZVV-P、OPLC-VV22、OPLC-VLV22
交联聚乙烯绝缘电力电缆	(1) 交联聚乙烯绝缘电力电缆; (2) 交联乙烯绝缘阻燃电力电缆; (3) 交联乙烯绝缘耐火电力电缆; (4) 交联聚乙烯绝缘低烟无卤阻燃电力电缆; (5) 光纤复合交联聚乙烯绝缘电力电缆; (6) 交联聚乙烯绝缘分支电力电缆; (7) 铝合金导体交联聚乙烯绝缘电力电缆	0.6/1~1.8/3	90	YJV22、YJLV22、ZA-YJV22、ZB-YJV、ZC-YJV22、N-YJV、X-YJV22、WD-ZA-YJLV23、WDZD-YJY、OPLC-YJLV、OPLC-YJV22、FZYJV、FZYJV-T、YJLHV、YJLHV60

电缆类型	电缆产品名称	电压等级 (U_0/U)/kV	允许最高工作温度/℃	代表产品型号
交联聚乙烯绝缘电力电缆	(1) 交联聚乙烯绝缘电力电缆； (2) 交联聚乙烯绝缘阻燃电力电线； (3) 交联聚乙烯绝缘耐火电力电缆； (4) 交联聚乙烯绝缘低烟无卤阻燃电力电缆； (5) 光纤复合交联聚乙烯绝缘电力电缆； (6) 交联聚乙烯绝缘防鼠电力电缆； (7) 交联聚乙烯绝缘防白蚁电力电缆	3.6/6～26/35	90	YJV22、YJLV22 ZA-YJV22、ZB-YJV、 ZC-YJV22 N-YJV、N-YJV22 WDZA-YJLV23、 WDZD-YJY OP MC-YJLV、 OPMC-YJV22 FS-YJV、FS-YJV22 FY-YJV、FY-YJV22
	(1) 交联聚乙烯绝缘电力电缆； (2) 交联聚乙烯绝缘阻燃电力电缆	48/66～290/500	90	YJLW02、YJLLW02、 YJLW03、YJLLW03 ZA-YJLW02、 ZA-YJLLW02
架空绝缘电力电缆绝缘电缆	(1) 聚氯乙烯绝缘架空电缆； (2) 聚乙烯绝缘架空电缆； (3) 交联聚乙烯绝缘架空电缆 (4) 聚乙烯绝缘架空电缆； (5) 交联聚乙烯绝缘架空电缆	1 10	70 70 90 75 90	JKV、JKLV JKY、JKLY JKYJ、JKLYJ JKY、JKLY JKYJ JLYJ
乙丙橡皮绝缘电力电缆	乙丙橡皮绝缘电力电缆	0.6/1～1.8/3 6/6～26/35	90	E(L)V、E(L)F
直流陆用电力电缆	交联聚乙烯绝缘直流电力电缆	80～500	70	DC-YJLW02、 DC-YJLLW02
海底电力电缆	(1) 交流海底电力电缆； (2) 交流光电复合海底电力电缆	6/10～290/500	90	HYJQ41、 HYJQ441 HYJQ41-F、HYIQ441-F
	(1) 直流海底电力电缆； (2) 直流光电复合海底电力电缆	80～320	70	DC-HYJQ41、HYJQ441、 DC-HYJQ41-F、HYXQ441-F
超导电缆	超导电力电缆	35	—	—
其他电力电缆	自容式充油电缆	单芯：110～750 三芯：35～110	80～85	CYZQ203(202)、CYZQ302 (303)、CYZQ141
	黏性浸渍纸绝缘电缆	1～35	60～80	ZLL、ZLQ、ZQ
	钢管充油电缆	110～750	80～85	—
	压缩气体绝缘电缆	220～500	90	—
	低温电缆	—	—	—

七、电缆的发展历史

电力电缆的使用至今已有一百多年的历史。1879 年，美国发明家托马斯·阿尔瓦·爱迪生（Thomas Alva Edison）在铜棒上包绕黄麻并穿入铁管，然后填充沥青混合物制成电缆。

他将此电缆敷设于纽约城市地下输电工程，从而开启了地下输电的先河。现今电力电缆的基本结构与当时的电力电缆仍十分相似，仍延续爱迪生的原始设计。

绝缘材料的不断发展推动了电力电缆技术的不断进步与发展。1880 年，英国人卡伦德发明沥青浸渍纸绝缘电力电缆。1889 年，英国人 S. Z. 费兰梯（Sebastian Iiani de Ferranti）在伦敦与德特福德之间敷设了 10kV 油浸纸绝缘电缆。1908 年，英国建成了 20kV 电缆网。1911 年，德国敷设了 60kV 高压电缆，正式开启了高压电缆的发展。1913 年，德国人 M. 霍希施泰特（Martin Hochstadter）成功研制了分相屏蔽电缆，从而改善了电缆内部电场的分布，消除了绝缘表面的正切应力，成为电力电缆发展中的里程碑。1917 年，意大利倍耐力公司研制了油纸绝缘电缆，在相当长一段时间内油纸绝缘电缆都是主流产品。1927 年，美国开始采用 132kV 充油电缆，1934 年又敷设使用了第一条 220kV 充油电缆。1952 年，瑞典在北部发电厂敷设了 380kV 超高压电缆，实现了超高压电缆的应用。1960 年，法国制成了500kV 充油电缆。1963 年，德国通用电力公司（Allgemeine Elektricitäts-Gesellschaft，AEG）研制了交联聚乙烯电缆，与充油电缆相比，该电缆安装维护简单、电气机械性能好、不需要供油设备，在世界范围内得到了广泛应用。以日本为例，截至 20 世纪 90 年代，超过90％的电缆均是交联聚乙烯电缆。

我国第一根电力电缆是 1897 年在上海投入使用的，采用进口的橡皮绝缘铅包护套照明电缆。直到 1939 年，我国昆明电缆厂才生产出首根国产电缆，发展极为缓慢。1949 年以后，在中国共产党的领导下，我国经济建设取得了长足进步，工农业生产从手工业向机械化、智能化、数字化转变，人民生活水平得到了极大提高，使得整个国民生产对电力供给的需求扩大，我国的电缆行业也得到了飞速发展。1951 年，国产 6kV 油浸纸绝缘电力电缆问世；1953 年，我国开始生产 10kV 油浸纸绝缘电力电缆。1969 年，我国第一条 220kV 充油电缆投入运行；1970 年，第一条 330kV 充油电缆投入运行；1982 年，第一条 500kV 充油电缆试运行；1990 年，第一条国产 110kV 交联聚乙烯电力电缆线路在首钢投入运行；2000 年，国产 220kV电力电缆开始推广应用。发展到现在，我国已制成 1100kV、1200kV 的特高压电力电缆，电缆制造技术、运行维护技术已与国际水平接轨，我国已成为世界第一大电缆生产国。

第四节　电缆的附件

电缆附件是指用于电缆间连接或电缆线路与其他电气设备间连接，保证其电力可靠传输和电缆安全运行的部件。在电缆线路中，电缆附件与电缆处于同等重要的地位。

电缆附件不同于其他工业产品，任何工厂都不能生产出完整的电缆附件，只能提供电缆附件里的组件、部件或材料，必须通过现场安装到电缆上以后才构成完整的电缆附件。也就是说，完整的电缆附件必须由工厂制作和现场安装两个阶段完成。因此，一个质量可靠的电缆附件首先要设计合理；此外，工厂提供的电缆附件用组件、部件或材料的性能要满足国家标准规定的要求；同时还要求现场安装工艺正确、严谨，安装时环境条件符合相应 GB/T 12706.3—2020《额定电压 1kV(U_m=1.2kV)到 35kV(U_m=40.5kV)挤包绝缘电力电缆及附件　第 3 部分：额定电压 35kV(U_m=40.5kV)电缆附件》、GB 50168—2018《电气装置安装工程　电缆线路施工及验收规范》的规定；还有一个重要因素就是电缆本体质量，这是因为所有电缆附件里都包含一段电缆，这段电缆绝缘好坏将直接影响电缆附件性能的可靠性。总之，电缆附件的质量不仅取决于工厂提供的电缆附件用组件、部件或材料，还受其他诸多因素的影响。

电缆附件按用途一般分为终端和接头两大类。由于电缆附件种类繁多，因此本书仅介绍典型和常用的电缆附件。

一、电缆终端

无论电缆线路多长，总有终端。电缆终端安装在电缆末端，以使电缆与其他电气设备或架空输配电线路相连接，并维持绝缘直至连接点的装置，即将电缆与其他电气设备连接成一体。其主要作用是降低电应力集中现象，并提供可靠的电气和机械性能，控制接头温升，解决电缆温度变化时，导体、绝缘、护层相对位移问题。

随着技术的发展，电缆终端的结构型式日益多样化。高压电缆终端的结构一般由内绝缘、内外绝缘隔离层、出线杆、密封结构、屏蔽帽和连接用固定金具组成。内绝缘的主要作用是改善电缆终端的电场分布。内外绝缘隔离层可保护电缆绝缘免受外界媒质的影响，一般由瓷套或复合管组成。出线杆将电缆导体引出，可以与架空输配电线路或其他设备相连。

电缆终端可分为敞开式终端和设备终端两大类。

敞开式终端是指终端外绝缘在大气环境条件下运行的终端，敞开式终端按安装的场所分户外式和户内式两种。户外终端也称为露天电缆接头，是安装在室外，能够经受阳光直接照射或暴露在气候环境下或者二者都存在情况下的终端。户内终端则安装在室内，在不经受风霜雨雪、阳光照射环境下运行。敞开式终端根据绝缘材料可分为瓷套管终端和复合套管终端。

电缆线路中的电缆，只有配置电缆终端头才能与架空输配电线、变压器等其他输变电设备相连，这种终端即称为设备终端。常见的设备终端有气体绝缘全封闭组合电器（Gas Insulated Switchgear，GIS）终端和变压器终端。GIS终端是安装GIS内部以SF_6气体为外绝缘的电缆终端；变压器终端也称油浸终端，是安装在油浸变压器油箱内，以绝缘油为外绝缘的电缆终端。典型的电缆终端如图1-14所示。

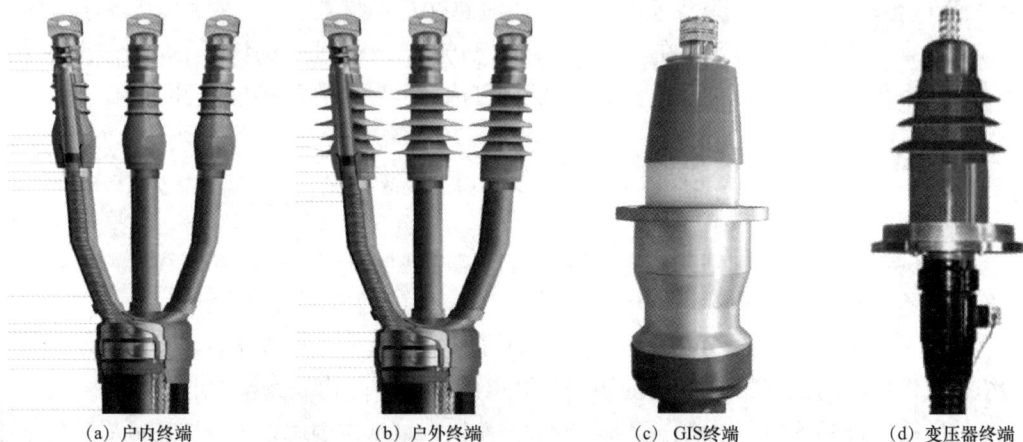

(a) 户内终端　　　(b) 户外终端　　　(c) GIS终端　　　(d) 变压器终端

图1-14　典型的电缆终端

二、电缆接头

电缆接头是连接电缆与电缆的导体、绝缘、屏蔽层和保护层，以使电缆线路连续的装置。电缆接头除了实现电缆的电气导通、绝缘、密封等功能外，还具有其他多种功能。根据功能的不同，电缆接头的类型可分为直通接头、绝缘接头、塞止接头、分支接头、过渡接头、转换接头和软接头电缆接头的主要示意，如图1-15～图1-18所示。

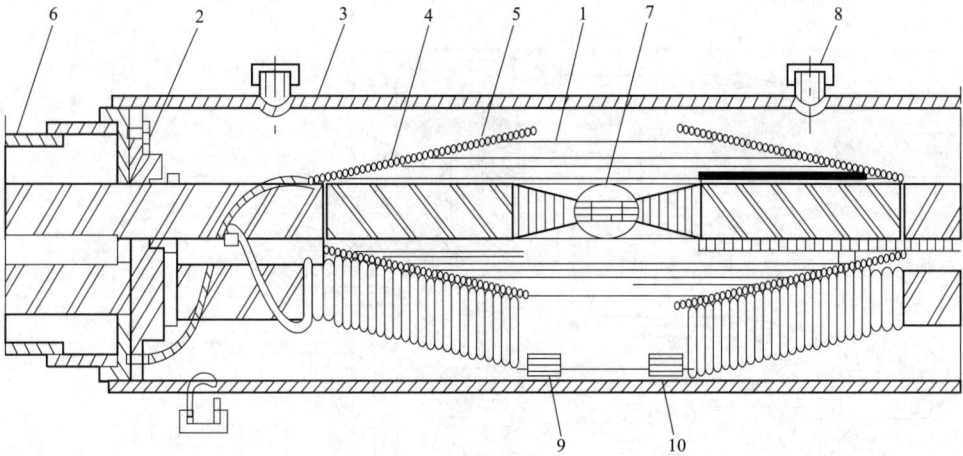

图 1-15　绝缘和直通中间接头

1—热缩管、环氧泥、防水带；2—绝缘胶；3—接地连管；4—接线柱；5—铜保护壳；6—环氧绝缘圈；
7—热缩管、PVC胶带、防水带；8—连接管；9—均压套；10—整体预制橡胶绝缘件

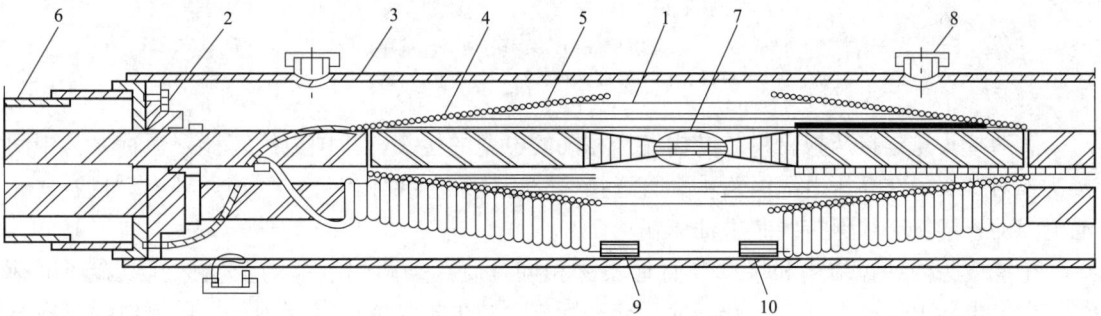

图 1-16　110kV单室式塞止中间接头

1—铅封；2—接地屏蔽；3—半导体屏蔽；4—电缆；5—填充绝缘；6—增绕绝缘；7—芯管；
8—压接管；9—油道；10—外壳

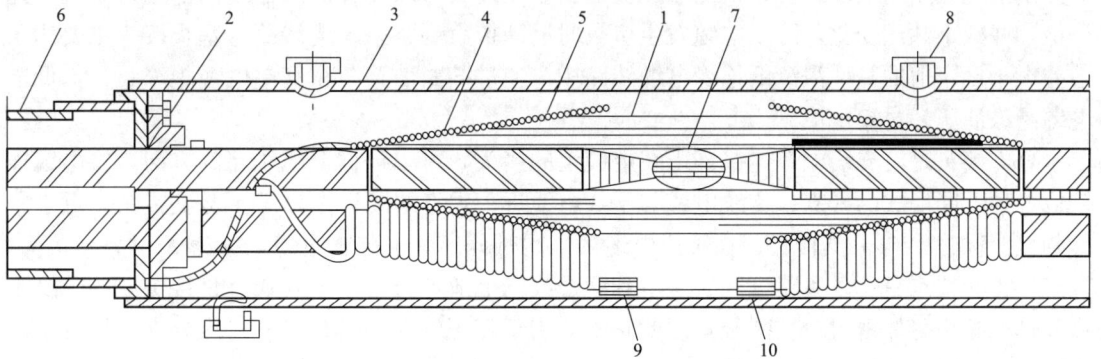

图 1-17　钢管充油电缆半塞止中间接头的结构

1—增绕绝缘屏蔽；2—半塞止结构；3—接头钢管；4—应力锥接地屏蔽；5—增绕绝缘；
6—电缆钢管；7—导体连接管；8—油嘴；9—纸卷；10—支架

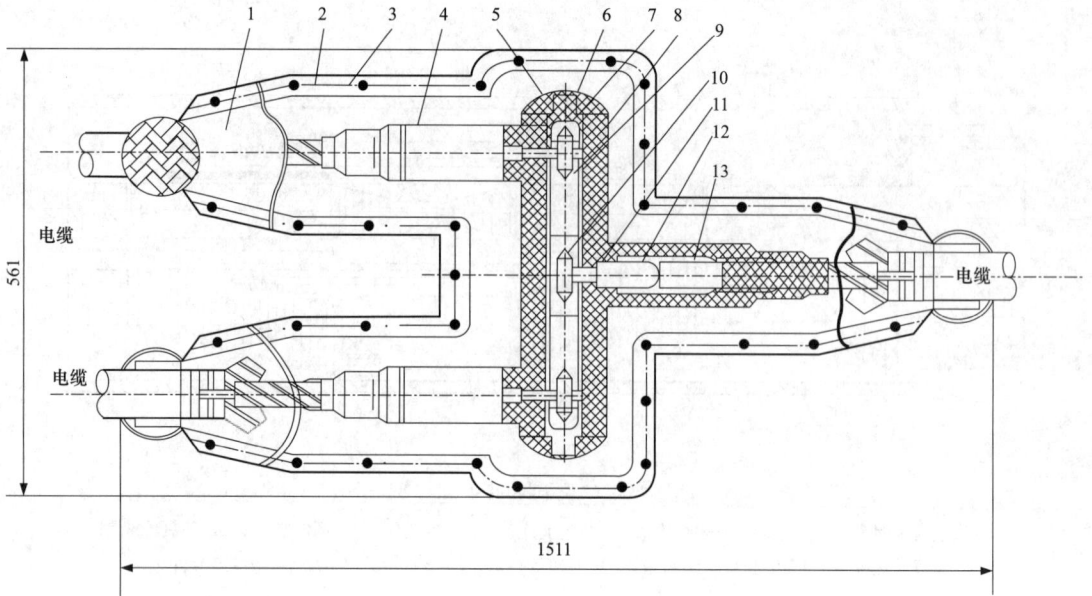

图 1-18　10kV Y 形分支接头结构

1—上保护壳；2—下保护壳；3—绝缘浇注剂；4—铜网；5—端盖；6—塞止头；7—双头螺；
8—后接头；9—主导体；10—双联螺栓；11—三通头；12—端子；13—应力锥

　　直通接头是连接两根材料与结构完全相同的电缆的接头，我国电缆行业习惯称之为中间接头或对接头。在高压电缆线路中，直通接头除连接缆芯导体保证电气连通外，对自容式充油电缆的连接头必须保持线芯中油流畅通。

　　绝缘接头内绝缘结构和尺寸与直通接头相同，使接头两端电缆的金属护套或金属屏蔽层，以及半导电层在电气上断开，便于交叉互连，减少护层或屏蔽层损耗，限制电缆末端金属护套或金属屏蔽层的感应电压值。绝缘和直通中间接头如图 1-15 所示。

　　塞止接头也称堵油接头，是连接两根电缆，并用耐压阻隔件将一个电缆中流体与另一根电缆的绝缘流体隔开的附件；即这种接头只作电缆的电气连接，而在被连接的电缆油道接头处分割电缆线路的油压，使其不能相互流通。塞止接头可以使各油段电缆内部压力不超过允许值，并减小油压变化，防止电缆发生事故时漏油扩大到整条电缆线路。塞止接头主要用于落差大于规定值的黏性浸渍纸绝缘电缆线路中，通过截断油路防止高端电缆绝缘干枯，低端电缆绝缘油压超过规定值。

　　分支接头是将支线电缆连接到干线电缆上的接头，可以根据电缆线路的方向，将电缆连接成各种不同形式的分支。支线电缆与干线电缆近乎垂直的接头称为 T 形分支接头；近乎平行的接头称为 Y 形分支接头；在干线电缆某处同时分出两根分支电缆，称为 X 形分支接头。分支接头的特点是一条线路可同时送电到两个或三个地点或用户，其缺点是接头内的绝缘不易处理，接头壳体密封也较困难，因此它不适用于高压电缆线路；另外，当分支电缆发生故障时，主电缆必须同时停电才能修理。

　　过渡接头是连接两根不同绝缘类型电缆的接头，即保持两根电缆导体连接，但绝缘需要过渡。通常，这种电缆接头两端电缆允许的载流量互不相同，因此接头本身结构和材料必须考虑这个问题带来的影响。比如一端为挤包电缆，另一端为油纸电缆相互接连的接头，需要阻止油纸电缆里的油对挤包电缆绝缘材料产生的不良影响。

转换接头是连接多芯电缆与单芯电缆的接头，多芯电缆里的每相导体分别与一根单芯电缆导体连接。这种接头可能出现在中低压电缆线路中。

通常，软接头是用于水下或海底电缆的，一般在海底电缆制造工厂内完成，制作环境更可控，使用更加安全、可靠，接头制成后相对较为柔软，可以弯曲。

电缆各种附件的类型和用途见表1-8。

表1-8　　　　　　　　　　　　电缆附件类型按功能区分

类别	品种	用途
电缆终端头	户内终端	安装在室内环境下（不经受风雪和阳光照射）运行的电缆末端，以便使电缆与供用电设备相连接
	户外终端	安装在室外环境下（能经受风雪和阳光照射）运行的电缆末端，以便使电缆与空间线或室外运行的供用电设备相连接
	设备终端头（包括固定式和可分离式）	电缆与供用电设备直接连接的端头，高压导电金属处于完全绝缘的状态，而不裸露在空气中
电缆中间接头	直通接头	连接两根同型号或不同型号的相邻电缆的附件，其金属外壳、电缆金属屏蔽和绝缘屏蔽在电气上保持连续
	分支接头	将支线电缆连接到干线电缆上，支线电缆与干线电缆近乎垂直的接头称为T形分支接头，近乎平行的接头称为Y形接头，在干线电缆某处同时分出两根分支电缆，称为X形直接头
	过渡接头	连接两根不同绝缘类型的电缆附件，例如：将油浸纸电缆与交联电缆（或分相型或屏蔽型）连接
	转换接头	用于一根或多芯电缆的相互连接，或连接不同芯数的电缆（如二芯电缆与三芯电缆相互连接）
	堵油接头（或称塞止接头）	用于落差大于规定值的黏性浸渍纸绝缘电缆线路里，截断油路（或将充油电缆线路分隔成两段供油，即分隔油段的中间连接）。防止高端电缆绝缘干枯，低端电缆绝缘油压超过规定值
	绝缘接头	GB/T 29002010—2013中定义：用绝缘材料将电缆的金属护套、接地屏蔽层和绝缘屏蔽在电气上断开的接头，主要用于大长度单芯电缆线路、护套环流抑制或分段交叉互联系统
	软接头	接头制成后允许弯曲呈弧形状，用于生产大长度水底电缆时，在制造厂将两根半成品在铠装之前相互连接。软接头，也用于检修，在现场用手工制作成检修接头

第五节　电缆的附属设备和附属设施

电缆的附属设备是避雷器、接地装置、供油装置、在线监测装置等电缆线路附属装置的统称。电缆的附属设施是电缆支架、电缆终端站、标志标牌、防火设施、防水设施等电缆线路附属部件的统称。这些附属设备和设施与电缆系统一起形成完整的电缆线路，对于确保电缆系统的安全、可靠运行具有重要的意义。

一、电缆的附属设备

1. 避雷器

尽管电缆线路大多数都埋设在地下、水下、管道等构筑物中，且架空绝缘电缆极少，因此电缆线路遭受雷击的可能性很小。但电缆必定是与架空线或其电气设备相连接的，同样有雷击的可能，应对其采取防雷保护。

电缆的避雷器也称线路型避雷器，外绝缘爬距应满足所在地区污秽等级要求。避雷器悬挂安装于输电杆塔或地面上的电气设备处，要求便于在线监测，配套在线监测仪应安装到位，监测仪视读方便。

2. 接地装置

电缆输电的接地措施是保障电力系统安全、稳定运行的重要环节。电缆的一端连接电源，另一端供电，不接地的话将产生电压差，人员触碰电缆可能发生触电事故。合理的接地方式可以有效地减小电缆金属护层上的感应电压和感应电流，同时可将故障时的漏电或短路电流迅速导入大地，有助于迅速切断电源，保护设备和人员安全。

电缆线路的接地分为电缆金属护层接地和电缆构筑物接地两大类。

电缆金属护层接地按照电缆的线芯分为高压三芯电缆接地和高压单芯电缆接地。由于35kV 及以下电压等级电缆线路通常采用三芯电缆，因此其金属护层（或铠装层）应采用两端接地方式。接地后由于流过三个线芯的电流向量总和为零，在屏蔽层外基本没有磁链，金属屏蔽层两端也就基本上没有感应电压。高压单芯电缆接地有两端直接接地、一端直接接地另一端经护层保护器接地、交叉互联接地三种。两端直接接地方式将在电缆金属外护套层上产生环流，仅适用于电缆较短、功率较小，且不加装电缆护层保护器的情况，一般不建议使用。一端直接接地、另一端经护层保护器接地方式通常用于 500m 以内的线路，这种接地方式对地绝缘不构成回路，可以减少和消除环流，有利于提高电缆的传输容量和保证电缆的安全运行。当电缆线路很长，一般超过 1km 时，宜将电缆划分适当的单元，在每个单元端点处，对电缆金属护层采用交叉互联方式进行安装。通过交叉互联接地后，两个接地点之间的电位差为零，这样在护层上不会产生环流。

电缆构筑物接地包括电缆隧道、排管工作井、电缆沟、电缆桥架等金属部分的接地。电缆隧道内的接地系统应形成环形接地网，隧道内所有金属构件和固定式电器用具均应与接地网连通。接地网的综合接地电阻不宜大于 1Ω，接地装置接地电阻不宜大于 5Ω。排管工作井接地要求每座工作井应设接地装置，安装在排管工作井内的金属构件均应用镀锌扁钢与接地装置连接，接地电阻不应大于 10Ω。电缆沟要求合理设置接地装置，接地电阻不宜大于 5Ω。电缆桥架接地要求桥架金属构件均应可靠接地，钢制电缆桥架全长大于 30m 时，每隔 $20\sim 30m$ 应增加一个接地连接点；高分子合金电缆桥架、玻璃钢桥架可不接地。

3. 供油装置

供油装置是自容式和钢管式充油电缆线路的一个重要组成部分，用于提供绝缘油，保持电缆的绝缘性能。

充油电缆在储存、运输、敷设和运行中需要保持一定的油压。当温度升高时，油体积增大，电缆内的压力随之升高，压力超过电缆金属护套所能承受的压力时电缆就会破裂；当温度降低时，油的体积收缩，电缆内部压力下降，绝缘层产生空隙以至于空气和潮气侵入内部，使得电缆绝缘性能降低而导致电击穿事故。因此，充油电缆必须接有供油装置，并保证电缆工作的油压变化符合规定：冬季以最低温度空载时，电缆线路最高部位油压不得小于允许最低工作油压；夏季以最高温度满载时，电缆线路最低部位油压不得大于允许最高工作油压。

4. 在线监测装置

在线监测装置用于监测电缆的运行状态和性能变化，如监测电缆温度、负载电流、局部放电、绝缘电阻、环境参数等内容，同时具备远程通信、数据分析、智能自诊断等多种功能，保证电缆安全、稳定和高效运行。随着技术的不断进步和应用需求的不断提高，电缆在线监测装置的功能和种类也将不断丰富和完善。

二、电缆的附属设施

1. 电缆支架

电缆支架是用于支持和固定电缆的装置。

电缆支架应满足电缆承重要求，66kV 及以上电缆应采用金属支架，35kV 及以下电缆可采用金属支架或抗老化性能好的复合材料支架。金属电缆支架应进行防腐处理，位于湿热、盐雾和有化学腐蚀地区时，应根据设计做特殊的防腐处理；复合材料支架寿命应不低于电缆使用年限。

电缆支架应安装牢固，横平竖直。当设计无规定时，电缆支架层间的允许最短距离可采用表 1-9 的规定，同时要求层间净距应不小于 2 倍的电缆外径加 10mm，35kV 及以上高压电缆应不小于 2 倍电缆外径加 50mm。各支架的同层横档应在同一水平面上，水平间距不小于 1m。

表 1-9　　　　　　　　　　　电缆支架的层间允许最短距离　　　　　　　　　　　单位：mm

电缆类型和敷设特征		支（吊）架	桥架
控制电缆明敷		120	200
电力电缆明敷	10kV 及以下（除 6～10kV 交联聚乙烯绝缘外）	150～200	250
	6～10kV 交联聚乙烯绝缘	200～250	300
	35kV 单芯 66kV 及以上，每层 1 根	250	300
	35kV 三芯 66kV 及以上，每层多 1 根	300	350
电缆敷设于槽盒内		$h+80$	$h+100$

注　h 表示槽盒外壳高度。

电缆支架最上层及最下层至沟顶、楼板、沟底、地面的距离，当设计无规定时，不宜小于表 1-10 的数值。

表 1-10　　　电缆支架最上层及最下层至沟顶、楼板、沟底、地面的距离　　　单位：mm

敷设方式	电缆隧道及夹层	电缆沟	吊架	桥架
最上层至沟顶或楼板	300～500	150～200	150～200	350～450
最下层至沟底或地面	100～150	50～100	—	100～150

注　电缆桥架又名电缆托架，由托盘或梯架的直线段、弯通、组件和托臂（悬臂支架）、吊架等构成具有密集支撑电缆的刚性结构系统的全称。

2. 标志标牌

电缆的标志标牌包括电缆标志牌和电缆警示牌等两大类。

在电缆线路中，电缆终端头、电缆接头、拐弯处、夹层内、隧道及竖井的两端、工作井内等地方，均应装设标志牌。标志牌上应注明线路编号，当无编号时，应写明电缆型号、规格及起讫地点。电缆警示牌形式应根据周边环境按需设置，在电缆终端塔（杆、T 接平台）、围栏、电缆通道、各类终端塔围栏、钢架桥和钢拱桥围栏等地均应安装警示牌。

电缆线路的标志和警示牌选用复合材料等不可回收的非金属材质，规格应统一，字迹清晰，防腐不易脱落，挂装应牢固。

3. 终端站

电缆终端站是用于支撑、固定电缆终端，保证电缆终端间安全距离，以及与架空线路有效连接，与外界相对隔离的区域，主要组成部分包括杆塔、电缆终端和避雷器。电缆终端站或终端塔（杆、T 接平台）应独立设置接地系统，并设置围墙或围栏，采取防盗、报警措施。终端站无基础下沉和歪斜现象，支架与邻近物保持足够的安全距离，内部地坪应采用水泥硬化。

电缆终端、避雷器带电裸露部分之间及接地体的距离应符合表 1-11 的要求。

表 1-11　　　　　　　　电缆终端、避雷器带电裸露部分之间及接地体的距离

运行电压/kV	10		20		35		66		110		220	
方式	相间	对地	相间	对地	相间	对地	相间	对地	相间	对地	相间	对地
户内/mm	125	125	180	180	300	300	550	550	900	850	2000	1800
户外/mm	200	200	300	300	400	400	650	650	1000	900	2000	1800

第六节　电力电缆的敷设方式

电力电缆敷设一般分为直埋、穿管、架空桥架、电缆沟、电缆隧道和竖井共 6 种敷设方式。这些方式各有优缺点，选用哪种敷设方式应根据具体情况而定，一般要考虑城市发展规划、现有建筑物密度、电缆线路长度、电缆根数及周围环境的影响等因素。

一、直埋敷设方式

电缆直埋敷设是将电缆线路直接埋设在地面下 0.7～1.5m 深的敷设方式，如图 1-19 所示。一般用在电缆线路不太密集和交通不太拥挤的城市地下走廊。它不需要前期土建工程，是一种较为经济的敷设方式。其优点是施工时间短，便于维护，线路输送容量较大；缺点是容易受到机械性外力损坏，更换电缆困难，容易受周围土壤化学或电化学腐蚀。

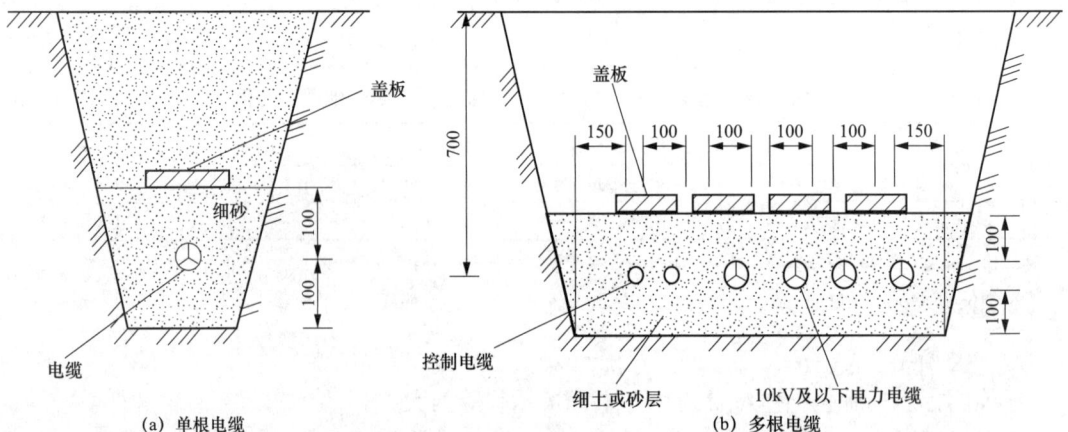

图 1-19　电缆直埋敷设方式

为了保护埋设于地下的电缆，减少或防止外力对其造成损伤，采用直埋敷设方式的电缆要求具有一定的埋设深度，该埋设深度将会对电缆的载流量造成影响，主要体现在热阻效应和温度补偿两方面：①热阻效应，随着埋设深度的加大，电缆散热时需经过的土壤厚度增加，其热阻加大，不利于电缆散热；②温度补偿，随着埋设深度的加大，电缆线路周围的土壤温度也会有明显的下降，这又有利于电缆散热。这两方面的因素共同作用，从而影响电缆的载流量。但通常情况下前者占主导因素，即埋设深度越大，电缆载流量越小。一般来说，35kV及以上电压等级的电缆采用直埋敷设时，电缆外皮至地表深度宜不小于0.7m；当位于行车道或耕地下方时，宜加大埋设深度，应不小于1m。

为了防止电缆径向膨胀，直埋敷设时需注意将电缆周围的回填土、砂均匀压实，否则在热机械力的作用下，电缆PVC护套将会产生凸起变形。但对回填土、细砂进行压实处理后，直埋的电缆相当于全长做刚性固定，沿线无法产生位移。在热机械力的作用下，电缆导体在线路的两个末端产生很大的推力，引起末端位移，从而对电缆附件的安全构成极大的威胁。因此采用直埋方式敷设的电缆应在端头或接头附近，以及电缆的转变处将电缆敷设成波浪形以留出一定的裕度，尽量减少线芯的热胀冷缩对终端或接头处的推力。即在直埋转为电缆大厅或工井的出口处做挠性固定，电缆终端处做刚性固定，以保护终端的安全。

直埋敷设一般应用于短距离、数量不大于6根，且载流量不大的情况。

二、穿管敷设方式

电缆穿管敷设是将电缆敷设在预先埋设于地下的管子中的一种敷设方式。图1-20为电缆穿管敷设结构示意。通常，用于交通频繁、工矿企业地下走廊较为拥挤的地段。优点是土建工程一次完成，其后在同一途径陆续敷设电缆，不必重复开挖道路，此外不易受到外力损坏。缺点是土建工程投资较大，工期较长，而且因散热不良，易降低电缆的载流量，在电缆敷设、检修和更换时不方便。

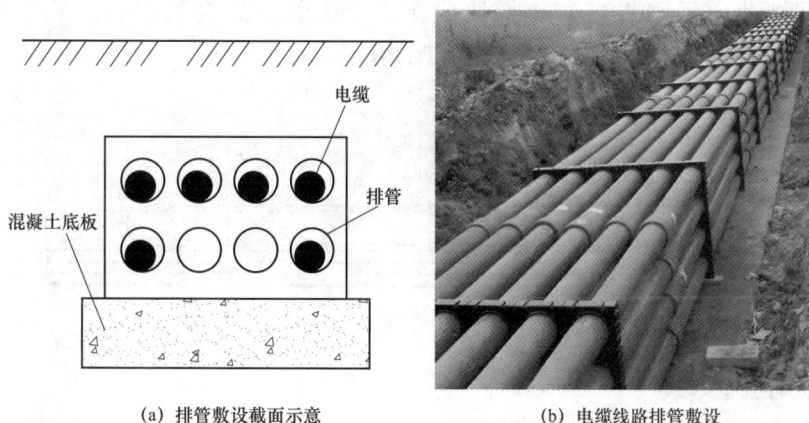

(a) 排管敷设截面示意　　　　　(b) 电缆线路排管敷设

图1-20　电缆穿管敷设结构示意

选择电缆穿管敷设方式时应符合下列规定：①在有爆炸危险场所明敷的电缆，露出地坪上须加以保护的电缆，地下电缆与公路、铁道交叉时，应采用穿管。②地下电缆通过房屋、广场的区段及电缆敷设在规划中将作为道路的地段，宜采用穿管。③在地下管网较密的工厂区、城市道路狭窄且交通繁忙或道路挖掘困难的通道等电缆数量较多的情况下，可采用穿管。

三、架空桥架敷设方式

敷设电缆线路时一般选择地下敷设方式，但当地下敷设条件不满足要求时，如穿越河涌、深坑，或者地下管线非常复杂时，可采用架空桥架敷设。电缆桥架敷设是一种将电缆敷设在专用电缆桥架上的敷设方式。其优点是简化了地下设施，避免了与地下管道交叉碰撞；易定型生产，外观整齐美观；可密集敷设大量电缆，能够有效地利用空间；同时它还具有防火、防爆和防干燥的特点。其缺点是施工、检修较困难；与架空管道易交叉；投资较大，设备需要配套使用。

架空桥架电缆线路在穿越河涌时，应用较多。如单独架设电缆桥梁的成本十分大，一般情况可选择合理利用交通桥梁敷设电缆，但应取得当地桥梁管理部门的认可。电缆桥架不宜敷设在腐蚀性气体或热力管道的上方及腐蚀性液体的下方，否则应采用防腐电缆或用隔热材料进行隔离。同时，不同电压、不同用途的电缆不宜在同一桥架上敷设，如高压和低压电缆、向同一级负荷供电的双路电源电缆，以及应急照明和正常照明的电缆；若受条件限制必须在同一层桥架上敷设时，应用隔板隔离并标明用途。

电缆桥架与管道平行或交叉的最小净距应符合表 1-12 的规定。

表 1-12 电缆桥架与管道平行或交叉的最小净距 单位：mm

管道类别		平行净距	交叉净距
一般工艺管道		400	300
具有腐蚀性液体、气体的管道		500	500
热力管道	有保温层	500	500
	无保温层	1000	1000

图 1-21 所示为单回路 110kV 电缆线路在桥架中敷设的典型断面，图 1-22 为单回路 110kV 电缆线路从电缆隧道至电缆桥架敷设断面示意。

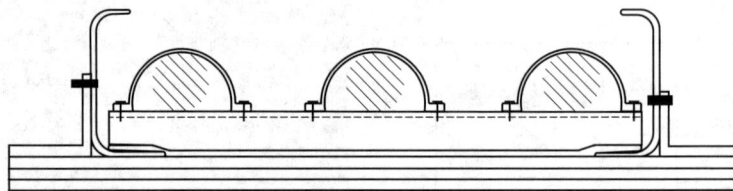

图 1-21 单回路 110kV 电缆线路在桥架中敷设典型断面示意

四、电缆沟敷设方式

电缆沟敷设是将电缆敷设在预先砌好的电缆沟中的一种敷设方式。电缆沟一般采用混凝土或砖砌结构，砖砌顶部用盖板（可开启）覆盖，与地坪相齐或稍有上下偏差。电缆沟敷设适用于变电站（所）出线及重要街道，电缆沟条数多或多种电压等级线路平行的地段，以及穿越公路铁路等地段。这种敷设方式具有节省投资、节约占地面积、走向灵活，以及能容纳较多条电缆等优点；其缺点是盖板承压强度较低，不能应用在车行道上，且电缆沟离地面太近，降低了电缆的载流量，检修维护不方便，容易遭受腐蚀。

110kV电缆

电缆井罩

1400mm×1200mm电缆隧道

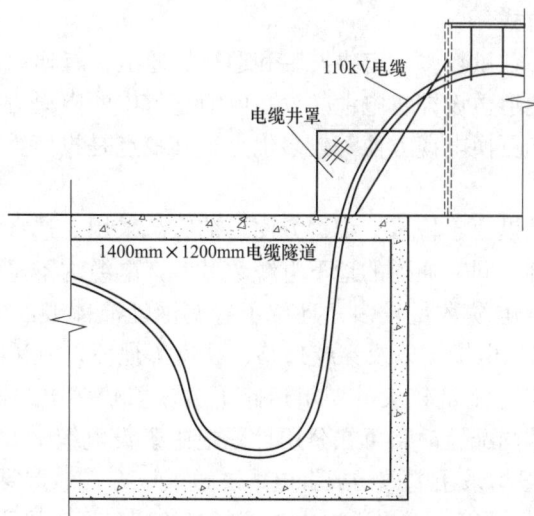

图 1-22　单回路 110kV 电缆线路从电缆隧道至电缆桥架敷设断面示意

电缆沟结构示意如图 1-23 所示。根据敷设电缆的数量，可在电缆沟的双侧或单侧装置支架，电缆应固定在支架上。在支架之间或支架与沟壁之间、留有一定的通道。电缆沟的墙体根据电缆沟所处的位置和地质条件可以选用砖砌、条石、钢筋混凝土等材料，电缆沟盖板通常采用钢筋混凝土材料，在变电站内、车行道上等特殊区段也可以采用玻璃钢纤维等复合材料电缆沟盖板，以达到坚固耐用、美观的目的。电缆沟敷设电缆时，首先要按图挖好直埋电缆沟，铺完底砂，并清除沟内杂物，然后敷设电缆。电缆敷设完毕要马上再填砂，填砂后还要铺砖或者用混凝土板，再在板上盖土，保证电缆不受损害。

在有化学腐蚀液体或高温熔化金属溢流的场所或在载重车辆频繁经过的地段，以及经常有工业水溢流、可燃粉油弥漫的厂房内等场所，不得使用电缆沟敷设。有防爆、防火要求的明敷电缆应采用埋砂敷设的电缆沟。图 1-23 为电缆沟结构示意。

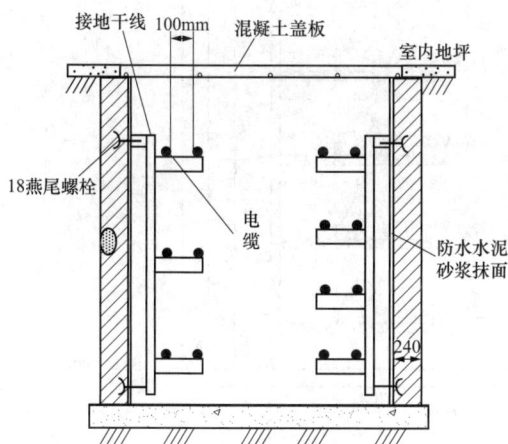

接地干线　100mm　混凝土盖板　室内地坪

18燕尾螺栓

电缆

防水水泥砂浆抹面

240

(a) 电缆沟敷设设计

(b) 电缆沟敷设实景

图 1-23　电缆沟结构示意

五、电缆隧道敷设方式

电缆隧道是容纳电缆数量较多,有供安装和巡视的通道,有通风、排水、照明等附属设施的电缆构筑物。电缆隧道敷设即将电缆敷设在电缆隧道内的敷设方式。这种敷设方式具有施工方便,巡视、检修和更换电缆方便等较多优点;其缺点是投资大,隧道施工周期长,且要求有严格的防火设施。

电缆沟和电缆隧道敷设由于检修、维护方便,被广泛采用。选择电缆沟或电缆隧道敷设时,一般应遵循以下原则:同一通道的地下电缆数量多,电缆沟不足以容纳时应采用隧道敷设方式;同一通道的地下电缆数量较多,且位于有腐蚀性液体或经常有地面水流溢出的场所,或含有 35kV 以上高压电缆,以及穿越公路、铁道等地段,宜采用隧道敷设方式;受城镇地下通道条件限制或交通流量较大的城市道路下方,与较多电缆沿同一路经有非高温的水、气和通信电缆管线共同配置时,可在公用性隧道中敷设电缆。330kV 电缆线路、6 回及以上 220kV 电缆线路一般均采用电缆沟或者电缆隧道敷设方式。重要变电站进出线、回路几种区域、电缆数量在 18 根及以上或局部电力走廊紧张的情况下宜采用隧道敷设。

电缆隧道可分为明挖隧道、暗挖隧道、顶管隧道和盾构隧道。明挖隧道、暗挖隧道断面多为矩形,图 1-24 为 2 回 220kV 电缆线路、4 回 110kV 电缆线路明挖、暗挖隧道敷设典型断面示意。顶管隧道、盾构隧道断面多为圆形,常规尺寸有直径 2.4、2.7、3.0、3.5m 和 5.4m 这五种形式。图 1-25 给出了隧道直径为 5.4m,用于 500kV 的圆形电缆隧道截面示意。

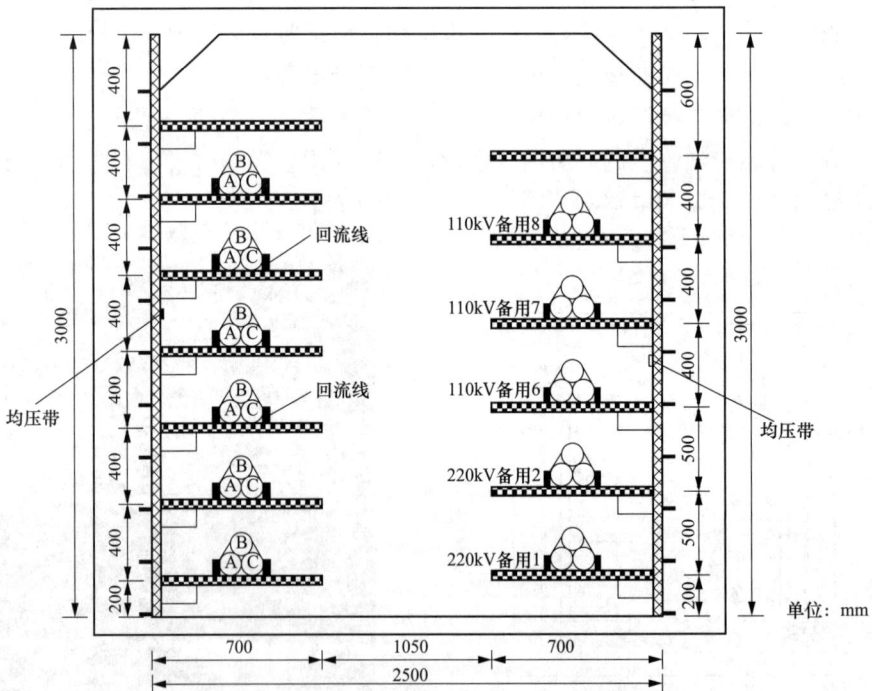

图 1-24   明挖、暗挖隧道敷设典型断面示意

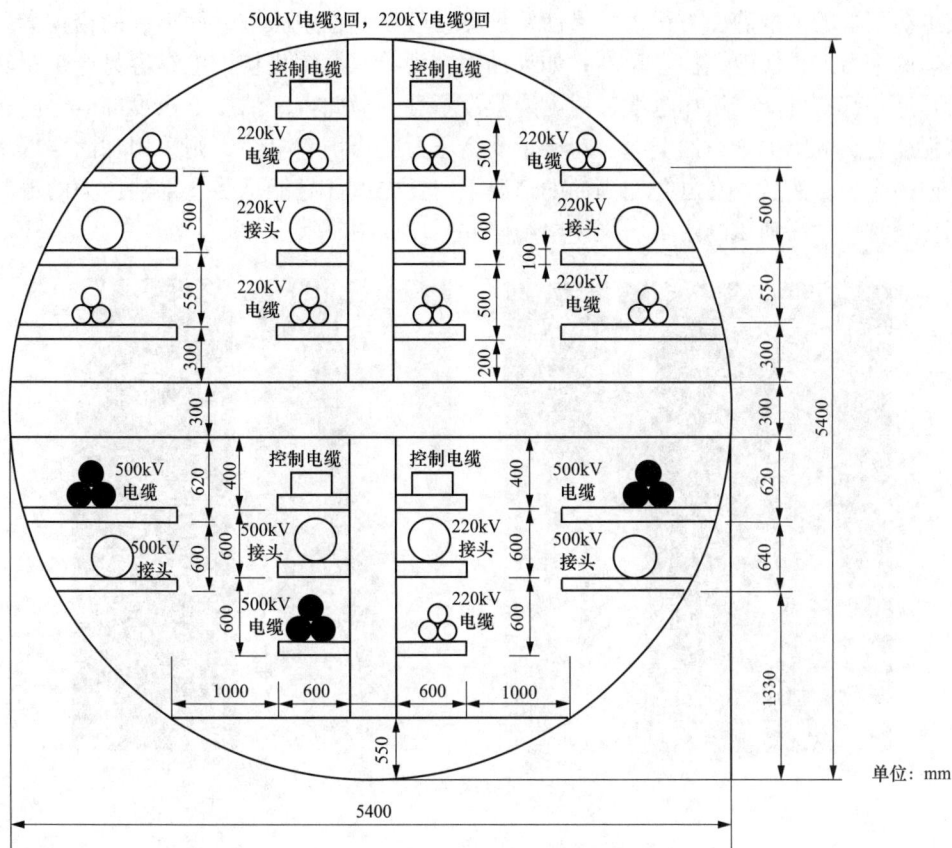

图 1-25　直径 5.4m 圆形断面隧道截面示意

在隧道内采用支架敷设时，一般情况下宜按照电压等级由高至低、从上而下排列，分层敷设在电缆支架上，但如果通道中存在 35kV 及以上高压电缆时宜按照电压等级由高至低、从下而上排列。电缆支架最上层及最下层至沟顶、楼板、沟底、地面的距离，当设计无规定时，不宜小于表 1-13 的数值。

表 1-13　　　　　　电缆支架最上层及最下层至沟顶、楼板、沟底、地面的距离　　　　单位：mm

敷设方式	电缆隧道及夹层	电缆沟	吊架	桥架
最上层至沟顶或楼板	300～500	150～200	150～200	350～450
最下层至海底或地面	100～150	50～100	—	100～150

六、竖井敷设方式

当电缆线路存在一定的落差时，需要采用垂直敷设。当垂直走向的电缆数量较多或含有 35kV 以上高压电缆时，应采用竖井。这种将电缆敷设在竖井中的敷设方式称为电缆竖井敷设，主要用于高层建筑水电站及高层室内变电站作为输电线路的竖井中，或者用在较深层电缆隧道的出口竖井中。其优点是节省了土建的大量投资，以利于电缆的敷设；缺点是若发生火灾，易扩大事态，需采取限制油浸电缆静油压过高等措施。

竖井敷设方式下，电缆最高点与最低点两个端头的水平位置差是决定电缆低终端头的结构及其制作安装的重要依据。特别是在电缆充满油的情况下进行电缆敷设，由于高落差的影响会使电缆下端的油柱静压力很大，易使铅护套在敷设过程中胀破；而上部的铅护套要承受下部电缆的重力，易使电缆护套拉断；如果加固带为单向缠绕机构，电缆容易产生扭转，甚至旋转，这些都有可能会扭坏电缆、对电缆敷设不利。为此，高油压下敷设的电缆应首先采用机械强度更高的铝套充油电缆；对于承受高压力的铅护套电缆，则采用加固层以承受周向和轴向的应力。然后，在电缆充满油的情况下，要先设计好能承受全部油压力的铜制牵引端封帽，同时用耐高油压的铅封增强。电缆竖井敷设如图 1-26 所示。

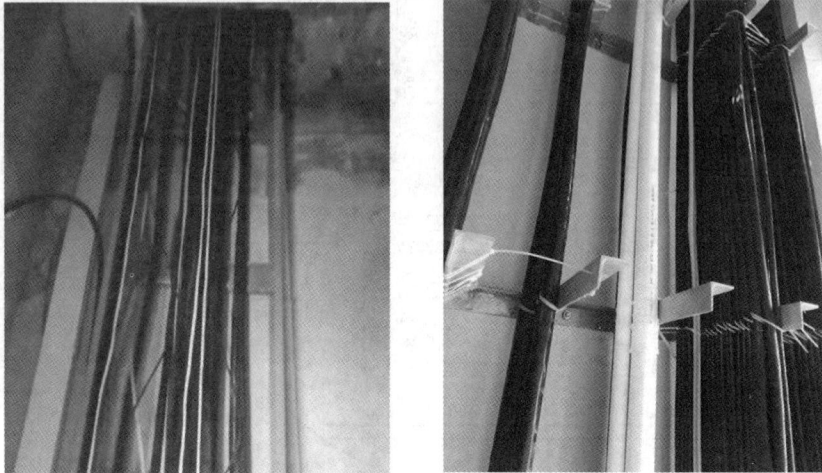

图 1-26　电缆竖井敷设

第七节　海底电缆的种类、结构与设计

海底电力电缆敷设在海底及河流水下，是海底通信电缆的近亲。截至目前，世界海底电力电缆使用已超过百年，但其相关技术依然是世界各国公认的困难而复杂的大型技术工程。无论是海底电缆的设计制造，还是海底电缆输电线路的设计、施工和运维，其难度远高于其他电缆产品。

我国海域辽阔，海岸线长，沿海岛屿的供电问题，以及岛屿间的电力联网问题，均需要采用海底电缆与大陆主电网相连。随着我国经济发展和新能源政策的推进，海底电缆市场得到了快速发展。比如，我国海南岛电网原为孤立的岛屿电网，于 2009 年建成线路长达 31km 的 500kV 海底电缆输电工程后，与我国南方电网主网相连，极大程度地提高了海南电网的运行可靠性，为海南岛经济发展提供了有力的电力保障。我国舟山群岛的岛屿之间，以及和浙江电网的电力联网，也采用了大量海底电缆。此外，我国近海大陆架海底油田和天然气的开采，诸多海上风电场的建设，也需要使用相当数量的各种海底电缆。当前，我国在海底电缆的制造、敷设安装、运行维护方面已经达到一定的规模，具有一定的能力，但与世界先进水平相比尚有相当大的差距，还需进一步努力。

一、海底电缆的种类

海底电缆按绝缘种类可分为油浸纸绝缘电缆、自容式充油纸绝缘电缆、挤包（交联聚乙烯绝缘与乙丙橡胶绝缘）绝缘电缆、充气海底电缆等。

油浸纸绝缘电缆主要应用于 ±600kV 直流及以下长距离直流海底输电，用于交流时存在过零点击穿的可能。自容式充油纸绝缘电缆主要应用于 500kV 及以下中长距离交、直流海底输电工程，绝缘性能可靠，已具有大量的应用经验；但其缺点是需要建设供油系统，以保持电缆内部的油压，因此限制了单根电缆的长度。交联聚乙烯绝缘电缆主要应用于 220kV 及以下交流、±320kV 直流及以下海底输电工程；近年来，其应用电压等级逐步上升至 500kV，但缺点在于一次性连续生产长度受限，长距离应用时接头数量较多。

二、海底电缆的结构

1. 导体

海底电缆（简称海缆）承载电流的导体由铝或铜制成。海缆的导体应满足阻水特性，即在发生故障后阻止水分侵入电缆内部，避免扩大电缆受损范围。尽管铜的成本比铝的高，但铝的耐腐蚀性能相对较差，且选用铜可以实现较小的导体截面，进而减少外层材料，因此大多数海底电缆都采用铜导体。此外，在运输或安装时，应避免水分从密封不严的端部封帽侵入。

自容式充油电缆由于内部油压大于外部水压，事故发生时海水不会侵入。交联聚乙烯绝缘海底电缆导体绞合时，在各层之间加入阻水粉、阻水带或阻水纱，一旦遇水这些阻水材料便会显著膨胀，从而有效地阻塞水分的侵入。另外，整体浸渍电缆的浸渍工艺使电缆具有纵向阻水性能，不需要采取附加措施。

2. 绝缘层

海底电缆的绝缘材料与陆地电缆没有区别，但两者的制造和应用条件均有所区别。

考虑到海底电缆敷设的特殊性，纸绝缘电缆在设计时，相邻纸带间需要预留一定的间距（通常为 1～4mm），以保证电缆在海上敷设时通过放线轮时，能承受巨大的纵向张力和侧压力，并具有足够的张力弯曲性能。

海底电缆的电容远大于架空输电线，这一特性使得交流海底电缆的传输距离越远，电缆输送的无功充电电流所占的比例就越大。考虑该因素的影响，海底电缆工程两端登陆点附近往往需要配置较大的无功补偿装置，直流海底电缆输电工程则没有该限制。

3. 金属护套

电缆的金属护套作为不透水和不透气的保护层，必须能承受电缆内部油压和海中水压。护套除了防止绝缘层受到机械损伤、屏蔽电磁场和抑制泄漏电流，还起着阻水、防潮的作用。

海底电缆金属护套主要有铝护套和铅护套两种。铝包电缆的可曲性差，因此有时将铝包做成波浪形（这称为皱纹铝）。铅护套的优点是耐腐蚀性和弯曲性能较好；密封性能好，可以防止水分或者潮气进入电缆绝缘；另外铅熔点低，可以在较低温度下挤压到电缆绝缘外层。其缺点是比重较大；机械强度较小，在一定内压力作用下会产生变形以致发生断裂；耐振性能不高，价格较高。

为了改善海底电缆的长期稳定性、蠕变和挤出等特性，通常采用铅合金护套代替铅护套。

4. 铠装

铠装层是海底电缆至关重要的结构原件，由金属线沿电缆按一定的绞合距离绞织而成，用来保护电缆免受外界机械性损伤，以及作为电缆的主要受力构件。这个绞合距离也称为节距，是铠装单线沿电缆旋转一周前进的距离，一般是铠装层下电缆直径的 10～30 倍。

采用钢丝铠装可以承受较高的机械抗拉负荷，但是单芯交流电缆采用钢丝铠装后，由于磁带损耗和涡流损耗很大，降低了电缆的载流量。试验表明，采用钢丝铠装的电缆比采用非磁性材料铠装的电缆载流量小 30%～40%。IEC 60055-2—1981《额定电压小于 18/30kV 的纸绝缘金属护套电缆（用铜芯或铝芯导线，不包括压气和充油电缆）　第 2 部分：一般要求和结构要求》标准中建议除具有特殊结构外，用于交流线路的单芯电缆铠装应由非磁性材料组成。

铠装层的设计应能满足敷设、维修、打捞及运行条件下对电缆机械抗拉强度的要求。通常根据 CIGRE TB 623—2015《海底电缆机械试验推荐规范》中推荐的最大水深情况下，按照敷设与打捞时的机械测试张力计算铠装单丝的强度。

三、海底电缆的路径选择

广阔的海底并不是每处都适合敷设电缆，确定海底电缆路径比确定陆上电缆路径要复杂得多。因此，选择海底电缆路径时要周密思考，应满足电缆不易受机械性损伤、能实施可靠防护、敷设作业方便、经济合理等要求。

选择海底电缆路径时，电缆应敷设在河床稳定、流速较缓、岸边不易被冲刷、海底无石山或沉船等障碍物、少有沉锚和拖网渔船活动的水域，不宜敷设在码头、渡口、水工构筑物附近，以及疏浚挖泥区和规划筑港地带。

海底电缆不得悬空于水中，应埋置于水底。在通航水道等需防范外部机械力损伤的水域，电缆应埋置于水底适当深度的沟槽中，并应加以稳固覆盖保护；浅水区埋深不宜小于 0.5m，深水航道的埋深不宜小于 2m。

海底电缆严禁交叉、重叠。相邻的电缆应保持足够的安全间距，且在主航道内，电缆间距不宜小于平均最大水深的 1.2 倍，引至岸边间距应适当缩小；在非通航的流速未超过 1m/s 的河流中，同回路单芯电缆间距不得小于 0.5m，不同回路电缆间距不得小于 5m。电缆与工业管道之间的水平距离不宜小于 50m；受条件限制时不得小于 15m。

四、海底电缆的敷设

按通航船舶的吨位和河床的土质情况，海底电缆敷设可分为浮埋、浅埋和深埋三种。

浮埋是利用电缆自重下沉或放在坚硬的泥质河床上的埋设方式，也有将水泥装入麻袋，覆盖在电缆上的情况。浮埋一般适用于不通航或船舶稀少的内河航道。在船舶锚链长度不及水深的海洋或没有抛锚可能的海域内，也有不覆盖水泥袋而直接将电缆放在河床上的敷设方式。

浅埋是电缆敷设水底后，使用高压水泵将电缆周围的泥沙吹散，利用电缆的自重沉入泥土中的埋设方式，埋设深度一般达 1m。适用于小型船舶出入的水域和海底电缆接近堤岸浅滩登陆地段。

深埋是电缆埋设在河床下 3～5m，且大于大型船舶的锚齿长度的埋设方式，适用于大型船舶往来的海域。它的优点是能用电缆埋设机敷设电缆，也可用挖泥船将河床挖成需要深度的电缆沟，待电缆敷入沟内后覆土回填。

第八节　电缆输电线路的设计流程

电缆输电线路的设计工作包括可行性研究设计、初步设计、施工图设计和竣工图设计等四大设计阶段，每个设计阶段中又包含与之相应的设计工作及其说明书、报告、图纸、清册和附表等内容。

一、可行性研究设计

可行性研究是电缆线路工程设计中为项目核准提供技术依据的重要设计阶段。可行性研究设计应对新建电缆线路的路径方案进行全面的技术经济比较，并根据必要的调查、资料收集、勘测和试验工作，提出推荐性意见。

可行性研究报告部分应给出线路路径方案、工程设想和电缆线路的投资估算，以及相应的附件和附图。若有必要，还应提出正式的环境影响、水土保持、压覆矿产、地质灾害、地震灾害及文物等评估报告。

可行性研究首先应明确工程设想，进行工程概述，论证项目建设的必要性，对建设方案进行经济综合比较，并根据电气计算，对有关电气设备参数的选择提出要求；然后推荐线路路径的选择方案，说明线路工程的环境条件、污秽条件、敷设方式、系统参数、附件选型、接地方式、土建设计、排水及防火措施、拆旧情况，以及主要工程量技术指标等。

可行性研究设计流程图如图 1-27 所示。

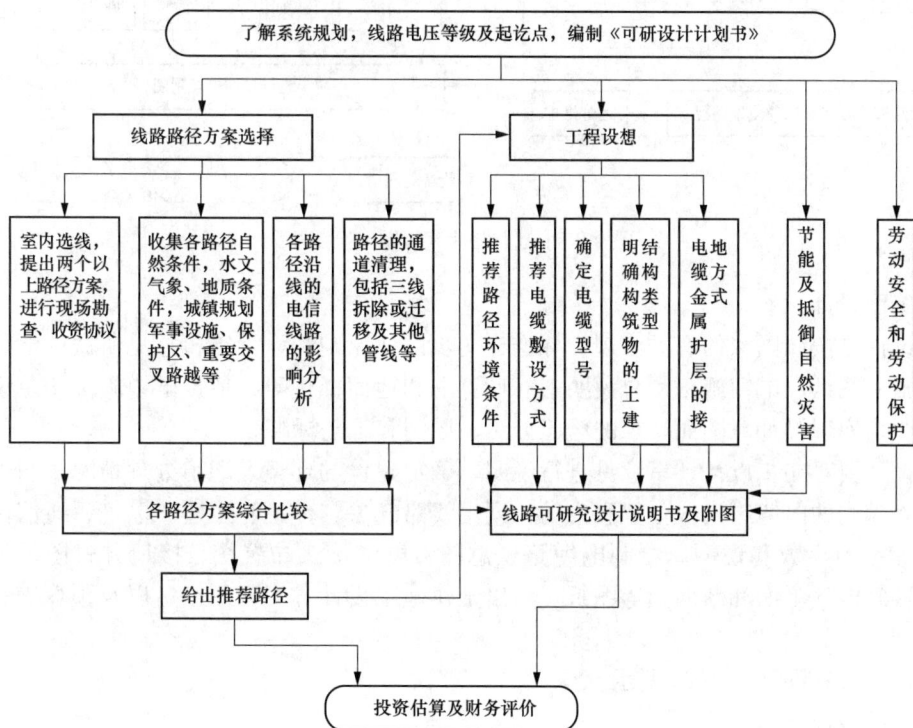

图 1-27 可行性研究设计流程图

二、初步设计

初步设计是电缆线路工程设计的重要阶段，这一阶段应明确主要的线路设计原则，应对主要技术方案进行多方案的技术经济比较，提出推荐方案。当采用现行的通用设计时，相应部分可适当简化。初步设计一般包括电缆线路路径、环境及污秽条件、电缆敷设方式与排列、电缆及附件选型、过电压保护与接地、电缆支持与固定、通信干扰、电缆终端站及电缆登杆（塔）、充油电缆供油设计、土建设计、电缆通道附属设施、电缆通道防火、特殊环境段的处理、在线监测、环保及劳动安全等设计内容。

初步设计流程图如图 1-28 所示。

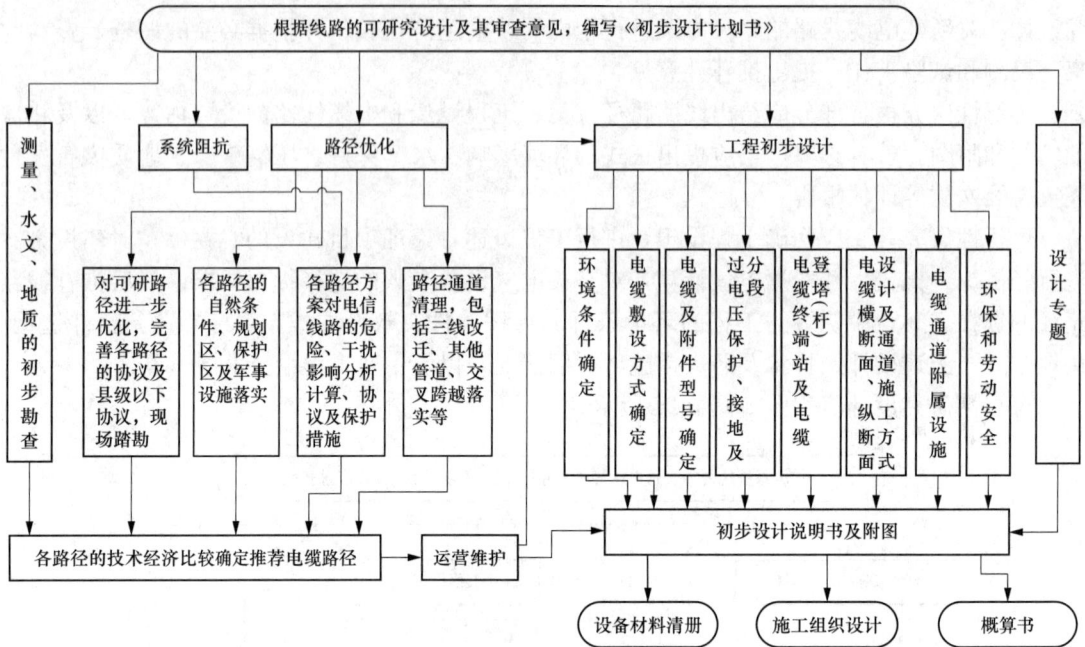

图 1-28   初步设计流程图

三、施工图设计

施工图设计是按照国家的有关法规、标准、初步设计原则和设计审核意见所做的电缆施工设计，由施工图纸、电缆施工图总说明书、计算书和地面标桩等组成。电缆施工图总说明书主要是说明为实现设计意图而要求的施工方法、原则和工艺标准。

施工图设计要对初步设计评审意见进行说明，确定建设的环境及通道处理情况，明确变电站、电缆终端站的电缆进出线位置和方向，列出线路气象、环境、土建、电气、通信保护和环境保护等系列参数和说明，绘制电缆路径总图、电缆接头布置图、接地方式图、敷设图、电缆终端站电气平面和断面图等图纸，给出土建施工设计方案和图纸，以及预算表和工作量计算原则。

施工图设计流程图如图 1-29 所示。

四、竣工图设计

竣工图设计是指电缆工程竣工后，按工程实际施工情况所编制的图纸和文件。这些图纸和文件包括设计原因、对施工图的修改和工程施工情况变化、对施工图做的修改等。新建、改建的电缆工程项目，在竣工后均要编制竣工图。竣工图要完整、准确、真实地反映项目竣工时的实际状态。通常，设计单位受项目建设单位的委托编制竣工图。

竣工图设计流程图如图 1-30 所示。

根据线路的初步设计及其审查意见，编写《施工图设计计划书》

线路选线定位

工程施工设计

发电厂变电站出线配合

水文、现场勘测、地质、测量

按选路初线具设、体审定的批线位路，置落实现场线

现场定位

路叉跨越管道通道清道理等包括实交

通道清洁施工图

金属保护层接地方式图

电缆工井间距布置图

工作井电缆布置图

电缆接头布置图

电缆登塔（杆）布置图

电缆土建图纸

通信保护施工图设计

环属保设和施劳工动计安全及附

勘测报告

最终路径、电缆敷设图、电缆通道平/断面图、电缆敷设土建图

各卷册施工图及说明书

预算书

电缆施工图总说明书及附图

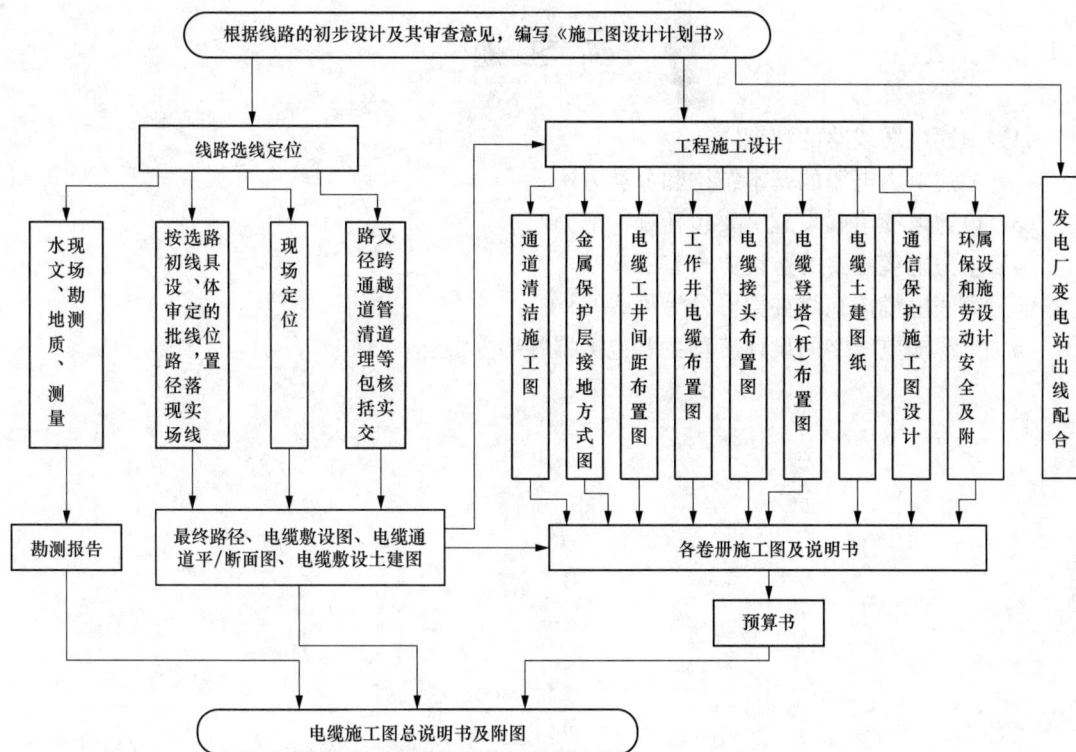

图 1-29 施工图设计流程图

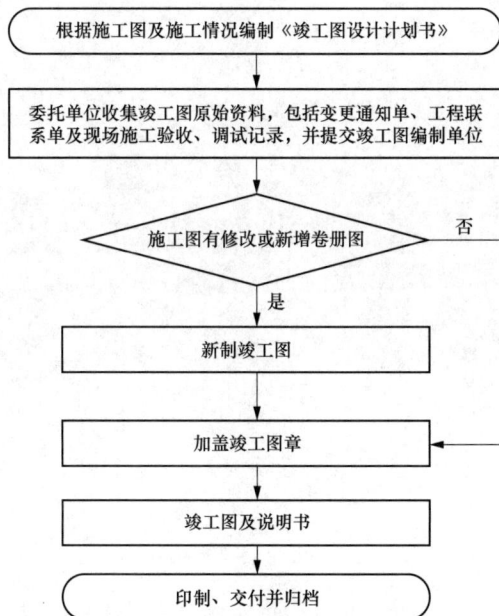

根据施工图及施工情况编制《竣工图设计计划书》

委托单位收集竣工图原始资料，包括变更通知单、工程联系单及现场施工验收、调试记录，并提交竣工图编制单位

施工图有修改或新增卷册图   否

是

新制竣工图

加盖竣工图章

竣工图及说明书

印制、交付并归档

图 1-30 竣工图设计流程图

练 习 题

(1) 简述电缆线路的特点。

(2) 简述电力电缆的基本结构和分类方法。

(3) 电力电缆附属设施主要包括哪些部分?

(4) 电力电缆主要的敷设方式有哪些?

(5) 海底电缆按绝缘种类可分为哪些?

(6) 电缆输电线路的设计流程主要包括哪些部分?

第二章 电力电缆的选型

第一节 电力电缆的产品型号

正确选择电力电缆产品，对电缆投入使用和确保其安全运行十分重要。但当前电缆产品种类繁多，命名时根据不同的标准有多种相应规定的表示方法，这造成了电缆产品的命名较为复杂的情况。从整体来看，电缆产品用型号、规格和相应的标准编号表示和排列顺序，如图 2-1 所示。

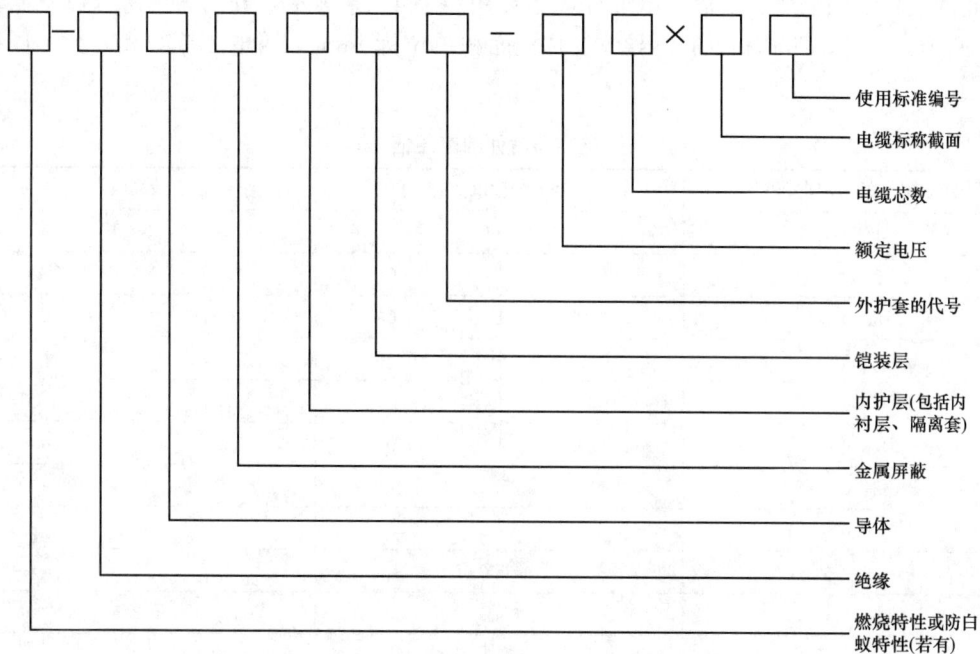

图 2-1 电缆产品的表示方法和排列顺序

电缆的型号一般依次由燃烧特性或防白蚁特性、绝缘、导体、金属屏蔽、内护层（包括内衬层、隔离套）、铠装层和外护套的代号构成。燃烧特性用字母 ZR 表示，分为 A、B、C、D 这四类；防白蚁特性用字母 FY 表示，纵向阻水结构用字母 Z 表示。根据绝缘材料的类型，纸绝缘用字母 Z 表示，聚乙烯绝缘用字母 Y 表示，聚氯乙烯用字母 V 表示，交联聚乙烯绝缘用字母 YJ 表示，乙丙橡胶绝缘用字母 E 表示，硬乙丙橡胶绝缘用字母 EY 表示。根据导体材料的类型，铜导体用字母 T 表示，但一般省略不标注，铝导体用字母 L 表示，铝合金用字母 LH 表示。根据金属屏蔽材料和种类，铜带屏蔽用字母 D 表示，但一般省略不标注，铜丝屏蔽用字母 S 表示，铝合金带用字母 HL 表示。根据内护层材料，聚氯乙烯绝缘护套用字母 V 表示，聚乙烯或聚烯烃外护套用字母 Y 表示，弹性体护套（包括氯丁橡胶、氯磺化聚乙烯或类似聚合物为基的混合料护套）用字母 F 表示，金属箔复合护层用字母 A 表示。铠装层类型则用数字表示，无铠装用数字 0 表示，双层细钢丝铠装用数字 1 表示，双钢带铠装用数字 2 表示，细圆钢丝铠装用数字 3 表示，粗圆钢丝铠装用数字 4 表示，非磁性金属带（包括非磁性不锈钢带、铝或铝合金带等）铠装用数字 6 表示，非磁性金属丝铠装用数字 7 表示。外护层（套）用数字 0～4 表示，分别为裸金属铠装（无外护层）、纤维外护套、聚氯乙烯外护套、聚乙烯或聚烯烃外护套、弹性体外护套（包括氯丁橡胶、氯磺化聚乙烯或类似聚合物为基的混合料护套）。

　　电缆的规格用相应的额定电压、导体芯数、导体标称截面积表示。额定电压是电缆设计和电性能试验的基准电压，单位为 kV，具体数据见表 2-1。根据 JB/T 8996—2014《高压电缆选择导则》，三相交流系统用的电力电缆和附件的额定电压用 $U_0/U(U_m)$ 标志。U_0 表示电缆和附件设计用的每一导体与屏蔽或护套之间的额定工频电压有效值；U 表示电缆和附件设计用的任何两个导体之间的额定工频电压有效值；U_m 表示电缆和附件设计用的任何两个导体之间的最高工频电压有效值。电缆导体芯数用数字 1～5 表示，分别为单芯（可省略不标注）、两芯、三芯、四芯和五芯。导体标称截面积单位为 mm^2，因电压等级和芯数不同而互不相同。

表 2-1　　　　　　　　　　　　　电缆和附件的电压值　　　　　　　　　　　　单位：kV

电缆和附件的额定电压 U_0	系统标称电压 U		设备最高电压 U_m	
1.80	3.00		3.60	
3.60	3.00	6.00	3.60	7.20
6.00	6.00	10.0	7.20	12.0
8.70	10.0	15.0	12.0	17.5
12.0	15.0	20.0	17.5	24.0
18.0	20.0	30.0	25.0	36.0
21.0	35.0		40.5	
26.0	35.0		40.5	
36.0	66.0		72.5	
50.0	66.0		72.5	
64.0	110		126	
127	220		252	
190	330		363	
290	500		550	

　　电缆标准则根据电压等级和电缆种类进行相应的规定，如 10kV 及以下电缆标准有 GB/T 12706.2—2020《额定电压 1kV($U_m=1.2$kV) 到 35kV($U_m=40.5$kV) 挤包绝缘电力电缆及附件　第 2 部分：额定电压 6kV($U_m=7.2$kV) 到 30kV($U_m=36$kV) 电缆》，GB/T 31840.2—2015《额定电压 1kV($U_m=1.2$kV) 到 35kV($U_m=40.5$kV) 铝合金芯挤包绝缘电力电缆　第 2 部分：额定电压 6kV($U_m=7.2$kV) 到 30kV($U_m=36$kV) 电缆》；35kV 电缆标准有 GB/T 12706.3—2020《额定电压 1kV($U_m=1.2$kV) 到 35kV($U_m=40.5$kV) 挤包绝缘电力电缆及附件　第 3 部分：额定电压 35kV($U_m=40.5$kV) 电缆》，GB/T 31840.3—2015

《额定电压 1kV(U_m＝1.2kV) 到 35kV(U_m＝40.5kV) 铝合金芯挤包绝缘电力电缆 第 3 部分：额定电压 35kV(U_m＝40.5kV) 电缆》；110kV 电缆标准有 GB/T 11017.2—2014《额定电压 110kV(U_m＝126kV) 交联聚乙烯绝缘电力电缆及其附件 第 2 部分：电缆》；220kV 电缆标准有 GB/T 18890.2—2015；500kV 电缆标准有 GB/T 22078.2—2008《额定电压 500kV(U_m＝550kV) 交联聚乙烯绝缘电力电缆及其附件 第 2 部分：额定电压 500kV(U_m＝550kV) 交联聚乙烯绝缘电力电缆》，GB/T 9326.2—2008《交流 500kV 及以下纸或聚丙烯复合纸绝缘金属套充油电缆及附件 第 2 部分：交流 500kV 及以下纸绝缘铅套充油电缆》等。

按照电缆产品标志方法和排列顺序，例如 FY-YJV22-8.7/10 3×120 GB/T 12706.2—2020 表示为防白蚁、交联聚乙烯绝缘、铜导体、铜带屏蔽、聚氯乙烯内护层、钢带铠装、聚氯乙烯外护套、额定电压为 8.7/10kV、3 芯、导体标称截面积120mm^2 的电力电缆，该电缆使用 GB/T 12706.2—2020 标准。在这个型号标志中，铜导体、铜带屏蔽没有在产品型号中体现，这是因为这两种在产品型号中一般省略不写。

又如，型号 YJLV23-26/35 3×300 GB/T 12706.3—2020 表示为，交联聚乙烯绝缘、铝芯导体、挤包半导电层＋铜带屏蔽、聚氯乙烯绝缘内护层、双钢带铠装、聚乙烯绝缘外护套、额定电压 26/35kV、3 芯、导体标称截面积 300mm^2 的电缆，使用 GB/T 12706.3—2020 标准。

型号 ZRA-YJV62-26/35 1×500 GB/T 12706.3—2020 表示为，A 级阻燃、交联聚乙烯绝缘、铜导体、铜带屏蔽、聚氯乙烯绝缘内护层、非磁性金属带铠装、聚氯乙烯外护套、单芯、额定电压 26/35kV、导体标称截面积 500mm^2 的电缆，使用 GB/T 12706.3—2020 标准。

另外，由于电缆结构类型众多，因此不同结构电缆也由其单独规定，并用不同字母进行标志。如 GB/T 9326《交流 500kV 及以下纸或聚丙烯复合纸绝缘金属套充油电缆及附件》对于充油电缆产品表示为产品系列代号为 CY；材料特征代号中，铜导体省略、纸绝缘为 Z、铅套为 Q。

外护层代号则用表 2-2 进行表示。鉴于各种型号的充油电缆均有相同结构的内衬层和保护加强层的保护层，故内衬层和保护层特征不在电缆型号中表示。电缆外护层代号按电缆外护层结构从里到外，用加强层、铠装层、外被层的代号组合表示。有铠装的自容式充油电缆挤包的聚乙烯或聚氯乙烯护套保护层的代号，不在外护层中表示。

表 2-2 外护层代号

代号	加强层	代号	铠装层	代号	外被层
1	钢带径向加强	0	无铠装	1	纤维层
2	不锈钢带径向加强	4	粗钢丝	2	聚氯乙烯护套
3	钢带径向窄钢带纵向加强			3	聚乙烯护套
4	不锈钢带径向窄不锈钢带纵向加强				

如 CYZQ 302 127/220 1×400 GB/T 9326.2—2008，表示为铜芯纸绝缘铅套铜带径向窄铜带纵向加强聚氯乙烯护套自容式充油电缆，额定电压 127/220kV，单芯，标称截面积400mm^2。

第二节　电缆线路的电气参数

电气性能是电缆线路最基本的特性。由于电缆在高电压、强电场环境下工作，因此其电气性能的要求是多方面的，也极为严格。在设计电缆产品时，必须精确地计算电气性能，以此作为材料和结构选择的重要依据。同时，电缆线路输电和架空输电线路输电在特性上有很大的不同。由于电缆电容比架空导线电容大得多，因此在交流输电时，当电缆的长度达到一定限值以后，电缆的全部输送容量仅能满足电缆自身充电需求，以至于没有办法输出功率，造成不加补偿的电缆线路输电距离远低于架空输电线路，因此掌握电缆的电气特性至关重要。

电缆线路的电气参数直接决定了线路的电能传输性能，其具体取值与电缆的结构、几何尺寸，以及各组成部分所用材料的电阻系数、介电常数和磁导系数等相关。这些参数可以通过查阅产品或者设计手册得到，但为更好、更准确地掌握电缆的电气特性，需要掌握常见结构电缆线路的电气参数计算公式。

一、导体的电阻

1. 导体的直流电阻

单位长度电缆的导体直流电阻 R'（Ω/m）与工作温度 θ℃ 直接相关，计算式为

$$R' = \frac{\rho_{20}}{A}[1 + \alpha(\theta - 20)]k_1 k_2 k_3 k_4 k_5 \tag{2-1}$$

式中　R'——单位长度电缆导体在 θ℃ 温度下的直流电阻，Ω/m，进行损耗计算时，采用电缆运行时导体的最高允许温度，参见表 2-3。

　　　　A——导体截面积，m^2，如导体由直径为 d 的 n 根单线绞合而成时，$A = \frac{\pi}{4}nd^2$；单

　　　　　　线直径不同时，$A = \frac{\pi}{4}(n_1 d_1^2 + n_2 d_2^2 + \cdots + n_k d_k^2)$。

　　　ρ_{20}——导体材料在 20℃ 时的电阻率，$\Omega \cdot \mathrm{m}$。对于标准软铜，$\rho_{20} = 0.017241 \times 10^{-6}\,\Omega \cdot \mathrm{m} = 0.017241$ 或 $1/58(\Omega \cdot \mathrm{mm}^2)/\mathrm{m}$；对于标准硬铝，$\rho_{20} = 0.02864 \times 10^{-6}\,\Omega \cdot \mathrm{m} = 0.02864(\Omega \cdot \mathrm{mm}^2)/\mathrm{m}$。

　　　　α——导体电阻的温度系数，$1/℃$，对于标准软铜，$\alpha = 0.003931/℃$；对于涂（镀）锡软铜，$\alpha = 0.003851/℃$；对于软铜制品，$\alpha = 0.003951/℃$；对于标准硬铝及硬铝制品，$\alpha = 0.004031/℃$；对于软的、半硬铝制品，$\alpha = 0.004101/℃$。

　　　　k_1——单根导线在加工过程中引起金属率增加所引入的系数，它与导线直径大小，金属种类，表面是否有涂层有关。根据 IEC 60228《电缆的导体》和 IEC 60104《铝镁硅合金导线》的规定，系数 k_1 的值见表 2-4。根据我国标准的规定，软圆铜单线的电阻率（即 $k_1 \rho_{20}$），当 $d \leqslant 1.0\mathrm{mm}$ 时，不大于 $0.01748 \times 10^{-6}\,\Omega \cdot \mathrm{m}$；当 $d > 1.0\mathrm{mm}$ 时，不大于 $0.0179 \times 10^{-6}\,\Omega \cdot \mathrm{m}$；涂金属（锡）软圆铜单线的电阻率，当 $d \leqslant 0.5\mathrm{mm}$ 时，不大于 $0.0179 \times 10^{-6}\,\Omega \cdot \mathrm{m}$；当 $d > 0.5\mathrm{mm}$ 时，不大于 $0.0176 \times 10^{-6}\,\Omega \cdot \mathrm{m}$。硬圆铝单线的电阻率不大于 $0.0290 \times 10^{-6}\,\Omega \cdot \mathrm{m}$，软的和半硬圆铝单线的电阻率不大于 $0.0283 \times 10^{-6}\,\Omega \cdot \mathrm{m}$。

k_2——用多根导线绞合而成的线芯，使单根导线长度增加所引起的系数。对于实心线芯，$k_2=1$；对于固定敷设电缆紧压多根导线绞合线芯结构，$k_2=1.02$（200mm^2 以下）~1.03（250mm^2 及以上）；对于不紧压多根，导线绞合线芯结构和固定敷设软电缆线芯 $k_2=1.03$（4 层以下）~1.04（5 层以上）。

k_3——紧压线芯因在紧压过程中使导线发硬，引起电阻率增加所引入的系数，一般取 1.01。

k_4——因成缆绞合，使线芯长度增加所引入的系数，一般取 1.01 左右。

k_5——因考虑导线允许公差所引入的系数，对于非紧压线芯结构，$k_5=[d/(d-e)]^2$，e 为导线容许公差，对紧压结构线芯，$k_5\approx1.01$。

表 2-3 常用电缆导体的最高允许温度

电缆			最高允许温度/℃	
绝缘类型	型式特征	电压/kV	持续工作	短路暂态
交联聚乙烯	普通	≤500	90	250
自容式充油	普通牛皮纸	≤500	80	160
	半合成纸	≤500	85	160

表 2-4 系 数 k_1 的 值

线芯中单线的最大直径/mm		k_1			
		实心线芯		绞合线芯	
大于	小于及等于	涂（镀）金属铜及裸铝	裸铜	涂（镀）金属铜及裸铝	裸铜
0.05	0.10	—	—	1.12	1.07
0.10	0.31	—	—	1.07	1.04
0.31	0.91	1.05	1.03	1.04	1.02
0.91	3.60	1.04	1.03	1.03	1.02
3.60	—	1.04	1.03	—	—

2. 导体的交流电阻

导体的交流电阻也称有效电阻。交流电阻可视为直流电阻在交流电流作用下，因集肤效应和邻近效应而产生的变化。因此，为准确计算交流电阻 R，需要引进集肤效应因数 y_s 和邻近效应因数 y_p。由于集肤效应，导体中的交流电流出现靠近导体表面处的电流密度大于导体内部电流密度的现象，此时，定义集肤效应系数 y_s 为因集肤效应使电阻增加的百分数。由于邻近效应，导体内电流密度因受邻近导体中电流的影响而呈现分布不均匀的现象，此时，定义邻近效应系数 y_p 为因邻近效应使电阻增加的百分数。

受集肤效应和邻近效应的影响，导体交流电阻 R 的计算式为

$$R=R'(1+y_s+y_p) \tag{2-2}$$

式中 R'——在工作温度下，导体单位长度的直流电阻，Ω/m。

y_s 和 y_p 由相应的中间系数 x_s 和 x_p 进行计算。当 $x_s\leq2.8$ 时，y_s 计算式为（2-3）；当 $x_s>2.8$ 时，y_s 计算式为（2-4）。对于三芯电缆及三相单芯电缆，邻近效应系数 y_p 计算式

为式（2-5）：

$$x_s \leqslant 2.8 \Rightarrow y_s = \frac{x_s^4}{192 + 0.8x_s^4} \tag{2-3}$$

$$x_s > 2.8 \Rightarrow y_s = -0.136 - 0.0177x_s + 0.0563x_s^2 \tag{2-4}$$

$$y_p = \frac{x_p^4}{192 + 0.8x_p^4}\left(\frac{D_c}{S}\right)^2\left[0.312\left(\frac{D_c}{S}\right)^2 + \frac{1.18}{\frac{x_p^4}{192 + 0.8x_p^4} + 0.27}\right] \tag{2-5}$$

$$x_s^2 = \frac{8\pi f}{R'}k_s \times 10^{-7} \tag{2-6}$$

$$x_p^2 = \frac{8\pi f}{R'}k_p \times 10^{-7} \tag{2-7}$$

式中　D_c——电缆线芯外径，扇形芯取等于扇形面积的圆形线芯的直径；

　　　S——线芯中心轴间的距离；对于扇形多芯电缆，$S = D_c + \Delta$，Δ 为线芯间绝缘层的厚度；此时，邻近效应系数 y_p 为按式（2-5）计算所得的值乘以 2/3；

　　　f——电源频率，工频为 50Hz；

　　k_s、k_p——常数，不同结构的线芯有不同的数值，见表 2-5。

磁性材料（钢、铁）管式电缆的集肤效应和邻近效应系数，根据实验结果发现，实际值比按上述方法得到的计算值大 70%。因此，磁性材料（钢、铁）管式电缆的交流电阻 R 的计算式为

$$R = R'[1 + 1.7(y_s + y_p)] \tag{2-8}$$

表 2-5　　　　　**不同结构线芯的 k_s 和 k_p 的值**

线芯结构	干燥浸渍否	k_s		k_p
圆形、扭绞	是	1		0.8
圆形、扭绞	否	1		1
圆形、紧压	是	1		0.8
圆形、紧压	否	1		1
圆形、分割①	是	0.435		0.37
圆形、空心	是	②		0.8
扇形	是	1		0.8
扇形	否	1		1

① 适用于 1500mm² 以下四扇形分割线芯（有、无中心油道）；

② $k_s = \dfrac{D_c' - D_0}{D_c' + D_0}\left(\dfrac{D_c' + 2D_0}{D_c' + D_0}\right)^2$。式中，$D_0$ 为线芯内径（中心油道的直径）；D_c' 为具有相同中心油道，等效实线芯外径。

【例 2-1】　试计算 YJLV23-6/10 3×150（GB 12706.3—2020）型电力电缆导电线芯的电阻。已知该电缆内外半导电屏蔽层各厚 1mm，扇形导电线芯结构为（7×2.07² + 2×2.07² + 15×2.07²）mm²，统包金属屏蔽层，金属屏蔽层为 0.1×2mm² 的绕包铜带，交联聚乙烯绝缘厚度为 3.4mm。导体允许最高工作温度为 90℃。

解：线芯实际面积

$$A = \frac{\pi}{4}(7 \times 2.07^2 + 2 \times 2.07^2 + 15 \times 2.07^2)\text{mm}^2 = 80.72\text{mm}^2 = 80.72 \times 10^{-6}\text{m}^2$$

ρ_{20} 取 $0.02864 \times 10^{-6}\Omega \cdot \text{m}$，$\alpha$ 取 0.00403，$k_1 = k_2 = 1.02$，$k_3 = k_4 = k_5 = 1.01$。
故单位长度直流电阻

$$R' = \frac{0.02864 \times 10^{-6}}{80.72 \times 10^{-6}}[1 + 0.00403(90° - 20°)]1.02^2 \times 1.01^3\Omega/\text{m} = 4.853 \times 10^{-4}\Omega/\text{m}$$

等效圆直径

$$D_c = \sqrt{\frac{4A}{\pi}} = \sqrt{\frac{4 \times 80.72}{\pi}}\text{mm} = 10.14\text{mm}$$

$$s = D_c + \Delta + (\text{内外半导电层厚度}) \times 2 = (10.14 + 3.4 \times 2 + 2 \times 2)\text{mm} = 20.94\text{mm}$$

$$X_s^2 = \frac{8\pi f \times 10^{-7}}{R}k_s = \frac{8\pi \times 50 \times 10^{-7}}{4.85 \times 10^{-4}} \times 1\text{m}/\Omega = 0.259\Omega/\text{m}$$

$$X_p^2 = \frac{8\pi f \times 10^{-7}}{R}k_p = \frac{8\pi \times 50 \times 10^{-7}}{4.85 \times 10^{-4}} \times 1\text{m}/\Omega = 0.259\Omega/\text{m}$$

代入式（2-4）和式（2-5），得

$$y_s = \frac{X_s^4}{192 + 0.8X_s^4} = \frac{0.259^2}{192 + 0.8 \times 0.259^2} = 0.003$$

$$y_p = \frac{2}{3}\left\{\frac{X_p^4}{192 + 0.8X_p^4}\left(\frac{D_c}{S}\right)^2\left[0.312\left(\frac{D_c}{S}\right)^2 + \frac{1.18}{\dfrac{X_p^4}{192 + 0.8X_p^4} + 0.27}\right]\right\} = 0.0004$$

故导电线芯单位长度的交流电阻

$$R = R'(1 + y_s + y_p) = 4.853 \times 10^{-4}(1 + 0.0003 + 0.0004)\Omega/\text{m} = 4.857 \times 10^{-4}\Omega/\text{m}$$

【例2-2】 试计算220kV裸铅包低油压充油电缆线芯的有效电阻。电缆用于三相平衡线路，其中心轴间距离 $s = 220\text{mm}$，电缆线芯结构尺寸见表2-6。

表2-6　　　　　　　　　　　　　电缆线芯结构尺寸

项目	数值
线芯标称面积/mm^2	400
线芯结构/mm^2	铜芯$(18+24+30) \times \phi 2.86$
螺旋管支撑内径/mm	12
螺旋管支撑外径/mm	13.2
线芯外径/mm	29.3
线芯屏蔽厚度/mm	0.85
线芯屏蔽外径/mm	31.0
绝缘层厚度/mm	20.0
绝缘层屏蔽厚度/mm	0.5
绝缘层屏蔽外径/mm	72.0
铅套厚度/mm	3.5
铅套外径/mm	79.0
电缆允许最高工作温度/℃	75

$$A = \frac{\pi}{4} \times 72 \times (2.86)^2 = 464 \text{mm}^2 = 464 \times 10^{-6} \text{m}^2$$

取 $\rho_{20} k_1 = 0.01748 \times 10^{-6} \Omega \cdot \text{m}$，$k_2 = 1.02$，$k_3 = k_4 = k_5 = 1$，得

$$R' = \frac{\rho_{20}}{A}[1 + \alpha(\theta - 20°)]k_1 k_2$$

$$= \frac{0.01748 \times 10^{-6}}{464 \times 10^{-6}}[1 + 0.00393(75 - 20)] \times 1.02 \Omega/\text{m}$$

$$= 0.464 \times 10^{-4} \Omega/\text{m}$$

线芯等效直径

$$D'_c = \sqrt{\frac{4}{\pi}A + D_0^2} = \sqrt{\frac{4}{\pi} \times 464 + 13.2^2} \text{mm} = 27.7 \text{mm}$$

$$k_s = \frac{D'_c - D_0}{D'_c + D_0} \times \frac{(D'_c + 2D_0)^2}{(D'_c + D_0)^2} = \frac{27.7 - 13.2}{27.7 + 13.2} \times \left(\frac{27.7 + 2 \times 13.2}{27.7 + 13.2}\right)^2 = 0.622$$

$$k_p = 0.8$$

$$X_s^2 = \frac{8\pi f \times 10^{-7}}{R'}k_s = \frac{8\pi \times 50 \times 10^{-7}}{0.464 \times 10^{-4}} \times 0.622 = 1.69$$

$$X_p^2 = \frac{8\pi f \times 10^{-7}}{R'}k_p = \frac{8\pi \times 50 \times 10^{-7}}{0.464 \times 10^{-4}} \times 10^{-7} \times 0.8 = 2.17$$

代入式（2-3）和式（2-5），得

$$y_s = \frac{X_s^4}{192 + 0.8X_s^4} = \frac{1.69^2}{192 + 0.8 \times 1.69^2} = 0.0147$$

$$y_p = \frac{X_p^4}{192 + 0.8X_p^4}\left(\frac{D_c}{s}\right)^2\left[0.312\left(\frac{D_c}{s}\right)^2 + \frac{1.18}{\frac{X_p^4}{192 + 0.8X_p^4} + 0.27}\right] = 0.00169$$

所以 $R = R'(1 + y_s + y_p) = 0.464 \times 10^{-4}[1 + 0.0147 + 0.00169]\Omega/\text{m} = 0.47 \times 10^{-4} \Omega/\text{m}$

二、电缆的绝缘电阻

1. 单芯电缆的绝缘电阻

电缆的绝缘电阻由绝缘材料的电阻系数和电缆结构尺寸确定。如图 2-2 所示，D_c 为电缆线芯屏蔽的外径，D_i 为绝缘层外径。在单位长度电缆上距电缆中心 x 处取厚度为 dx 的绝缘层，则其绝缘电阻 $dR_i = \frac{\rho_i}{2\pi x}dx$，通过积分求得单位长度电缆绝缘层的电阻：

$$R_i = \frac{\rho_i}{2\pi x}\ln\frac{D_i}{D_c} = \frac{\rho_i}{2\pi x}\ln\frac{D_i + 2\Delta_1}{D_c} \qquad (2-9)$$

式中　ρ_i——绝缘层电阻的电阻系数；

　　　Δ_1——线芯屏蔽表面绝缘层间的绝缘厚度。

由式（2-9）可知，R_i 是 $\rho_i/2\pi$ 和 $\ln\frac{D_i + 2\Delta_1}{D_c}$ 的乘积。前

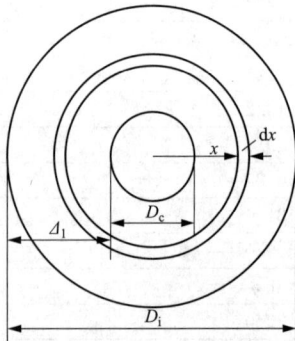

图 2-2　绝缘电阻示意

者是仅与绝缘材料性能有关的常数，后者中的 $\ln\dfrac{D_i}{D_c}$ 是仅与电缆结构尺寸有关的函数，称为几何因数 G。于是，单芯电缆的绝缘电阻计算式为

$$R_i = \frac{\rho_i}{2\pi}G \tag{2-10}$$

2. 多芯电缆的绝缘电阻

对于圆形多芯电缆的绝缘电阻，也可写成式（2-10）的形式，区别在于几何因数 G 的数值不同。当已知电缆线芯直径 D_c、线芯绝缘厚度 Δ 和线芯至护套绝缘厚度 Δ_1 后，即可得到相应的几何因数 G。圆形多芯（n 芯）电缆的绝缘电阻

$$R_i = \frac{\rho_i}{2\pi n}G \tag{2-11}$$

电缆线芯直径 D_c 应取与扇形线芯截面积相等的圆形线芯的直径，几何因数必须乘以相应的校正因数 F 进行修正。

$$R_i = \frac{\rho_i}{2\pi n}G_1 F \tag{2-12}$$

多芯电缆的多芯连接在一起，对于护套间的几何因数，三芯电缆接至三相平衡电源，每芯对中性点的几何因数（又称每相工作几何因数）用曲线 G_2 表示，其他连接方法的几何因数可由 G_1、G_2 算得，见表 2-7。

表 2-7　　　　　　　　　　　带绝缘式三芯电缆的几何因数

连接方式	几何因数
三线芯相连对金属护套	G_1
三线芯接三相平衡电源、金属护套接电源中性点	G_2
一线芯对二线芯与金属护套相连	$(9G_1 G_2)/(6G_1 + G_2)$
二线芯相连，另一线芯与金属护套相连	$4.5G_1 G_2/(3G_1 + 2G_2)$

三、电缆的电感

电缆的电感是电缆导体所交链的磁通链与导体电流的比值。在工频下，电磁场为缓变场。可仅考虑由于磁场的变动而引起的感应电压，而感应电压反过来对磁场的影响可不必考虑，且磁场按恒定磁场计算。

1. 单相回路电缆的电感

在实际工程中，可将线芯内部磁通链所产生的电感称为内感 L_i，H/m；线芯外部所链磁通产生的电感称为外感 L_e，H/m。那么，每相单位长度电缆的电感 L 为二者之和，即

$$L = L_i + L_e \tag{2-13}$$

（1）内感。

如图 2-3 所示，设导电线芯的直径为 D_c，材料的导率为 μ。导电线芯为铜和铝，它们均为非磁性材料，其磁导率可认为等于真空磁导率（$\mu_0 = 4\pi \times 10^{-7}$ H/m）。

距导电线芯中心 x 处的磁场强度 H_i，根据安

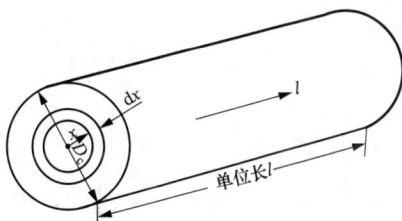

图 2-3　线芯内感示意

培环路定律：沿其矢量任一闭合路径的线积分等于穿过该回路所限定面积的电流的代数和 I_i。即可写为

$$\oint_L H_i dl = I_i \tag{2-14}$$

$$H_i \oint_L dl = I_i \tag{2-15}$$

而 $\oint_L dl$ 为半径为 x 的圆的周长即 $2\pi x$，故式（2-15）为

$$H_i 2\pi x = I_i \tag{2-16}$$

则

$$H_i = \frac{I_i}{2\pi x} = \frac{I_i}{2\pi x} \cdot \frac{x^2}{(D_c/2)^2} \tag{2-17}$$

而单位长度线芯导体的磁场能量

$$W = \int_0^{D_c/2} \frac{1}{2}\mu_0 H_i^2 dV = \int_0^{D_c/2} \frac{1}{2}\mu_0 H_i^2 \times 2\pi x dx = \frac{\mu_0 I^2}{16\pi} \tag{2-18}$$

将式（2-17）代入式（2-18），又因 $W = 0.5LI^2$，于是单位长度每根电缆线芯的内感

$$L_i = \frac{\mu_0}{8\pi} = 0.5 \times 10^{-7} \text{H/m} \tag{2-19}$$

对于中空线芯结构，如有中心油道电缆的线芯可用简化公式

$$L_i = 0.5\left[1 - \left(\frac{D_0}{D_c}\right)^{1.5}\right] \times 10^{-7} \text{H/m} \tag{2-20}$$

式中 D_c——线芯外径；

     D_0——中空油道内径。

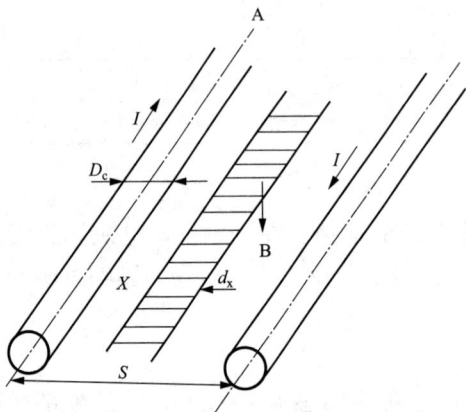

图 2-4 线芯外感示意

（2）外感 L_e。图 2-4 中，可近似认为电流集中在线芯的几何中心轴线上，在离电缆中心轴线 $x > D_c/2$ 处的磁场强度为两个积分曲线所链磁通在 $x > D_c/2$ 处产生的磁场强度的叠加。

据安培环路定律

A 相 $\oint_{LA} H_A dl = I$，即 $H_A 2\pi x = I$，得 $H_A = I/2\pi x$；

B 相 $\oint_{LB} H_B dl = I$，即 $H_B 2\pi(s-x) = I$，得 $H_B = I/2\pi(s-x)$。

式中，s 为电缆中心间的距离；I 为线芯电流，则 x 处的磁场强度为

$$H = H_A + H_B = \frac{I}{2\pi x} + \frac{I}{2\pi(s-x)} \tag{2-21}$$

又因磁通

$$\Phi = \int_s B\cos\beta ds = \int_{D_c/2}^{s-D_c/2} B ds = \int_{D_c/2}^{s-D_c/2} \mu_0 H dx \tag{2-22}$$

将式（2-21）代入式（2-22），得

$$\Phi = \frac{\mu_0 I}{x}\ln\frac{s - D_c/2}{D_c/2} \tag{2-23}$$

一般情况下，$D_c/2 \ll s$，故 $\Phi = \dfrac{\mu_0 I}{\pi} \ln \dfrac{2s}{D_c}$ 对每根电缆而言，磁通链为其一半，故每单位长度电缆的外感 L_e 有

$$L_e = \frac{\Phi}{2I} = \frac{\mu_0}{2\pi} \ln \frac{2s}{D_c} = \left(2\ln \frac{2s}{D_c}\right) \times 10^{-7}\,\text{H/m} \tag{2-24}$$

故单相电缆回路每单位长度电缆线芯电感为

$$L = L_i + L_e = 0.5 \times 10^{-7}\,\text{H/m} + \left(2\ln \frac{2s}{D_c}\right) \times 10^{-7}\,\text{H/m} \tag{2-25}$$

2. 三相回路电缆的电感

电力电缆在实际工程中，尤其高压输电线路均为三相水平直线敷设和三相等边三角形敷设（三芯电缆也属此列）。均可近似地使用单相回路电感的计算公式，即

$$L_1 = L_2 = L_3 = L_i + \left(2\ln \frac{2s}{D_c}\right) \times 10^{-7}\,\text{H/m} \tag{2-26}$$

值得指出的是，对于水平直线敷设的三相电缆，为了保证线路平衡运行，电缆经过一定长度后需进行换位敷设，如图 2-5 所示。

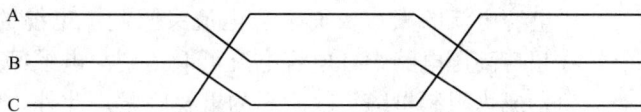

图 2-5 电缆换位示意

此时电感应取三段电感的平均值

$$L = \frac{L_1 + L_2 + L_3}{3} = L_i + 2\left(\ln \frac{2\sqrt[3]{s_1 s_2 s_3}}{D_c}\right) \times 10^{-7}\,\text{H/m} \tag{2-27}$$

若 $s_1 = s_2 = s_3$；$s_3 = 2s$ 时，上式为

$$L = L_i + 2\left(\ln \frac{2\sqrt[3]{2}\,s}{D_c}\right) \times 10^{-7}\,\text{H/m} \tag{2-28}$$

3. 电缆护套的电感

电缆金属护套所交链的磁通链与电缆导体电流的比值称为电缆护套的电感，该数值在计算护套损耗时需要用到。电缆护套的电感计算和电缆的电感计算相似，在此不详述。

不同情况下的护套电感 L_s 的计算式为

（1）两根单芯电缆组成的单相交流回路，护套开路时：

$$L_s = 2\ln \frac{S}{r_s} \tag{2-29}$$

式中　S——电缆导体轴间距离，m；

　　　r_s——电缆金属护套的平均半径，m。

（2）三根单芯电缆按等边三角形敷设的三相平衡负载交流回路，护套开路：

$$L_s = 2\ln \frac{S}{r_s} \tag{2-30}$$

（3）三根单芯电缆按等距平面敷设的三相平衡负载交流回路，护套开路：

A 相：$L_{s1} = 2\ln \dfrac{S}{r_s} - \dfrac{-1 + j\sqrt{3}}{2}(2\ln 2)$

B 相：$L_{s2} = 2\ln \dfrac{S}{r_s}$

C 相：$L_{s3} = 2\ln \dfrac{S}{r_s} - \dfrac{-1-j\sqrt{3}}{2} (2\ln 2)$

（4）三根单芯电缆按等距平面敷设的三相平衡负载交流回路，电缆换位，护套开路

$$L_s = 2\ln \dfrac{\sqrt[3]{S_{AB}S_{BC}S_{CA}}}{r_s} \tag{2-31}$$

式中　S——电缆导体轴间距离，m；

　　　S_{AB}——导体 A 与导体 B 的轴间距离，m；

　　　S_{BC}——导体 B 与导体 C 的轴间距离，m；

　　　S_{CA}——导体 C 与导体 A 的轴间距离，m；

　　　r_s——电缆金属护套的平均半径，m。

四、电缆的电容

电缆本身便是一个标准的圆柱形电容器。导电线芯和接地的金属屏蔽层或金属护套构成

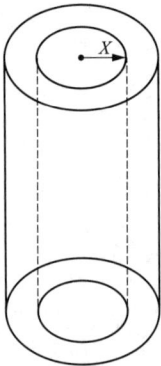

图 2-6　单芯电缆电容示意

了电容器的两个极。电容是电缆的重要参数之一，它决定了电缆线路中电容电流的大小，而电容电流又限制了电缆的传输容量和长度。在超特高压电路中，电容电流可能达到与电缆额定电流相比拟的数值，成为限制电缆传输距离的重要因素。此外，电容也是电缆绝缘本身的一个参数，可用来检查电缆工艺质量、绝缘质量的变化等。

1. 单芯电缆的电容

对于单芯电缆，可将线芯和绝缘外的金属套，看成内电极直径为线芯直径 D_e，外电极直径为绝缘外径 D_i 的圆柱形电容器。在距电缆中心 x 处，取一个同轴圆柱面，如图 2-6 所示。

根据对称条件及长度远大于直径的特性，圆柱面上各点电场强度数值相等。由高斯定理可得

$$E = Q/2\pi x l \varepsilon \varepsilon_0 \tag{2-32}$$

式中　Q——电荷量，C；

　　　l——电缆长度，m；

　　　ε——绝缘材料的相对介电常数，介电常数越大，表明这种材料在电场中每单位体积所贮存的电能越多；电缆材料为 PE 时，取值为 2.3；电缆材料为 PVC 时，取值为 8；电缆材料为 XLPE 时，取值为 2.5；

　　　ε_0——真空介电常数，8.85×10^{-15} F/m。

若电缆的电压为 U_0，则

$$U_0 = \int_L E dx = \int_{D_e}^{D_i} \dfrac{Q}{2\pi l \varepsilon \varepsilon_0} \dfrac{dx}{x} = \dfrac{Q}{2\pi l \varepsilon \varepsilon_0} \ln \dfrac{D_i}{D_e} \tag{2-33}$$

单位长度电缆的电容

$$C = \dfrac{Q}{U_{0l}} = \dfrac{2\pi \varepsilon \varepsilon_0}{\ln \dfrac{D_i}{D_e}} \tag{2-34}$$

为了计算方便，将常数值代入式 (2-34)，得

$$C = \frac{55.7\varepsilon}{G} \times 10^{-12} \tag{2-35}$$

其中，G 为电缆的几何因数。

2. 多芯电缆的电容

多芯电缆的电容和多芯绝缘电阻的计算类似，对于分相屏蔽的多芯电缆的电容计算和单芯电缆一样。

对于圆形多芯统包绝缘的单位长度的电容计算式为

$$C = \frac{55.7\varepsilon^{n}}{G_x} \times 10^{-12} \tag{2-36}$$

对于扇形芯统包绝缘的单位长度上的电容计算式为

$$C = \frac{55.7\varepsilon}{G_x F} \times 10^{-12} \tag{2-37}$$

式中　n——线芯数；

　　G_x——几何因数；

　　F——扇形线芯几何因数。

G_x 的大小与线芯的多少、电缆的几何尺寸有关，不同的电缆线芯结构对应不同的几何因数曲线。

3. 电容的充电电流

每厘米长度的电缆的电容电流 I 计算式为

$$I = U\omega C \tag{2-38}$$

式中　U——电缆的对地电压，kV。

【例 2-3】　一条电缆型号 YJLW02-64/110-1×630，长度为 2300m，导体外径 $D_c = 30$mm，绝缘外径 $D_i = 65$mm，电缆金属护套的平均半径 $r_s = 43.85$，线芯在 20℃时导体电阻率 $\rho_{20} = 0.017241 \times 10^{-6} \Omega/m$，线芯电阻温度系数 $\alpha = 0.00393℃-1$，$k_1 k_2 k_3 k_4 k_5 \approx 1$，电缆间距 100mm，真空介电常数 $\varepsilon_0 = 8.86 \times 10^{-12}$F/m，绝缘介质相对介电常数 $\varepsilon = 2.5$，正常运行时载流量 420A。计算该电缆的直流电阻、交流电阻、电感、阻抗、电压降及电容。

(1) 直流电阻。根据直流电阻公式，得

$R' = 0.017241 \times 10^{-6} \times [1 + 0.00393(90 - 20)]/(630 \times 10^{-6}) = 0.3489 \times 10^{-4} \Omega/m$

该电缆总电阻为

$$R = 0.3489 \times 10^{-4} \times 2300 = 0.08025\Omega$$

(2) 交流电阻。

由 $y_s = \dfrac{x_s^4}{192 + 0.8 x_s^4}$，$x_s^2 = \dfrac{8\pi f}{R'} k_s \times 10^{-7}$，得

$$x_s^4 = (8 \times 3.14 \times 50/0.3489 \times 10^{-4}) \times 10^{-14} = 12.96$$
$$y_s = 12.96/(192 + 0.8 \times 12.96) = 0.064$$

由 $x_p^2 = \dfrac{8\pi f}{R'} kp \times 10^{-7}$，得

$$x_p^4 = (8 \times 3.14 \times 50/0.3489 \times 10^{-14}) = 12.96$$

由

$$y_{\mathrm{p}} = \frac{x_{\mathrm{p}}^4}{192 + 0.8 x_{\mathrm{p}}^4} \left(\frac{D_{\mathrm{c}}}{S}\right)^2 \left[0.312\left(\frac{D_{\mathrm{c}}}{S}\right)^2 + \frac{1.18}{\frac{x_{\mathrm{p}}^4}{192 + 0.8 x_{\mathrm{p}}^4} + 0.27}\right]$$

得

$$y_{\mathrm{p}} = \frac{12.96}{192 + 0.8 \times 12.96} \left(\frac{30}{100}\right)^2 \left[0.312\left(\frac{30}{100}\right)^2 + \frac{1.18}{\frac{12.96}{192 + 0.8 \times 12.96} + 0.27}\right] = 0.02$$

由 $R = R'(1 + y_{\mathrm{s}} + y_{\mathrm{p}})$，得

$$R = 0.3489 \times 10^{-4}(1 + 0.064 + 0.02) = 0.378 \times 10^{-4} \Omega/\mathrm{m}$$

该电缆交流电阻 $R_{\mathrm{z}} = 0.378 \times 10^{-4} \times 2300 = 0.8699 \Omega$。

（3）电感。由式 $L = \left(L_{\mathrm{i}} + 2\ln\frac{S}{r_{\mathrm{c}}}\right) \times 10^{-7}$ 得到单位长度的电感

$$L = \left(0.5 + 2\ln\frac{100}{65/2}\right) \times 100^{-7} = 2.75 \times 10^{-7} \mathrm{H/m}$$

该电缆总电感 $L_1 = 2.75 \times 10^{-7} \times 2300 = 0.632 \times 10^{-3} \mathrm{H}$。

（4）金属护套的电感。

由 $L_{\mathrm{s}} = 2\ln\frac{S}{r_{\mathrm{s}}} \times 10^{-7} + (2/3) \times \ln 2 \times 10^{-7}$，得到单位长度金属护套的电感

$$L_{\mathrm{s1}} = 2\ln\frac{100}{43.95} \times 10^{-7} + (2/3) \times \ln 2 \times 10^{-7} = 2.11 \times 10^{-7} \mathrm{H/m}$$

该电缆金属护套的电感为 $L_{\mathrm{s}} = 2.11 \times 10^{-7} \times 2300 = 0.4855 \times 10^{-3} \mathrm{H}$。

（5）电抗、阻抗及电压降。由 $X = \omega L$，得到电抗

$$X = 2\pi f \times 0.632 \times 10^{-3} = 0.199 \Omega$$

由 $Z = \sqrt{R^2 + X^2}$，得到阻抗

$$Z = \sqrt{0.8699^2 + 0.199^2} = 0.8924 \Omega$$

由 $\Delta U = IZ1$，得到电压降

$$\Delta U = 500 \times 0.8924 = 374.8 \mathrm{V}$$

（6）电容。由 $C = 2\pi\varepsilon_0\varepsilon/\ln(D_{\mathrm{i}}/D_{\mathrm{c}})$，得到单位长度电容

$$C_1 = 2 \times 3.14 \times 8.86 \times 10^{-12} \times 2.5/\ln(65/30) = 0.179 \times 10^{-6} \mathrm{F/m}$$

该电缆总电容为 $C = 0.179 \times 10^{-6} \times 2300 = 0.411 \times 10^{-3} \mathrm{F}$。

第三节　电缆线路的损耗

运行中的电缆线路因其电缆导体、绝缘层、护套等组成部分的电气特性在电磁场的作用下，在导体、绝缘层、金属屏蔽层和铠装层中产生功率损耗。这些功率损耗一方面大量地消耗了传输的功率，另一方面将损耗的功率转变为热能，使电缆的温度升高，从而又严重限制了功率的传输。因此，功率损耗是影响电缆线路长期运行的允许载流量的重要因素之一。

一、电缆导体的损耗

运行中的电缆线路因其电缆结构（导体、绝缘层、护套）的特性，使得电缆线路产生各种损耗，这些损耗是影响电缆长期运行的允许载流量的重要因素之一。

运行中的电缆导体损耗是指因电缆导体本身的电阻，而使流过导体的一小部分功率转化为热量的损耗。当已知流过电缆导体电流 I 和单位长度电缆导体的有效电阻为 R 时，单位长度电缆的导体损耗 W_c（单位：W/m）的计算式为

$$W_c = I^2 R \tag{2-39}$$

采用式（2-39）计算时，应注意电缆导体的有效电阻 R 是电缆在交流电的作用下，并考虑集肤效应的电阻。

二、绝缘层的介质损耗

介质在电压作用下有能量损耗。一种是由电导引起的损耗，另一种是由极化引起的损耗，如极性介质中的偶极子转向极化，夹层介质界面极化等。电介质的能量损耗简称介质损耗，在实际工程中以功率来计算。

$$W_i = U_0^2 \omega C \tan\delta \quad \text{W/m} \tag{2-40}$$

式中　U_0——电缆绝缘承受的相电压，kV；

　　　ω——电源角频率；

　　$\tan\delta$——绝缘材料的损耗因数；

　　　C——单位长度电缆的每相电容。

对单芯圆形导体电缆，有

$$C = \frac{55.7\varepsilon}{\ln\dfrac{R}{r_c}} \times 10^{-12} \, \text{F/m} \tag{2-41}$$

对多芯电缆，如三芯电缆，一般均用于低压，中性点不接地系统。其每相等效电容可用近似公式计算，即

$$C = \frac{55.7\varepsilon}{\ln\dfrac{D}{r_c}} \times 10^{-12} \, \text{F/m} \tag{2-42}$$

式（2-41）和式（2-42）中，ε 为介质的相对介电常数；R 为绝缘外半径；r_c 为导电线芯半径；D 为三芯电缆中每两导体中心间的距离。

三、金属护套、屏蔽层的损耗

线芯回路产生的磁通和金属护套、屏蔽层，以及铠装层相连，必然在金属护套、屏蔽层，以及铠装层上产生感应电动势，也就会产生电磁损耗。

在实际工程中，一方面为了减少感应电动势，另一方面，保护系统需用金属护套作为接地电流的通路，因此大多数情况下，金属护套两端都是接地的，从而必然产生环流损耗。由于金属护套各点的感应电动势不同，形成电位差，又会造成涡流损耗，因此金属屏蔽层损耗应为二者之和。

首先分析环流损耗。最简单的是由两根单芯电缆组成的单相回路。如前所述，单相回路单位长度金属屏蔽层中的感应电动势

$$E_s = -\mathrm{j}IX_s \tag{2-43}$$

则接地回路电流

$$I_s = \frac{E_s}{R_s + \mathrm{j}X_s} \tag{2-44}$$

式中　R_s——金属屏蔽层电阻。故单位长度电缆金属屏蔽层损耗

$$W_s = I_s^2 R_s = \frac{I^2 R_s^2}{R_s^2 + X_s^2} R_s \tag{2-45}$$

实际工程中，常以线芯损耗 W_c 作为基值的百分比表示，即损耗因数

$$\lambda'_1 = \frac{W_s}{W_c} = \frac{R_s}{R} \frac{X_s^2}{R_s^2 + X_s^2} \tag{2-46}$$

1. 带电段金属套两端互连三根单芯电缆（三角形排列）和分相铅包非铠装电缆

金属套环流损耗因数计算见式（2-47），涡流损耗因数计为 0。

$$\left. \begin{aligned} \lambda'_1 &= \frac{R_s}{R} \frac{1}{1+(R_s/X)^2} \\ X &= 2\omega \times 10^{-7} \ln\left(\frac{2s}{d}\right) \\ w &= 2\pi f \\ d &= \sqrt{d_M \cdot d_m} \\ d &= 0.5(D_{oc} + D_{it}) \end{aligned} \right\} \tag{2-47}$$

式中　R_s——在最高工作温度下电缆单位长度金属套或屏蔽的电阻，Ω/m；

　　　X——电缆单位长度金属套或屏蔽电抗，Ω/m；

　　　s——所计算的带电段内各导体轴线之间的距离，mm；

　　　d——金属套平均直径，mm；

　　　w——角频率；

d_M、d_m——分别为金属套的长轴和短轴的直径，mm；

D_{oc}、D_{it}——正好与皱纹金属套波峰、波谷相切的假定的同心圆柱体的直径，mm。

2. 正常换位、带电段金属套两端互连且平面排列的三根单芯电缆

对于平面排列的三根单芯电缆，中间一根电缆与两侧的电缆间距相等，电缆正常换位且在第三个换位点金属套两端互连时，金属套环流损耗因数见式（2-48），涡流损耗因数计为 0。

$$\left. \begin{aligned} \lambda'_1 &= \frac{R_s}{R} \frac{1}{1+(R_s/X)^2} \\ X_1 &= 2\omega \times 10^{-7} \ln\left[2\sqrt[3]{2}\left(\frac{s}{d}\right)\right] \end{aligned} \right\} \tag{2-48}$$

式中　X_1——金属套单位长度电抗，Ω/m。

3. 平面排列、不换位，带电段金属套两端互连的三根单芯电缆

三根单芯电缆平面排列，中间一根与两侧的电缆间距相等，不换位，金属套两端互连时，最大损耗的那根电缆（即滞后相的外侧电缆）的金属套环流损耗因数计算见式（2-49），涡流损耗因数 λ''_1 计为 0。

$$\lambda'_1 = \frac{R_s}{R}\left[\frac{0.75P^2}{R_s^2+P^2} + \frac{0.25Q^2}{R_s^2+Q^2} + \frac{2R_s PQX_m}{\sqrt{3}(R_s^2+P^2)(R_s^2+Q^2)}\right] \tag{2-49}$$

另一外侧电缆的损耗因数

$$\lambda'_1 = \frac{R_s}{R}\left[\frac{0.75P^2}{R_s^2+P^2} + \frac{0.25Q^2}{R_s^2+Q^2} - \frac{2R_s PQX_m}{\sqrt{3}(R_s^2+P^2)(R_s^2+Q^2)}\right] \tag{2-50}$$

中间一根电缆的损耗因数

$$\lambda_1' = \frac{R_s}{R} \frac{Q^2}{R_s^2 + Q^2} \tag{2-51}$$

各参数计算式为

$$\left.\begin{array}{l} P = X + X_m \\[2mm] Q = X - \dfrac{X_m}{3} \\[2mm] X = 2\omega \times 10^{-7} \ln\left(\dfrac{2s}{d}\right) \\[2mm] X_m = 2\omega \times 10^{-7} \ln 2 \end{array}\right\} \tag{2-52}$$

式中 X——两根相邻单芯电缆单位长度金属套或屏蔽的电抗，Ω/m；

X_m——当电缆呈平面形排列时，某一外侧电缆金属套与另外两根电缆导体之间单位长度电缆的互抗，Ω/m。

4. 单芯电缆两端互连时各互连点之间间距不等

当整条线路带电线段不可能按一个固定的间距敷设时，式（2-47）～式（2-52）中的电抗需修正，但应注意相应的导体电阻值和外部热阻值的计算必须以该段上电缆间距最短间距为计算基础。

（1）沿线路的带电线段的间距不是常量而是一个变量，即

$$X = \frac{l_a X_a + l_b X_b + \cdots + l_n X_n}{l_a + l_b + \cdots + l_n} \tag{2-53}$$

式中 l_a，l_b，…，l_n——沿着线路带电段各不同间距的线段长度；

X_a，X_b，…，X_n——电缆不同间距处单位长度的电抗。

（2）任何线段的电缆之间的间距变化值未知且不能预料时，按设计间距计算该段的损耗，然后人为地增加 25%，实践证明该值对铅套高压电缆是合适的。

（3）在线路带电段端部散开的情况下，估算的损耗裕度不够时，可先估算一个可能的间距。

以上分析不适用于单点互联和交叉互联的电缆线路。

5. 大截面分割导体效应

大截面分割导体电缆的涡流损耗因数 λ 的值还应乘以因数 F，其中

$$F = \frac{4M^2 N^2 + (M + N)^2}{4(M^2 + 1)(N^2 + 1)} \tag{2-54}$$

$M = N = \dfrac{R_s}{X}$，三角形排列，

$$M = \frac{R_s}{X + X_m}, \qquad N = \frac{R_s}{X - (X_m/3)}，等间距排列$$

各段的电缆间距不等时按式（2-53）计算 X 的值。

6. 金属套单点互联或交叉互联的单芯电缆

（1）环流损耗。在金属套单点互联或交叉互联接地且每个大段都分成电性相同的三个小段的场合下，单芯电缆环流损耗因数 $\lambda_1' = 0$。交叉互联各段不平衡时，还可通过在小段上串联电抗器进行补偿。

在交叉互联线路所含各段的不平衡不能忽略的情况时，对于已知各小段实际长度的线路，损耗因数的计算按每大段两端互连接地而不交叉互联计算。电缆在此排列条件下的环流损耗因数 λ_1' 再乘以下列计算值：

$$\frac{p^2 + q^2 + 1 - p - pq - q}{(p + q + 1)^2} \tag{2-55}$$

式中　q、p、a——任何大段中两个较长的小段分别为最小段为 a 的长度的 q、p 的倍数（即这个段长度分别为 qa 和 pa，其中 a 为最短线段的值）。

在各小段长度未知的情况下，推荐 $p = 1$，$q = 1.2$，式（2-55）计算的结果为 0.004。

（2）涡流损耗。

采用单线和带材屏蔽，或者金属带复合屏蔽结构的电缆，涡流损耗因数 λ_1'' 可忽略不计，其他情况的计算式为

$$\left. \begin{aligned} \lambda_1'' &= \frac{X_s}{R} \left[g_s \lambda_0 (1 + \Delta_1 + \Delta_2) + \frac{(\beta_1 t_s)^4}{12 \times 10^{12}} \right] \\ g_s &= 1 + \left(\frac{t_s}{D_s} \right)^{1.74} (\beta_1 D_s \times 10^{-3} - 1.6) \\ \beta_1 &= \sqrt{\frac{4\pi\omega}{10^7 \rho_s}} \\ \omega &= 2\pi f \end{aligned} \right\} \tag{2-56}$$

式中　D_s——电缆金属套外径，mm，对于皱纹金属套电缆，使用平均外径 $D_s = 1/2(D_{oc} + D_{it}) + t_s$；

　　D_{oc}、D_{it}——分别与皱纹金属套波峰、波谷相切的假定的同心圆柱体的直径，mm；

　　　　t_s——金属套的厚度，mm；

　　　　ρ_s——金属的电阻率，$\Omega \cdot m$。

对于铅套电缆，g_s 可取 1，可忽略 $(\beta_1 t_s)^4 / (12 \times 10^{12})$；对于铝套电缆，当 $D_s > 70mm$ 或金属套厚度 t_s 大于常用厚度时，各项系数都需要计算。

λ_0、Δ_1、Δ_2 计算式见式（2-57），可忽略不计。

1）三根单芯电缆呈三角形排列时

$$\left. \begin{aligned} \lambda_0 &= 3 \left(\frac{m^2}{1 + m^2} \right) \left(\frac{d}{2s} \right)^2 \\ \Delta_1 &= (1.14 m^{2.45} + 0.33) \left(\frac{d}{2s} \right)^{(0.92m + 1.66)} \\ \Delta_2 &= 0 \end{aligned} \right\} \tag{2-57}$$

2）三根单芯电缆呈平面排列时

a. 中间电缆

$$\left. \begin{aligned} \lambda_0 &= 6 \left(\frac{m^2}{1 + m^2} \right) \left(\frac{d}{2s} \right)^2 \\ \Delta_1 &= 0.86 m^{3.08} \left(\frac{d}{2s} \right)^{(1.4m + 0.7)} \\ \Delta_2 &= 0 \end{aligned} \right\} \tag{2-58}$$

b. 越前相的外侧电缆：

$$
\left.
\begin{aligned}
\lambda_0 &= 1.5\left(\frac{m^2}{1+m^2}\right)\left(\frac{d}{2s}\right)^2 \\
\Delta_1 &= 4.47 m^{0.7}\left(\frac{d}{2s}\right)^{(0.16m+2)} \\
\Delta_2 &= 21 m^{3.3}\left(\frac{d}{2s}\right)^{(1.47m+5.06)}
\end{aligned}
\right\}
\tag{2-59}
$$

c. 滞后相的外侧电缆：

$$
\left.
\begin{aligned}
\lambda_0 &= 1.5\left(\frac{m^2}{1+m^2}\right)\left(\frac{d}{2s}\right)^2 \\
\Delta_1 &= \frac{0.74(m+2)m^{0.5}}{2+(m-0.3)^2}\left(\frac{d}{2s}\right)^{(m+1)} \\
\Delta_2 &= 0.92 m^{3.7}\left(\frac{d}{2s}\right)^{(m+2)}
\end{aligned}
\right\}
\tag{2-60}
$$

7. 统包金属套非铠装三芯电缆

具有统包金属套非铠装三芯电缆，环流损耗因数 λ'_1 忽略不计，涡流损耗因数 λ''_1 计算式如下。

（1）圆形或椭圆形导体，其中金属套电阻 $R_s \leqslant 100\mu\Omega/\text{m}$ 时

$$
\lambda''_1 = \frac{3R_s}{R}\left[\left(\frac{2c}{d}\right)^2\frac{1}{1+\left(\dfrac{R_s}{\omega}\times 10^7\right)^2} + \left(\frac{2c}{d}\right)^4\frac{1}{1+4\left(\dfrac{R_s}{\omega}\times 10^7\right)^2}\right]
\tag{2-61}
$$

（2）圆形或椭圆形导体，其中金属套电阻 $R_s > 100\mu\Omega/\text{m}$ 时

$$
\lambda''_1 = \frac{3.2\omega^2}{RR_s}\left(\frac{2c}{d}\right)^2\times 10^{-14}
\tag{2-62}
$$

（3）扇形导体，R_s 为任意值时

$$
\lambda''_1 = \frac{0.94R_s}{R}\left(\frac{2r_1+t}{d}\right)^2\frac{1}{1+\left(\dfrac{R_s}{\omega}\times 10^7\right)^2}
\tag{2-63}
$$

式中　r_1——三根扇形导体的外接圆半径，mm。

t——导体之间绝缘层的厚度，mm。

c——金属套半径，mm。

d——金属套的平均直径，mm，其中为椭圆形线芯时，$d=\sqrt{d_M d_m}$，式中 d_M、d_N

　　　分别为金属套的长轴、短轴的直径；为皱纹金属套时，$d=\frac{1}{2}(D_{oc}+D_{it})$。

D_{oc}、D_{it}——分别与皱纹金属套波峰、波谷相切的假定的同心圆柱体的直径，mm。

8. 钢带铠装的三芯电缆

电缆附有钢带铠装使金属套涡流损耗增加，按式（2-61）～式（2-63）所计算的涡流损耗因数 λ''_1 的值需乘以修正因数，当钢带厚度为 0.3～10mm 时，修正因数计算式为

$$
\left[1+\left(\frac{d}{d_A}\right)^2\frac{1}{1+\dfrac{d_A}{\mu\delta}}\right]^2
\tag{2-64}
$$

式中 d_A——铠装平均直径，mm；

    μ——钢带相对磁导率，通常取 300；

    δ——铠装等效厚度，$\delta = \dfrac{A}{\pi d_A}$，mm；

    A——铠装横截面积，mm²。

9. 分相铅包（SL 型）铠装电缆

对每个线芯有单独铅套的三芯电缆涡流损耗因数 $\lambda_1'' = 0$，金属套环流损耗因数 λ_1' 计算式为

$$\left. \begin{aligned} \lambda_1' &= \frac{R_s}{R} \frac{1.5}{1+(R_s/X)^2} \\ X &= 2\omega \times 10^{-7} \ln\left(\frac{2s}{d}\right) \end{aligned} \right\} \tag{2-65}$$

式中 s——导体轴心之间的距离，mm。

10. 钢管电缆屏蔽和金属套中的损耗

如果钢管电缆每根导体仅在绝缘外有屏蔽，例如铅金属套或铜带，金属套损耗修正因数为

$$\left. \begin{aligned} \lambda_1' &= \frac{R_s}{R} \frac{1.5}{1+(R_s/X)^2} \\ X &= 2\omega \times 10^{-7} \ln\left(\frac{2s}{d}\right) \end{aligned} \right\} \tag{2-66}$$

如果每个线芯有隔膜套和非磁性加强层，则可使用同一个公式，但应以金属套和加强层的电阻取代 R_s，直径 d 由 d' 值取代，即

$$d' = \sqrt{\frac{d^2 + d_2^2}{2}} \tag{2-67}$$

式中 d'——金属套和加强带平均直径，mm；

    d——金属套或屏蔽的平均直径，mm；

    d_2——加强带的平均直径，mm，对于椭圆形线芯，d、d_2 采用 $\sqrt{d_M d_m}$ 代替，其中 d_M、d_m 分别为金属套长轴和短轴的平均直径，mm。

四、铠装层、加强层和钢管损耗

电缆铠装层和加强层产生损耗的原因与电缆金属护套产生损耗的原因相似，只要与大地形成回路，在导体电流的作用下，就有电能损耗。此时，铠装将在不同程度上改变护套电流，因此损耗也随之发生改变。计算铠装损耗的公式较多，本书只介绍 IEC 推荐的计算公式。

单位长度电缆铠装层和加强层（带）的损耗 W_A（单位：W/m）与单位长度电缆导体的损耗 W_C（单位：W/m）成正比，其计算式为

$$W_A = \lambda_2 W_C \tag{2-68}$$

对于钢丝铠装圆形三芯电缆，λ_2 的计算式为

$$\lambda_2 = \frac{\text{铠装中的损耗 } W_A}{\text{线芯中的损耗 } W_C} = 1.23 \times \frac{R_A}{R}\left(\frac{2C}{D_A}\right)^2 \frac{1}{\left(\dfrac{44R_A \times 10^4}{f}\right)^2 + 1} \tag{2-69}$$

式中 R_A——铠装在其工作温度下的单位长度的电阻，Ω/m；

$\quad\quad D_A$——铠装的平均直径；

$\quad\quad C$——电缆中心与线芯中心的距离。

对于分相铅包钢丝铠装电缆，铠装中损耗等于式（2-69）与（$1-\lambda_1'$）的乘积，即

$$\lambda_2 = 1.23 \times (1-\lambda_1') \frac{R_A}{R} \left(\frac{2C}{D_A}\right)^2 \frac{1}{\left(\frac{44R_A \times 10^4}{f}\right)^2 + 1} \tag{2-70}$$

而 λ_1' 由式（2-49）~式（2-51）确定，显然，钢丝铠装中的损耗功率由于护套中电流屏蔽作用而减小了。

对于钢丝铠装扇形三芯电缆：

$$\lambda_2 = 0.358 \frac{R_A}{R} \left(\frac{2r_1}{D_A}\right)^2 \frac{1}{\left(\frac{44R_A \times 10^4}{f}\right)^2 + 1} \tag{2-71}$$

式中 r_1——包围三扇形导体圆的半径。

对于钢带铠装电缆，铠装中的损耗与线芯损耗之比为

$$\lambda_2 = \lambda_2' + \lambda_2'' \tag{2-72}$$

式中 λ_2'、λ_2''——分别为铠装中磁滞、涡流损耗与线芯损耗之比。

$$\lambda_2' = \frac{s^2 \left(\frac{1}{1+\frac{D_A}{\mu\Delta_A}}\right)^2 \times 10^{-7}}{RD_A\Delta_A} \tag{2-73}$$

$$\lambda_2'' = \frac{2.25s^2 \left(\frac{1}{1+\frac{D_A}{\mu\Delta_A}}\right)\Delta_A \times 10^{-6}}{RD_A} \tag{2-74}$$

式中 s——线芯中心轴间的距离，cm；

$\quad\quad \Delta_A$——铠装等效厚度，$\Delta_A = A_A/\pi D_A$，cm；

$\quad\quad A_A$——铠装截面积，cm^2；

$\quad\quad D_A$——铠装平均直径，cm；

$\quad\quad \mu$——钢带有效磁导率，一般取值为300。

第四节 电缆的长期允许载流量

在大多数情况下，电缆的传输容量是由其最高允许温度确定的。设计或选用电缆时，应使电缆各部分损耗产生的热量不会导致电缆温度超过其最高允许温度。电缆的最高允许温度主要取决于所用绝缘材料的热老化，因为电缆工作温度过高，会加速绝缘材料老化，大幅度缩短电缆寿命。如果电缆在最高允许温度以下运行，则电缆通常要求能够保持30年以上长期安全工作。

电缆通过长期负载电流并达到稳态后，电缆各结构部分导体、绝缘和护层中产生的损耗热量继续向周围媒质散发。由于电缆各结构部分及周围媒质都存在绝缘热阻，产生的热流将

使这些部分的温度升高。当部分温度升高而使导线的温度等于电缆最高允许的长期工作温度时，该负载电流称为电缆的长期允许载流量。电缆的长期允许载流量由电缆的长期允许工作温度、电缆本体散热性能、电缆装置情况及其周围环境散热条件等因素决定。

　　电缆长期允许载流量的计算，也就是工作电流，或者说是电力电缆允许负载能力的计算。在电缆线路设计中，一方面是已知电缆的结构及敷设情况，求允许的载流量；另一方面，根据载流量的大小选择电缆各部分的结构和尺寸。电缆长期允许载流量的计算极其复杂，即使将其简化，计算过程也还是极为烦琐，但随着计算机的普及和广泛应用，可通过编写计算程序能实现精确计算。

一、电缆的热场分析

1. 电缆热场的概念

电力电缆在运行过程中导电线芯、绝缘层、金属屏蔽层和铠甲都会产生损耗而引起电缆发热，致使电缆温度升高。这些发热的部分称为热源。热源产生热流，热总是由高温流向低温。图 2-7 为三芯电缆的热场分布图。

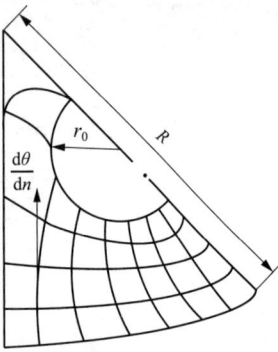

　　热源的存在会使周围的物质处于一种特殊的状态，任何物体处在热场中温度都会升高，把一切点的温度分布称为热场。在由高温向低温散热的过程中，热场中各点的温度将发生变化，所以又把热场分为稳态热流场和暂态热流场。若电缆中任意一点的温度只是位置的函数，与时间无关，$q=f(x,y,z)$，这样的场称为稳态热流场，简称稳态。若电缆中任意一点的温度，不仅是位置坐标的函数，而且是时间 t 的函数，即 $q=f(x,y,z,t)$，这样的场称为暂态热流场，简称暂态。

图 2-7　三芯电缆中一相热场分布图

　　实际运行中，电缆从零开始加负载，温度会逐渐升高，即温度随时间变化，此时即为暂态情况。但随温度的升高，电缆与周围媒质的温差也逐渐增大，致使散热增多。一旦发出的热量等于散失的热量，则热流便达到了动态平衡，各点的温度会保持不变，此时电缆便达到稳态。可据稳态发热特性确定电缆的连续载流量。

　　若电缆的负载是变化的，其温度也随之发生变化，如过载、短路等情况。可根据暂态发热特性确定电缆的短路容量及过载能力。

2. 热场中有关的物理量

电缆热场中的有关物理量和电场的有关物理量十分相似，且一一对应。所以也借用电场和电路的方法研究热场和热路。

　　热场的主要物理量有：W 为电缆各部分的功率损耗，在热路方程中为热流，W/m；$\Delta\theta$ 为温升，K；T 为热阻，K·m/W；ρ_T 为热阻系数，K·m/W；c 为热容，即物体温度每升高（或降低）1K（热力学温度）所吸收（或放出）的热量，J/K。

3. 富式定理

在热场中任意一点处，流过某单元面积 dA 的热流 dW 和该点的温度梯度 dθ/dh 成正比，和单元面积成正比，写成等式为

$$dW=-\lambda\frac{d\theta}{dh}dA \tag{2-75}$$

其中，λ 为比例系数，又称热导率；温度梯度的方向是指向温度升高的方向，而热流总是由高温指向低温，故式（2-75）中应加负号。

4. 热场方程

在电缆热场的计算中，由于电缆均为圆柱形体，因此可采用柱面坐标。以单芯电缆为例，其长度远大于直径，可忽略复杂的边缘效应，电缆各横截面的情况均相同，可看成一个平面场，认为电缆仅沿径向散热。图 2-8 中，在绝缘层中距中心距离 r 处取一个单位长度，厚度为 dr 的圆柱体，其体积为 d$V=2\pi r$d$r \cdot 1$。

设单位时间流入该体积的热流为 W；流出该体积的热流为（dWdr）$/$dt；若 q 为热容系数，单位时间该体积温度升高 d$\theta/$dt 所吸收的热量为 qdVd$\theta/$dt；若 W_i 表示单位时间单位体积发出的热流，则根据能量守恒定理和热流连续原理有下式成立：

$$W + W_i \mathrm{d}V = \frac{\mathrm{d}W}{\mathrm{d}r}\mathrm{d}r + W + q\,\mathrm{d}V\,\frac{\mathrm{d}\theta}{\mathrm{d}t} \tag{2-76}$$

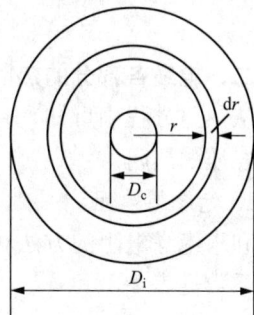

图 2-8　电缆热流平衡方程示意

据富氏定理可求出

$$\frac{\mathrm{d}W}{\mathrm{d}r}\mathrm{d}r = -2\pi\lambda\left(r\,\frac{\mathrm{d}\theta^2}{\mathrm{d}r^2} + \frac{\mathrm{d}\theta}{\mathrm{d}r}\right) \tag{2-77}$$

将式（2-77）代入式（2-76）可得

$$\frac{\mathrm{d}\theta}{\mathrm{d}t} = \frac{\lambda}{q}\left(\frac{\mathrm{d}\theta^2}{\mathrm{d}r^2} + \frac{1}{r}\,\frac{\mathrm{d}\theta}{\mathrm{d}r}\right) + \frac{W_i}{q} \tag{2-78}$$

对于稳态情况，有 d$\theta/$d$t=0$，故当有介质损耗 W_i 时，式（2-78）可写成泊松方程式，即

$$\nabla^2\theta = -\frac{W_i}{\lambda} \tag{2-79}$$

而无介质损耗时，则为拉普拉斯方程式，即

$$\nabla\theta^2 = 0 \tag{2-80}$$

5. 等值热路方程

若求解热场方程，则运算较为复杂。在实际工程中，可将电场的问题转化为电路的问题，以求出载流量的计算式。这样可大幅度简化运算量，也符合电缆实际运行情况。

当电缆通过长期负载电场达到稳态后，电缆各结构部分产生的损耗热量（包括导线、介质、护层和铠装层的损耗等）继续向周围媒质散发。由于电缆各结构部分及周围媒质都存在热阻，热流将使这些部分温度升高，当各部分温度升高而使导线的温度等于电缆最高允许长期工作温度时，该负载电流称为电缆的长期允许载流量，电缆的等值热路如图 2-9 所示。

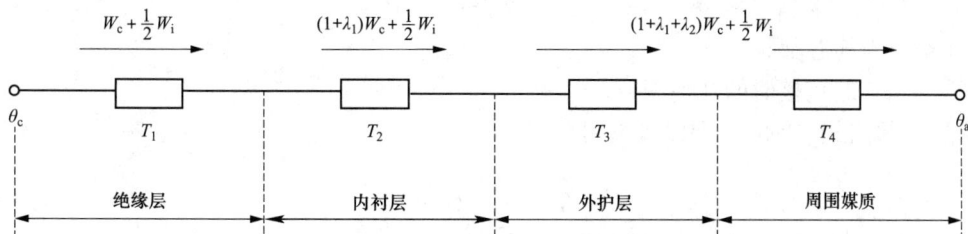

图 2-9　电缆全部等值热路

同理，若将导电线芯损耗W_c，介质损耗W_i，金属屏蔽层损耗W_s和铠装层损耗W_p同时考虑，则令绝缘层热阻为T_1，内衬层热阻为T_2，外护层热阻为T_3，周围媒质热阻为T_4，则根据叠加原理，其热路方程为

$$\theta_c - \theta_a = \left(W_c + \frac{1}{2}W_i\right)T_1 + (W_c + W_i + W_s)T_2 + (W_c + W_i + W_s + W_p)(T_3 + T_4)$$

(2-81)

二、电缆各部分的热阻

从热路方程中可知，在温升和损耗已知的情况下，若要求出载流量，则须先求出电缆及周围媒质的热阻。

1. 绝缘层热阻

和求绝缘电阻的方法相同，只需将其结果中的电阻系数换成热阻系数即可。各种材料的热阻系数见表2-8。

表 2-8   各种材料的热阻系数

材料	热阻系数 $\rho_T / \mathrm{kmW^{-1}}$	材料	热阻系数 $\rho_T / \mathrm{kmW^{-1}}$	材料	热阻系数 $\rho_T / \mathrm{kmW^{-1}}$
绝缘材料		交联聚乙烯	3.50	氯丁橡胶	5.50
黏性浸渍纸绝缘	6.00	聚氯乙烯①	6.00	敷设管道材料	
充油电缆纸绝缘	5.00	乙丙橡胶	5.00	水泥	1.00
外压气电缆纸绝缘	5.50	丁基橡胶	5.00	纤维	4.80
内压气电缆纸绝缘		橡胶	5.00	石棉	2.00
预浸渍	6.50	护层材料	6.00	陶土	1.20
整体浸渍	6.00	浸渍麻和纤维材料		聚氯乙烯	7.00
聚乙烯	3.50	夹层橡胶	6.00	聚乙烯	3.50

注   ① 聚氯乙烯为平均值，因其热阻系数由合成物的种类而定。

（1）单芯电缆绝缘层热阻。

$$T_1 = \frac{\rho_{T_1}}{2\pi}G$$

(2-82)

式中 ρ_{T_1}——绝缘材料的热阻系数；

G——几何因数。

（2）多芯电缆绝缘层热阻。和多芯电缆绝缘电阻形式相同。圆形芯为

$$T_1 = \frac{\rho_{T_1}}{2\pi n}G_1$$

(2-83)

式中 n——电缆芯数；

G_1——三芯短接时的几何因数。

扇形芯须用式（2-83）乘以校正因数F：

$$T_1 = \frac{\rho_{T_1}}{2\pi n}G_1 F$$

(2-84)

对于三芯分相屏蔽型电缆，绝缘层热阻为

$$T_1 = \frac{\rho_{T_1}}{6\pi} G_1 K \tag{2-85}$$

其中，K 为屏蔽层影响因数。

2. 内衬层和外护层热阻

一般电缆均为同心圆结构，可以认为统包的金属屏蔽层和铠装层与电缆表面均为等温面。

（1）内衬层热阻。

$$T_2 = \frac{\rho_{T_2}}{2\pi} \ln \frac{D_a}{D'_s} \tag{2-86}$$

其中，ρ_{T_2} 为内衬层热阻系数；D_a、D'_s 分别为内衬层的内、外直径。

对于分相屏蔽型电缆，它的金属屏蔽层与铠装层不是同心圆结构，内衬层热阻可用下式计算

$$T_2 = \frac{\rho_{T_2}}{2\pi} \overline{G} \tag{2-87}$$

其中，$\overline{G}$ 为几何因数。

（2）外护层热阻。

$$T_3 = \frac{\rho_{T_3}}{2\pi} \ln \frac{D_e}{D'_a} \tag{2-88}$$

其中，ρ_{T_3} 为外护层热阻系数；D'_a、D_e 为外护层的内、外直径。

三、电缆长期允许载流量的计算

电缆导体上所通过的电流称为电缆的载流量，也可称为电缆的负载或负荷。电缆长期允许载流量是指电缆的负载为连续恒定电流且为 100% 负载率时的最大允许量。

获得导电线芯电阻、各部分热阻和各种损耗等参数后，就可以根据热路方程求出载流量的计算公式。

以三相分相屏蔽型电缆为例，其热路示意如图 2-10 所示。

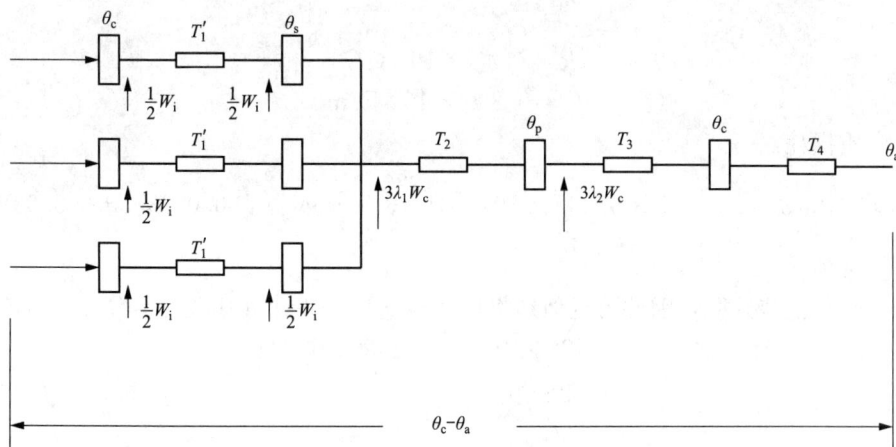

图 2-10 三相分相屏蔽型电缆等效热路示意

热路方程：

$$\theta_c - \theta_a = (\theta_c - \theta_s) + (\theta_s - \theta_p) + (\theta_p - \theta_e) + (\theta_e - \theta_a) \tag{2-89}$$

式中　θ_c——导体允许的最高温度；

　　　θ_a——周围媒质的温度；

　　　θ_s——金属屏蔽处的温度；

　　　θ_p——铠装层处的温度；

　　　θ_e——电缆表面的温度。

各段的温升等于流过这段的热流（损耗）乘以该段的热阻，故可写成

$$\theta_c - \theta_a = 3\left(W_c + \frac{1}{2}W_i\right)T_1 + 3(W_e + W_i + \lambda_1 W_e)T_2 + 3(W_e + W_i + \lambda_1 W_e + \lambda_2 W_e)(T_3 + T_4) \tag{2-90}$$

其中，W_c 为线芯损耗，$W_c = I^2 R_c$；W_i 为介质损耗，$W_i = U_0^2 \omega C \tan\delta$；$\lambda_1$、$\lambda_2$ 分别为金属屏蔽损耗因数和铠装层损耗因数；T_1、T_2、T_3、T_4 分别为单位长度电缆绝缘层、内衬层、外护层、周围媒质热阻。于是电缆载流量计算式为

$$I = \sqrt{\frac{(\theta_c - \theta_a) - 3W_i\left(\dfrac{T_1}{2} + T_2 + T_3 + T_4\right)}{3R_c\left[T_1 + (1 + \lambda_1)T_2 + (1 + \lambda_1 + \lambda_2)(T_3 + T_4)\right]}} \tag{2-91}$$

对于 n 芯电缆，将 3 换成 n 即可。

【例 2-4】　试计算下列电缆的载流量。已知电缆额定电压为 220kV，线芯标称面积为 400mm^2，线芯结构：中心油道内径为 12mm，螺旋管支撑外径为 13.2mm，线芯由 ϕ2.86mm×72 铜丝组成，线芯外径为 29.3mm，线芯屏蔽厚度为 0.85mm，线芯屏蔽外径为 31.0mm，绝缘层厚度为 20.0mm，绝缘层屏蔽厚度为 0.5mm，绝缘层屏蔽外径为 72.0mm，铅套标称厚度为 3.5mm，铅套外径为 79.0mm，内衬层厚度（2×0.4mm 聚氯乙烯带）为 0.8mm，铠装厚度（2×0.2mm 铅锰青铜带）为 0.4mm，外护层厚度为 2.5mm，电缆外径为 86.4mm，电缆敷设于土地中，敷设深度为 1000mm，直线敷设电缆，中心轴间距离为 220mm，电缆允许最高工作温度为 75℃，电缆绝缘层 $\tan\delta$ 0.003，电缆绝缘层 ε_r 3.5。护套铠装两端相接后接地，电缆相互影响可忽略不计。

解：

$$R = 0.47 \times 10^{-7} \Omega/m$$
$$C = 0.239 \times 10^{-9} F/m$$

（1）介质损耗：

$$W_i = \omega C U_0^2 \tan\delta = 2\pi \times 50 \times 0.239 \times 10^{-9} \times \left(\frac{220}{\sqrt{3}} \times 1000\right)^2 \times 0.003 W/m = 3.63 W/m$$

（2）护层损耗。

由于护套与铠装并联，因此可近似地将护套与铠装合并计算其电气参数及其损耗。

$$X_m = 2\omega(\ln 2) \times 10^{-7} = 0.435 \times 10^{-4} (\Omega/m)$$

$$X_s = 2\omega\left(\ln\frac{2S}{D_s'}\right) \times 10^{-7} \Omega/m$$

由于护套平均直径 $D_{s1} = (72 + 3.5)mm = 75.5mm$，护套平均直径 $D_{s2} = (79 + 2 \times 0.8 + 0.4)mm = 81mm$，由 $D_s' = \sqrt{\dfrac{D_{s1}^2 + D_{s2}^2}{2}}$ 可得 $D_s' = \sqrt{\dfrac{75.5^2 + 81^2}{2}} mm = 78.4mm$，于是

$$X_s = 2 \times 2\pi \times 50 \left(\ln \frac{2 \times 220}{78.4} \right) \times 10^{-7} \Omega/m = 1.085 \times 10^{-4} \Omega/m$$

又由于护套电阻 $R_{s1} = 2.78 \times 10^{-4} \Omega/m$，铠装电阻 $R_{s2} = \frac{\rho_{s2}}{A_{s2}} [1 + a_{s2}(40 - 20)]$，由 $R_s = \frac{R_{s1}R_{s2}}{R_{s1} + R_{s2}}$ 可得

$$\rho_{s2} = 2.78 \times 10^{-4} \Omega/m$$

$$a_{s2} = 0.0031/℃$$

$$A_{s2} = \pi D_{s2} \Delta_{s2} = \pi \times 81 \times 0.04 cm^2 = 1.02 cm^2$$

$$R_{s2} = \frac{3.5 \times 10^{-8}}{1.02 \times 10^{-4}} (1 + 0.003 \times 20) \Omega/m = 3.64 \times 10^{-4} \Omega/m$$

$$R_s = \frac{2.78 \times 3.64}{2.78 + 3.64} \times 10^{-4} \Omega/m = 1.58 \times 10^{-4} \Omega/m$$

求护层损耗最大一相的护层损耗：

由于
$$P = X_s + X_m = (1.085 + 0.435) \times 10^{-4} \Omega/m = 1.52 \times 10^{-4} \Omega/m$$

$$Q = X_s - \frac{1}{3} X_m = \left(1.085 - \frac{1}{3} \times 0.435 \right) \times 10^{-4} \Omega/m = 0.94 \times 10^{-4} \Omega/m$$

由
$$\lambda_1' = \frac{R_s}{R} \left[\frac{\frac{3}{4} P^2}{R_s^2 + P^2} + \frac{\frac{1}{4} Q^2}{R_s^2 + Q^2} + \frac{2R_s PQ X_m}{\sqrt{3}(R_s^2 + P^2)(R_s^2 + Q^2)} \right]$$

得

$$\lambda_1' = \frac{1.58}{0.47} \left[\frac{\frac{3}{4} \times 1.52^2}{1.58^2 + 1.52^2} + \frac{\frac{1}{4} \times 0.94^2}{1.58^2 + 0.94^2} + \frac{2 \times 1.58 \times 1.52 \times 0.94 \times 0.435}{\sqrt{3}(1.58^2 + 1.52^2)(1.58^2 + 0.94^2)} \right] = 1.665$$

$$\lambda_1'' = 0$$

$$\lambda_1 = \lambda_1' + \lambda_1'' = 1.665$$

$$\lambda_2 = 0$$

（3）计算各部分热阻（每米长度）：

$$T_1 = \frac{\rho_{T_1}}{2\pi} \ln \frac{D_i}{D_e} = \frac{5.00}{2\pi} \ln \frac{72}{29.3} = 0.715 T\Omega$$

为了便于计算，可近似地认为护层损耗集中于护套，而取 $\rho_{T2} = 6.00 T\Omega \cdot m$。

$$T_2 + T_3 = \frac{6.00}{2\pi} \ln \frac{D_{s1} + \Delta_{s2} + 2(\Delta_{j1} + \Delta_{j2})}{D_{s1} + \Delta_{s2}}$$

$$= \frac{6.00}{2\pi} \ln \frac{79 + 0.4 + 2(0.8 + 2.5)}{79 + 0.4} = 0.0772 T\Omega$$

$$T_4 = \frac{\rho_{T_4}}{2\pi} \ln \frac{4L}{D_c} = \frac{1.20}{2\pi} \ln \frac{4 \times 1000}{86.4} = 0.731 T\Omega$$

（4）载流量：

$$I = \sqrt{\frac{(\theta_c + \theta_a) - W_i \left(\frac{1}{2} T_1 + T_2 + T_3 + T_4 \right)}{R[T_1 + (1 + \lambda_1)(T_2 + T_3 + T_4)]}}$$

$$= \sqrt{\frac{(75-25)-3.63\left(\frac{1}{2}\times 0.715+0.0772+0.731\right)}{0.74\times 10^{-4}\left[0.715+(1+1.665)(0.0772+0.731)\right]}}A = 576A$$

$$传输容量 = \sqrt{3}UI = \sqrt{3}\times 220\times 1000\times 576kVA = 22\times 10^{4}kVA$$

第五节 电缆载流量的算例

电缆使用条件及相应参数见表 2-9。

表 2-9 　　　　　　　　　　　　　电缆使用条件及相应参数

序号	项目	单位	数值
1	电压	kV	64/110
2	导体截面积	mm^2	630
3	皱纹铝套截面积	mm^2	521.5
4	导体直径	mm	30.2
5	内屏蔽层厚度	mm	1.4
6	内屏蔽层直径	mm	33
7	绝缘厚度	mm	16.5
8	绝缘外径	mm	66
9	外屏蔽层厚度	mm	1.2
10	外屏蔽层直径	mm	68.4
11	半导电缓冲层厚度	mm	3.3
12	半导电带外径	mm	75
13	皱纹铝套厚度	mm	2
14	皱纹铝套外径	mm	91
15	沥青＋无纺布厚度	mm	1.1
16	沥青＋无纺布外径	mm	93.2
17	PVC 护套厚度	mm	4.4
18	电缆外径	mm	102
19	XLPE 介电常数	—	2.3
20	介质损耗角正切 arctanθ	—	0.0005
21	铝护套导电率 ρ_{sh}	Ω/m	2.84×10^{-8}
22	铜导体电阻温度系数	1/℃	3.93×10^{-3}
23	金属铝护套电阻温度系数	1/℃	4.03×10^{-3}
24	XLPE 绝缘热阻系数	K·m/W	3.5
25	外护套热阻系数	K·m/W	6.0（PVC）

续表

序号	项目	单位	数值

26	运行时导体温度	℃	90
27	运行时金属护套温度	℃	60（暂定，需迭代计算）
28	环境温度	℃	空气 41.1
29	金属护套接地方式	—	一端直接接地，另一端保护接地
30	回路数	回	1
31	敷设方式	—	空气中水平敷设，间距 110mm；埋管、埋地水平敷设，间距 1000mm，埋深 1m，土壤热阻系数 1.2K·m/W，管道热阻系数 6K·m/W
32	20℃时导体的直流电阻	Ω/m	0.283×10^{-4}
33	环境温度	℃	空气 40，土壤 25

下列计算按空气中敷设间距，括号内数据为埋管、埋地时的数据。

一、损耗计算

（1）导体交流电阻。

$$R' = R_0[1 + \alpha_{20}(\theta - 20)] = 0.283 \times 10^{-4} \times [1 + 0.00393(90 - 20)] = 3.609 \times 10^{-5} \Omega/m$$

$$x'_s = \frac{8\pi f}{R'} \times 10^{-7} k_s = \frac{8 \times 3.14 \times 50}{3.609 \times 10^{-5}} \times 10^{-7} = 3.482$$

$$y_s = \frac{x_s^4}{192 + 0.8 x_s^4} = \frac{3.482^2}{192 + 0.8 \times 3.482^2} = 0.06$$

$$x_p^2 = \frac{8\pi f}{R'} \times 10^{-7} k_p = \frac{8 \times 3.14 \times 50}{3.609 \times 10^{-5}} \times 10^{-7} = 3.482$$

$$y_p = \frac{x_p^4}{192 + 0.8 x_p^4} \left(\frac{d_c}{s}\right)^2 \times \left[0.312\left(\frac{d_c}{s}\right)^2 + \frac{1.18}{\frac{x_p^4}{192 + 0.8 x_p^4} + 0.27}\right]$$

$$= \frac{3.482^2}{192 + 0.8 \times 3.482^2}\left(\frac{30.2}{110}\right)^2 \times \left[0.312\left(\frac{30.2}{110}\right)^2 + \frac{1.18}{\frac{3.482^2}{192 + 0.8 \times 3.482^2} + 0.27}\right]$$

$$= 0.016（埋地 1.96 \times 10^{-4}）$$

$$R = R'(1 + y_s + y_p) = 3.609 \times 10^{-5} \times (1 + 0.06 + 0.016) = 3.883 \times 10^{-5}（埋地 3.826 \times 10^{-5}）$$

（2）介质损耗。

$$W_d = \omega C U_0^2 \arctan\delta = 3.14 \times 1.843 \times 10^{-10} \times (64 \times 10^3)^2 \times 0.001 = 0.237$$

（3）护套损耗因数。

$$\lambda_1 = \lambda_1' + \lambda_1''$$

式中　λ_1'——环流损耗因数；

λ_1''——涡流损耗因数。

1）环流损耗因数。在金属护套单点互连或交叉互联接地且每个大段都分成电性相同的三个小段的场合下，单芯电缆环流损耗因数 $\lambda_1' = 0$。

2）涡流损耗因数。护套单点接地或交叉互联连接的单芯电缆涡流损耗因数。

$$\beta_1 = \sqrt{\frac{4\pi\omega}{10^7 \rho_s}} = \sqrt{\frac{4 \times 3.14 \times 314}{10^7 \times 2.84 \times 10^{-8}}} = 117.842$$

$$g_s = 1 + \left(\frac{t_s}{D_s}\right)^{1.74} (\beta_1 D_s 10^{-3} - 1.6) = 1 + \left(\frac{2}{91}\right)^{1.74} (117.842 \times 91 \times 10^{-3} - 1.6) = 1.012$$

$$R_s = R_0[1 + \alpha_{20}(\theta - 20)] = \frac{\rho_s}{A_s}[1 + \alpha_{20}(\theta - 20)]$$

$$= \frac{2.84 \times 10^{-8}}{5.215 \times 10^{-4}}[1 + 4.03 \times 10^{-4} \times (60 - 20)] = 5.534 \times 10^{-5}$$

$$\lambda_1'' = \frac{R_s}{R}\left[g_s\lambda_0(1 + \Delta_1 + \Delta_2) + \frac{(\beta_1 t_s)^4}{12 \times 10^{12}}\right]$$

$$m = \frac{\omega}{R_s}10^{-7} = \frac{314}{5.534 \times 10^{-5}}10^{-7} = 0.567$$

三根单芯电缆呈三角形排列，其损耗因数为

$$\lambda_0 = 3\left(\frac{m^2}{1 + m^2}\right)\left(\frac{d}{2s}\right)^2 = 3 \times \left(\frac{0.567^2}{1 + 0.567^2}\right)\left(\frac{91}{2 \times 110}\right)^2 = 0.302$$

$$\Delta_1 = (1.14m^{2.45} + 0.33)\left(\frac{d}{2s}\right)^{(0.92m+1.66)}$$

$$= (1.14 \times 0.567^{2.45} + 0.33)\left(\frac{91}{2 \times 110}\right)^{(0.92 \times 0.567+1.66)} = 0.089$$

$$\Delta_2 = 0$$

$$\lambda_1'' = \frac{5.534}{3.883} \times \left[1.012 \times 0.302(1 + 0.089 + 0) + \frac{(117.842 \times 2)^4}{12 \times 10^{12}}\right] = 0.517$$

三根单芯电缆平面排列，其损耗因数如下。

中间电缆：

$$\lambda_0 = 6\left(\frac{m^2}{1 + m^2}\right)\left(\frac{d}{2s}\right)^2 = 0.604(0.003022)$$

$$\Delta_1 = 0.86m^{3.08}\left(\frac{d}{2s}\right)^{(1.4m+0.7)} = 0.04(1.482 \times 10^{-3})$$

$$\Delta_2 = 0$$

$$\lambda_1'' = \frac{5.534}{3.883} \times \left[1.012 \times 0.604(1 + 0.004 + 0) + \frac{(117.842 \times 2)^4}{12 \times 10^{12}}\right] = 0.987 \times (4.732 \times 10^{-3})$$

超前相外侧电缆：

$$\lambda_0 = 1.5\left(\frac{m^2}{1 + m^2}\right)\left(\frac{d}{2s}\right)^2 = 0.151(7.555 \times 10^{-4})$$

$$\Delta_1 = 4.7m^{0.7}\left(\frac{d}{2s}\right)^{(0.16m+0.7)} = 0.499(4.942 \times 10^{-3})$$

$$\Delta_2 = 21m^{3.3}\left(\frac{d}{2s}\right)^{(1.47m+5.06)} = 0.018(3.982 \times 10^{-8})$$

$$\lambda_1'' = \frac{5.534}{3.883} \times \left[1.012 \times 0.151(1 + 0.499 + 0.018) + \frac{(117.842 \times 2)^4}{12 \times 10^{12}}\right] = 0.36 \times (1.461 \times 10^{-3})$$

滞后相外侧电缆：

$$\lambda_0 = 1.5\left(\frac{m^2}{1 + m^2}\right)\left(\frac{d}{2s}\right)^2 = 0.151(7.555 \times 10^{-4})$$

$$\Delta_1 = \frac{0.74(m+2)m^{0.5}}{2+(m-0.3)^2}\left(\frac{d}{2s}\right)^{(0.16m+0.7)} = 0.173(5.449\times10^{-3})$$

$$\Delta_2 = 0.92m^{3.7}\left(\frac{d}{2s}\right)^{(m+2)} = 0.012(4.047\times10^{-5})$$

$$\lambda_1'' = \frac{5.534}{3.883}\times\left[1.012\times0.151(1+0.173+0.012)+\frac{(117.842\times2)^4}{12\times10^{12}}\right] = 0.281\times(1.462\times10^{-3})$$

二、电缆热阻计算

（1）电缆绝缘的热阻 T_1：

$$t_1 = \frac{D_{it}+D_{oc}}{2}-t_s = \frac{75+91}{2}-2 = 81$$

$$T_1 = \frac{\rho_T}{2\pi}\ln\left(1+\frac{2t_1}{d_c}\right) = \frac{3.5}{2\times3.14}\times\ln\left(1+\frac{2\times81}{30.5}\right) = 1.031$$

（2）金属护套与铠装之间的热阻 T_2，由于无铠装，因此 $T_2=0$。

（3）皱纹铝护套电缆外护层热阻 T_3。

$$T_3 = \frac{\rho_T}{2\pi}\ln\left[\frac{D_{oc}+2t_3}{(D_{oc}+D_{it})/2+t_s}\right] = \frac{6}{2\times3.14}\times\ln\left[\frac{91+2\times4.4}{(91+75)/2+2}\right] = 0.153$$

（4）电缆外部热阻 T_4。

1）空气中电缆外部热阻 T_4。

$$\Delta\theta_d = W_d\left[\left(\frac{1}{1+\lambda_1+\lambda_2}-\frac{1}{2}\right)T_1-\left(\frac{n\lambda_2 T_2}{1+\lambda_1+\lambda_2}\right)\right]$$

$$= 0.237\times\left[\left(\frac{1}{1+0.987+0}-\frac{1}{2}\right)\times1.031-0\right] = 7.993\times10^{-4}$$

a. 水平排列中间电缆：

$$D_e^* = \frac{1}{2}(D_{oc}+D_{it}) = \frac{1}{2}\times(91+75) = 83$$

$$h = \frac{Z}{(D_e^*)^g}+E = \frac{0.62}{(0.083)^{0.25}}+1.95 = 3.105$$

$$K_A = \frac{\pi D_e^* h}{1+\lambda1+\lambda2}\left[\frac{T_1}{n}+T_2(1+\lambda_1)+T_3(1+\lambda_1+\lambda_2)\right]$$

$$= \frac{3.14\times0.083\times3.105}{1+0.987}\times\left[\frac{1.031}{1}+0.153\times(1+0.987)\right] = 0.544$$

$$(\Delta\theta_s)_{n+1}^{\frac{1}{4}} = \left[\frac{\Delta\theta+\Delta\theta_d}{1+K_A(\Delta\theta_s)_n^{\frac{1}{4}}}\right]^{\frac{1}{4}} = \left(\frac{50}{1+0.544\times(\Delta\theta_s)_n^{\frac{1}{4}}}\right)^{\frac{1}{4}}$$

令 $(\Delta\theta_s)_n^{\frac{1}{4}}=2$，求出 $(\Delta\theta_s)_{n+1}^{\frac{1}{4}}$ 反复迭代直至为止 $(\Delta\theta_s)_{n+1}^{\frac{1}{4}}-(\Delta\theta_s)_n^{\frac{1}{4}}\leqslant0.001$，此时的 $(\Delta\theta_s)_{n+1}^{\frac{1}{4}}$ 值即为 $(\Delta\theta_s)_n^{\frac{1}{4}}$，计算为 2.186。

$$T_4 = \frac{1}{\pi D_e^* h(\Delta\theta_s)_n^{1/4}} = \frac{1}{3.14\times0.083\times3.105\times2.186} = 0.565$$

b. 载流量计算式：

$$I = \left\{\frac{\Delta\theta-W_d[0.5T_1+n(T_2+T_3+T_4)]}{RT_1+nR(1+\lambda_1)T_2+nR(1+\lambda_1+\lambda_2)(T_3+T_4)}\right\}^{1/2}$$

$$= \left\{ \frac{(90-40)-0.237\times[0.5\times1.031+(0.153+0.565)]}{3.883\times10^{-5}\times1.031+3.883\times10^{-5}\times(1+0.987)\times(0.153+0.565)} \right\}^{1/2} = 721.716\text{A}$$

c. 此时金属套运行温度：

$$\theta_{sc} = \theta_c - (I^2R + 0.5W_d)T_1$$

$$= 90 - (721.716^2 \times 3.883 \times 10^{-5} + 0.5 \times 0.237) \times 1.31$$

$$= 90 - 20.975 = 69.025(℃)$$

可见之前假设金属套运行温度 60℃ 过低，致使载流量略大，将 69℃ 代入 λ_1'' 的计算式并迭代，即可取得更精确的载流量。

2）管道中电缆的外部热阻 T_4。

a. 塑料管道和电缆之间的热阻：

$$T_4' = \frac{U}{1+0.1(V+Y\theta_m)D_e} = \frac{1.87}{1+0.1\times(0.312+0.0037\times60)\times102} = 0.29$$

b. 管道本身的热阻：

$$T_4'' = \frac{1}{2\pi}\rho_T\ln\left(\frac{D_0}{D_d}\right) = \frac{1}{2\pi}\times6\times\ln\left(\frac{260}{250}\right) = 0.037$$

c. 管道外的热阻：

$$T_4''' = \frac{\rho_T}{2\pi}\left\{\ln(u+\sqrt{u^2-1})+\ln\left[1+\left(\frac{2L}{s_1}\right)^2\right]\right\}$$

$$= \frac{1.2}{2\pi}\left\{\ln\left(\frac{2\times1000}{260}+\sqrt{\left(\frac{2\times1000}{260}\right)^2-1}\right)+\ln\left[1+\left(\frac{2\times1000}{1000}\right)^2\right]\right\} = 0.829$$

d. 总热阻：

$$T_4 = T_4' + T_4'' + T_4''' = 0.29 + 0.037 + 0.829 = 1.156$$

e. 载流量计算公式：

$$I = \left\{\frac{\Delta\theta - W_d[0.5T_1+n(T_2+T_3+T_4)]}{RT_1+nR(1+\lambda_1)T_2+nR(1+\lambda_1+\lambda_2)(T_3+T_4)}\right\}^{1/2}$$

$$= \left\{\frac{(90-25)-0.237\times[0.5\times1.031+(0.153+1.156)]}{3.826\times10^{-5}\times1.031+3.826\times10^{-5}\times(1+0.004732)\times(0.153+1.156)}\right\}^{1/2}$$

$$= 848.114(\text{A})$$

f. 此时金属套运行温度：

$$\theta_{sc} = \theta_c - (I^2R + 0.5W_d)T_1$$

$$= 90 - (848.114^2\times3.826\times10^{-5}+0.5\times0.237)\times1.031 = 61.504℃$$

可见之前假设金属套运行温度 60℃ 与实际运行温度 61℃ 相近，代入 λ_1'' 的计算式并迭代即可取得更精确的载流量。

g. 埋管外表面温度：

$$25 + I^2R(1+\lambda_1+\lambda_2)T_4 + W_dT_4$$

$$= 25 + 848.114^2\times3.826\times10^{-5}\times(1+0.004732)\times1.156 + 0.237\times1.156$$

$$= 57.238(℃)$$

由于温度已超过 50℃，考虑发生了水分迁移，土壤热阻系数取 2.0K·m/W，重新计算电缆的载流量为 761.832A。

3）埋地电缆的外部热阻 T_4：

$$T_4 = \frac{\rho_{\mathrm{T}}}{2\pi}\left\{\ln(u+\sqrt{u^2-1})+\ln\left[1+\left(\frac{2L}{s_1}\right)^2\right]\right\}$$

$$=\frac{1.2}{2\pi}\left\{\ln\left(\frac{2\times1000}{91}+\sqrt{\left(\frac{2\times1000}{91}\right)^2-1}\right)+\ln\left[1+\left(\frac{2\times1000}{1000}\right)^2\right]\right\}=1.03$$

a. 载流量计算式：

$$I=\left\{\frac{\Delta\theta-W_{\mathrm{d}}[0.5T_1+n(T_2+T_3+T_4)]}{RT_1+nR(1+\lambda_1)T_2+nR(1+\lambda_1+\lambda_2)(T_3+T_4)}\right\}^{1/2}$$

$$=\left\{\frac{(90-25)-0.237\times[0.5\times1.031+(0.153+1.103)]}{3.826\times10^{-5}\times1.031+3.826\times10^{-5}\times(1+0.004732)\times(0.153+1.103)}\right\}^{1/2}$$

$$=872.167\mathrm{A}$$

b. 此时金属套运行温度：

$$\theta_{\mathrm{sc}}=\theta_{\mathrm{c}}-(I^2R+0.5W_{\mathrm{d}})T_1$$

$$=90-(827.167^2\times3.826\times10^{-5}+0.5\times0.237)\times1.031=59.872℃$$

可见之前假设金属套运行温度60℃与实际运行温度59℃相近，代入 λ_1'' 的计算式并迭代即可取得更精确的载流量。

c. 电缆外表面温度：

$$25+I^2R(1+\lambda_1+\lambda_2)T_4+W_{\mathrm{d}}T_4$$

$$=25+827.167^2\times3.826\times10^{-5}\times(1+0.004732)\times1.03+0.237\times1.03$$

$$=55.362℃$$

由于温度已超过50℃，考虑发生了水分迁移，土壤热阻系数取 2.0K·m/W，重新计算电缆的载流量为 760.812A。

第六节　电缆的允许过载电流

实际工作中，电缆大多数时间运行在最大载流量之下。但运行经验也表明，电缆具有承担一定短时间过载电流的能力，短时过载对电缆寿命无显著影响。

电缆过载能力主要取决于最高允许温度 θ_{em} 和作用时间 t 不同绝缘材质的电缆最高允许温度是不同的。常用的电力电缆的最高允许温度见表2-10。

表 2-10　　　　　　　**常用的电力电缆导体的最高允许温度**

绝缘类别	电缆		最高允许温度/℃	
	形式特征	电压/kV	持续工作	短路暂态
聚氯乙烯	普通	6	70	160
交联聚乙烯	普通	500	90	250
自容式充油	普通牛皮纸	500	80	160
	半合成纸	500	85	160

一、电缆的允许短时过载电流

电缆在运行中如果经常满载，而且导体温度已经达到最高允许温度，那么过载就会造成过热。根据电缆在任何时间内的温度不得超过最高允许温度这一原则，造成过热的过载是不允许的。但一般在输配电的实际情况中，电缆在 24h 周期内，往往只有几个小时是满载运行，其余时间则低于最大允许载流量。况且导体的温度升高是经过逐渐的热平衡过程才达到稳定，因此，在达到最大允许值的一段范围内，温度和时间都有一定的裕度，允许电缆有一定的过载。实践证明，在短时过载时间为数小时范围内，过载温度可比长期允许温度高 10～15℃而对电缆寿命及性能没有明显的影响。

电缆在事故情况或紧急情况下才进行过负荷运行，此时所允许通过的电流为短时过载载流量。短时过载载流量 I_2 可由式（2-92）计算。

$$I_2 = I_R \left\{ \frac{h_1^2 R_1}{R_{\max}} + \frac{(R_R/R_{\max})[r - h_1^2(R_1/R_R)]}{\theta_R(t)/\theta_R(\infty)} \right\} \tag{2-92}$$

$$h_1 = I_1/I_R \tag{2-93}$$

$$r = \theta_{\max}/\theta(\infty) \tag{2-94}$$

式中　　　　I_1——电缆过载前载流量，A；

I_R——电缆额定载流量，A；

$\theta_{\max}$——允许短时过载温度，℃；

$\theta(\infty)$——电缆稳态温升，K；

R_1、R_R、$R_{\max}$——电缆在过载前温度、额定工作温度、允许短时过载温度下的导体交流电阻，Ω/cm；

$\theta_R(\infty)$——电缆稳态温升，K；

$\theta_R(t)$——过载时的电缆稳态温升，K。

土壤敷设电缆（直埋或在管道中）$\theta_R(t)$ 计算式为

$$\theta_R(t) = \theta_C(t) + \alpha_R(t)\theta_e(t) \tag{2-95}$$

式中　$\theta_C(t)$——导体对电缆表面的暂态温升，K，$\theta_C(t) = W_C[T_a(1-e^{-at}) + T_b(1-e^{-bt})]$；

$\theta_e(t)$——电缆表面的暂态温升，K，$\theta_e(t) = \frac{\rho_T W_1}{4\pi} \left\{ \left[-E_i\left(\frac{D_e^2}{16t\delta}\right) \right] + \sum_{k=1}^{N-1} \left[-E_i\left(\frac{-d_{PK}^2}{4t\delta}\right) \right] \right\}$；

$\alpha_R(t)$——导体和电缆外表面之间的暂态温升的达到因数，$\alpha(t) = \theta_C(t)/[W_C(T_A - T_B)]$。

d_{PK}——第 P 根电缆与第 K 根电缆之间的中心距离。

空气敷设电缆 $\theta_R(t)$ 计算式为

$$\theta_R(t) = \theta_C(t) \tag{2-96}$$

二、电缆的允许短路电流

线路发生短路故障时，短路电流可达额定值的几十倍甚至上百倍。短路电流使线路的保护装置迅速动作，几秒或更短的时间内使线路切断。

强大的短路电流在电缆导体通过时将产生很大的热量，使导体的温度很快升高。但电缆的温度不应超过短时允许最高工作温度，允许短路电流即根据允许短路温升进行计算。

计算时，由于短路时间很短，因此可认为线芯损耗产生的热流全部消耗于线芯导体温度的升高，向绝缘层散发的热量忽略不计，则有

$$W dt = Q_{TC} d\theta \tag{2-97}$$

式中　W——短路电流单位时间产生的线芯损耗；

Q_{TC}——单位长度线芯的热容。

导体交流电阻

$$R = R_{20}[1 + \alpha(\theta - 20°)] \tag{2-98}$$

则有

$$W = I_{SC}^2 R_{20}[1 + \alpha(\theta - 20°)] \tag{2-99}$$

式中　I_{SC}——短路电流；

　　　θ——线芯在短路期间的温度，可取最高允许短路温度。

若 t 为短路时间，则

$$I_{SC}^2 R_{20}[1 + \alpha(\theta - 20°)]\mathrm{d}t = Q_{TC}\mathrm{d}\theta \tag{2-100}$$

$$\frac{\mathrm{d}\theta}{1 + \alpha(\theta - 20°)} = \frac{I_{SC}^2 R_{20}}{Q_{TC}}\mathrm{d}t \tag{2-101}$$

根据初始条件 $t = 0$ 时，$\theta = \theta_a$，得

$$I_{SC} = \left\{\frac{Q_{TC}}{R_{20}at}\ln\frac{1 + a(\theta - 20°)}{1 + a(\theta_a - 20°)}\right\}^{\frac{1}{2}} \tag{2-102}$$

工程上往往希望问题简化一些，因此仅确定短路电流的稳态值即可。

设 I_{SC} 为短路电流，t_s 为短路时间（储备保护时间）。因 I_{SC} 为脉冲变量，是时间的函数，故 t_s 时间内短路电流产生的总损耗为

$$\int_0^{t_s} I_{SC}^2 R \mathrm{d}t_s \tag{2-103}$$

这部分热量一部分为导电线芯所吸收，致使导体温度升高，另一部分散入绝缘层。设线芯吸收的总热量的百分比为 β，则

$$\beta\int_0^t \frac{I_{SC}^2 R \mathrm{d}t}{Q_{TC}} + \theta_0 \leqslant \theta_{SC} \tag{2-104}$$

式中　R——单位长电缆线芯的电阻；

　　　θ_0——短路前温度；

　　　θ_{SC}——允许短路最高温度。

若 I_{SC} 从短路开始的最大有效值为 I_H，按直线规律下降，在 t_s 内达到短路的稳态值为 I_K，故有

$$I_{SC} = I_H - \frac{I_H - I_K}{t_s}t \tag{2-105}$$

则

$$\frac{\beta t_s[(I_H + I_K)^2 - I_H I_K]R}{3Q_{TC}} + \theta_0 \leqslant \theta_{SC} \tag{2-106}$$

其中，t_s 可取线路储备保护时间，当 $t_s \approx 2s$ 时，$\beta \approx 0.82 - 0.93$；当 $t_s \approx 6s$ 时，$\beta \approx 0.74 - 0.84$，可令 $I_H = I_K$，从而可求得短路电流的稳态值。

三、电缆的允许周期性过载电流

周期性过载流是电缆负载电流发生周期性变化时的最大负载电流，其值等于恒定负载载流量乘以周期性负载因数 M。M 值可表示为

$$M = \frac{1}{\left\{\sum_{i=0}^5 y_i\left[\frac{\theta_R(i+1)}{\theta_R(\infty)} - \frac{\theta_R(i)}{\theta_R(\infty)}\right] + u\left[1 - \frac{\theta_R(6)}{\theta_R(\infty)}\right]\right\}^{\frac{1}{2}}} \tag{2-107}$$

$$u = \frac{1}{24}\sum_{i=0}^{23} y_i \qquad (2\text{-}108)$$

式中　y_i——每小时电流与一天中最大电流比值的二次方；

　$\theta_R(i)$——导体温度达到最大值前 6h 的电缆暂态温升，K；

　$\theta_R(\infty)$——电缆稳态温升，K。

$$\frac{\theta_R(t)}{\theta_R(\infty)} = [1 - K - K\beta(i)]\alpha(i) \qquad (2\text{-}109)$$

式中　$\alpha(i)$——电缆导体对电缆表面温升的达到因数；

　$\beta(i)$——电缆表面对周围环境温升的达到因数。

$$\alpha(t) = \frac{T_a(-e^{-at}) + T_b(1 - e^{-bt})}{T_A + T_B} \qquad (2\text{-}110)$$

$$\beta(t) = \frac{-E(-D_e^2/16t\delta) - [-E_i(-L^2/t\delta)]}{2\ln(4L/D_e)} \qquad (2\text{-}111)$$

$$K = \frac{W_1 T_4}{W_c(T_A + T_B) + W_1 T_4} \qquad (2\text{-}112)$$

$$T_4 = \frac{\rho_T}{2\pi}\ln\frac{4L}{D_e} \qquad (2\text{-}113)$$

式中　D_e——电缆外径，mm；

　t——3600i，s；

　i——时间，h；

　W_1——在额定温度下每单位电缆长度的总损耗，W/cm；

　W_C——在额定温度下每单位长度一相导体的损耗，W/cm；

　T_4——单根电缆的外部热阻，K·cm/W；

　L——电缆敷设深度，mm；

　ρ_T——土壤热阻系数，K·cm/W；

$-E_i(-x)$——指数积分函数；

　δ——土壤热扩散系数，m^2/s；

　T_a、T_b——用于计算电缆部分暂态温升的视在热阻，K·cm/W；

　a、b——用于计算电缆部分暂态温升的系数；

T_A、T_B——等值热回路的组成部分。

第七节　电缆的选择

　　正确选择电缆型号，对电缆投入使用和确保电缆线路安全运行十分重要。设计电缆线路或选用电缆时，电缆型号和规格的选择主要从导体材质、绝缘水平、绝缘类型、护层类型等方面进行选择。

一、导体材质的选择

　　作为电力电缆导体的金属材料，必须同时具备的特点是电阻率较低，具有足够的机械强度，在一般情况下有较强的耐腐蚀性，容易进行各种形式的机械加工，价格较低。因此，常用铜、铝或铝合金作为电力电缆的导体材料。

但用于下列情况的电力电缆，应选用铜导体：

（1）电动机励磁、重要电源和移动式电气设备等需保持连接具有高可靠性的回路。

（2）振动剧烈、有爆炸危险或对铝有腐蚀等严酷的工作环境。

（3）耐火电缆。

（4）紧靠高温设备布置。

（5）安全性要求高的公共设施。

（6）工作电流较大，需增加电缆根数的情况。

二、绝缘水平的选择

交流系统中电缆的耐压水平应满足系统绝缘配合的要求。电缆导体的相间额定电压不得低于使用回路的工作线电压，同时不大于所在电力系统的额定电压。

对于中性点直接接地或经低电阻接地系统，接地保护动作不超过 1min 切除故障时，交流系统中电缆导体与绝缘屏蔽或金属套之间额定电压应低于 100% 的使用回路工作相电压。对于单相接地故障可能超过 1min 的供电系统，电缆导体与绝缘屏蔽或金属套之间额定电压不宜低于 133% 的使用回路工作相电压；在单相接地故障可能持续 8h 以上，或发电机回路等安全性要求较高时，宜采用 173% 的使用回路工作相电压。

直流输电电缆绝缘水平应能承受极性反向、直流与冲击叠加等耐压考核。交流聚乙烯绝缘电缆应具有抑制空间电荷积聚及其形成局部高场强等适用直流电场运行的特性。

三、绝缘类型的选择

依据 DL/T 5221—2016《城市电力电缆线路设计技术规定》GB 50217—2018《电力工程电缆设计标准》及相关设计经验综合考虑，选择电力电缆绝缘类型。

选择电力电缆绝缘的类型时首先应确保在使用电压、工作电流及其特征和环境条件下，电缆寿命不应小于常规预期使用寿命。其次，需要根据运行可靠性、施工和维护方便性，以及最高允许工作温度与造价等因素进行选择，同时符合电缆耐火、阻燃和环境保护的要求。

500kV 交流海底电缆线路可选用自容式充油电缆或交联聚乙烯绝缘电缆。220kV 交流电缆经过技术经济比较后，可采用交联聚乙烯绝缘电缆或自容式充油电缆。10～110kV 电缆应优先选用交联聚乙烯绝缘电缆。110kV 及以上交联聚乙烯绝缘电缆应采用绝缘层与导体屏蔽和绝缘三层共挤干式交联工艺。10kV 及以上充油电缆应采用电缆绝缘油耐老化特性良好的烷基苯合成油结构。低压电缆宜选用交联聚乙烯或聚氯乙烯挤塑绝缘类型，当有环境保护要求时，不得选用聚氯乙烯绝缘电缆。

高压直流输电系统不宜选用普通交联聚乙烯绝缘电缆。移动式电气设备等经常弯移或有较高柔软性要求的回路，应使用橡皮绝缘等电缆。在放射线作用场所，宜选用交联聚乙烯绝缘或乙丙橡皮绝缘等耐射线辐照强度的电缆、射频电缆等耐射线辐照强度的电缆。

60℃ 以上高温场所，应根据高温及其持续时间和绝缘类型的要求，选用耐热（NH 型）聚氯乙烯、交联聚乙烯或乙丙橡皮绝缘等耐热型绝缘电缆；100℃ 以上高温环境，宜选用矿物绝缘电缆。高温场所不宜选用普通聚氯乙烯绝缘电缆。年最低温度在 −15℃ 以下，应根据低温条件和绝缘类型的要求，选用交联聚乙烯、聚乙烯、耐寒橡皮绝缘电缆。低温环境不宜选用聚氯乙烯绝缘电缆。

四、护层类型的选择

1. 电缆护层选择的一般原则

(1) 当需要增强电缆抗外力时，交流系统单芯电缆应选用非磁性金属铠装层，不得选用未经非磁性有效处理的钢制铠装。

(2) 在潮湿、含化学腐蚀环境或易受水浸泡环境敷设的电缆，推荐采用聚乙烯外护层；海底电缆宜选用铅护套，也可选用铜护套作为径向防水措施。

(3) 在人员密集的公共设施，以及有低毒阻燃性防火要求的场所，可选用聚烯烃等不含卤素的外护层，不宜选用聚氯乙烯外护层。

(4) 除年最低温度在－15℃以下低温环境、药用化学液体浸泡场所，以及有低毒难燃性要求的电缆挤塑外护层宜选用聚乙烯外，其他可选用聚氯乙烯外护层。

(5) 用于经常移动或有较高柔软性要求的回路应选用橡皮外护层。

(6) 放射线作用场所应具有适合耐受放射线辐照强度的聚氯乙烯、氯丁橡皮、氯磺化聚乙烯等外护层。

(7) 铝合金电缆采用铝合金带联锁铠装在建筑物内安装可替代桥架使用，同时可提高电缆的弯曲性能和抗压性能。如果在室外潮湿场合使用，需挤包外护套。

2. 直埋敷设时电缆护层的选择原则

(1) 电缆承受较大压力或有机械损伤危险时，应具有加强层或钢带铠装。

(2) 在流砂层、回填土地带等可能出现位移的土壤中，电缆应有钢丝铠装。

(3) 白蚁严重危害地区用的挤塑电缆，应选用较高硬度的外护层，也可在普通外护层上挤包较高硬度的薄外护层，其材质可采用尼龙或特种聚烯烃共聚物等，也可采用金属套或钢带铠装。

(4) 除上述情况外，可选用不含铠装的外护层。

(5) 地下水位较高的地区，应选用聚乙烯外护层。

(6) 35kV 以上高压交联聚乙烯绝缘电缆应具有防水结构。

3. 空气中固定敷设时电缆护层的选择原则

(1) 小截面积挤塑绝缘电缆直接在臂式支架上敷设时，宜具有钢带铠装。

(2) 在地下客运、商业设施等安全性要求高且鼠害严重的场所，塑料绝缘电缆应具有金属包带或钢带铠装。

(3) 电缆处于高落差的受力条件时，多芯电缆应具有钢丝铠装，交流单芯电缆应采用非磁性的金属丝铠装。

(4) 敷设在桥架等支承密集的电缆，可不含铠装。

(5) 明确需要与环境保护相协调时，不得采用聚氯乙烯外护层。

(6) 敷设在建筑物内的铝合金芯电力电缆，可采用铝合金带联锁铠装替代桥架敷设。

4. 水下敷设时电缆护层的选择原则

(1) 敷设在沟渠、不通航小河等不需铠装层承受拉力的电缆，可选用钢带铠装。

(2) 江河、湖海中电缆选用的钢丝铠装型式应满足受力条件。当敷设条件有机械损伤等防范要求时，可选用符合防护、耐腐蚀性增强要求的外护层。

(3) 海底电缆宜采用耐腐蚀性好的镀锌钢丝、不锈钢丝或铜铠装，不宜采用铝铠装。

5. 路径通过不同敷设条件时电缆护层的选择原则

(1) 线路总长未超过电缆制造长度时，宜选用满足全线条件的同一种或差别尽量小的多种型式。

（2）线路总长超过电缆制造长度时，可按相应区段分别采用适合的不同型式。

绝缘屏蔽层、金属护套、铠装、外护套宜按表 2-11 进行选择。

表 2-11　　　　绝缘屏蔽层、金属护套、铠装、外护套的选择（DL/T 5221—2016）

敷设方式	电缆类型		绝缘屏蔽或金属护套	加强层或铠装	外护套
直埋	交联	35kV 及以下	软铜线或铜带	钢带（3 芯）非磁性金属带（单芯）	聚氯乙烯或聚乙烯
	充油或交联	66～220kV	铅或铝护套		
排管、隧道、电缆沟、竖井	充油	66～220kV	铅或铝护套	非磁性金属带	
	交联	10～220kV	35kV 及以下软铜线或铜带；66～220kV 铅或铝护套	—	
桥梁	交联	10～220kV	铝护套	—	
水底	充油或交联	10～220kV	铅护套	镀锌粗钢丝	塑料复合阻水层

注　摘自《城市电力电缆线路设计技术规定》（DL/T 5221—2016）。

金属护套电缆和非金属护套电缆适用外护套的主要敷设场所见《电力工程电缆设计标准》（GB 50217—2018）。

第八节　电缆截面积的选择

电缆的截面积可根据温升、电压损失和经济电流三种方法进行选择。

一、按温升选择截面积

选择电缆截面积时首先应保证最大工作电流作用下，电缆导体温度不超过电缆绝缘最高允许值，连接回路的电压降不超过该回路的允许值。持续工作回路的电缆导体工作温度，以及最大短路电流和短路时间作用下的电缆导体的最高允许温度应符合表 2-12 的规定。

表 2-12　　　　　　　　常用电力电缆导体的最高允许温度

电缆			最高允许温度/℃	
绝缘类别	型式特征	电压/kV	持续工作	短路暂态
聚氯乙烯	普通	≤1	70	160（140）
交联聚乙烯	普通	≤500	90	250
自容式充油	普通牛皮纸	≤500	80	160
	半合成纸	≤500	85	160

根据上述原则，查阅电缆型号的相关参数，可以直接得到电缆的截面积。但需要注意的是，这种选择实际上是基于电缆长期允许载流量，进行非常粗略地选择，且并不经济。

二、按电压损失选择截面积

电缆具有一定的电阻和电感，当负载电流在电缆中通过时，必然会产生一定的电压降，使终端电压与始端电压在数值上不相等，相位上也不相同。对于长电缆线路，除了按负荷电流选择截面，还要校核负荷电流产生的电压降是否在允许范围内，如超出允许范围，则选择高一挡的截面。

图 2-11（a）所示，始端电压为 U_1，终端有一个三相负载，终端电压为 U_2，负载的每相电流为 I，功率因数为 $\cos\varphi$，R 和 X 为电缆的电阻和感抗，则每相电压的相量图如图 2-11（b）所示。通常称 U_1 和 U_2 的相量差 ΔU 为线路的电压降，称 U_1 和 U_2 的数值差为线路的电压损失。对用电设备来讲，一般要求保证的是电压数值，而不考虑相位如何。因此，电缆线路电压降的计算，只需计算电压损失。

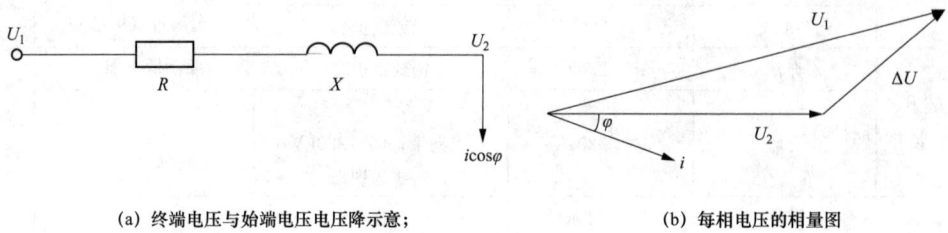

<table>
<tr><td>（a）终端电压与始端电压电压降示意；</td><td>（b）每相电压的相量图</td></tr>
</table>

图 2-11　示意和相量图

应用数学方法推导出电缆线路电压损失的计算公式为

$$\Delta U_{ph} = I(R\cos\varphi + x\sin\varphi) \tag{2-114}$$

$$\Delta U_1 = \sqrt{3}\,I(R\cos\varphi + x\sin\varphi) \tag{2-115}$$

若已知负载电流 I 和功率因数 $\cos\varphi$，再查出电缆的电阻和感抗，可求出相电压 U_{ph} 和线电压 U_1 的电压损失。若用百分数表示电压损失，则计算式为

$$\Delta U_1\% = \frac{\sqrt{3}\,I}{U_1}(R\cos\varphi + x\sin\varphi) \times 100\% \tag{2-116}$$

为了使设备正常工作，一般规定电动机的电压损失不大于 $5\%\sim10\%$ 额定电压，照明灯电压损失不大于 $2.5\%\sim6\%$ 额定电压，因此在选择电缆截面积时必须考虑其电压损失不大于上述值。

表 2-13、表 2-14 为不同形式电缆的（部分）电压损失。

表 2-13　　1kV 油浸纸绝缘电缆用于三相 380V 系统的（部分）电压损失（线芯工作温度为 75℃）

电缆截面积/mm²	$\cos\varphi$											
	0.5	0.6	0.7	0.8	0.9	1.0	0.5	0.6	0.7	0.8	0.9	1.0
	铜芯电缆						铝芯电缆					
2.5	3.486	4.173	4.859	5.543	6.225	6.895	2.085	2.491	2.897	3.301	3.703	4.093
4	2.191	2.619	3.046	3.469	3.897	4.310	1.315	1.571	1.820	2.071	2.320	2.558
6	1.472	1.757	2.041	2.324	2.605	2.875	0.888	1.056	1.223	1.389	1.554	1.707
10	0.894	1.064	1.233	1.401	1.568	1.724	0.544	0.644	0.734	0.841	0.937	1.023
16	0.569	0.675	0.779	0.883	0.985	1.078	0.350	0.412	0.473	0.533	0.591	0.639
25	0.371	0.438	0.505	0.570	0.634	0.690	0.127	0.270	0.308	0.346	0.382	0.409

表 2-14　　1kV 聚氯乙烯绝缘电缆用于 380V 系统的电压损失（线芯工作温度为 60℃）

电缆截面积/mm²	$\cos\varphi$											
	0.5	0.6	0.7	0.8	0.9	1.0	0.5	0.6	0.7	0.8	0.9	1.0
	铜芯电缆						铝芯电缆					

2.5	3.318	3.970	4.622	5.272	5.920	6.556	1.985	2.371	2.757	3.140	3.522	3.890
4	2.086	2.492	2.899	3.278	3.708	4.098	1.258	1.493	1.733	1.971	2.207	2.432
6	1.403	1.640	1.935	2.212	2.497	2.733	0.848	1.008	1.166	1.298	1.479	1.623
10	0.854	1.007	1.176	1.335	1.475	1.639	0.521	0.615	0.709	0.802	0.893	0.973
16	0.545	0.615	0.744	0.842	0.938	1.025	0.336	0.395	0.452	0.486	0.547	0.608
25	0.357	0.412	0.483	0.545	0.605	0.655	0.195	0.261	0.297	0.311	0.350	0.389
35	0.260	0.307	0.351	0.375	0.436	0.468	0.167	0.193	0.218	0.222	0.250	0.278

【例 2-5】 某用户有一台 220V、3kW 三相异步电动机，额定电流为 20A，$\cos\varphi = 0.8$，线路长度为 200m，采用聚氯乙烯绝缘铝芯电缆，计算按允许电压损失选择电缆截面积。

解 （1）根据题意，先算出电流（A）与长度（km）的乘积，即

$$20 \times 0.20 = 4A \cdot km$$

（2）按用电设备的允许电压损失，计算单位 A·km 的允许电压损失。取电动机允许电压损失为 5%，则单位 A·km 的允许损失为

$$5\% \div 4 = 1.25\%$$

（3）根据题意，采用聚氯乙烯绝缘铝芯电缆，铝芯功率因数 $\cos\varphi = 0.9$ 竖行，小于 1.25% 的最大值是 1.475%，所对应的电缆截面积是 $10mm^2$。此时的实际电压损失为

$$1.475\% \times 4 = 5.9\%$$

因此，选用电缆截面积为 $10mm^2$ 聚氯乙烯绝缘铝芯电缆，根据一般规定，电动机的电压损失不大于 5%～10% 额定电压为宜，所选电缆满足要求。

三、按经济电流选择截面积

选择电缆截面的最优方法通常是求出允许的最小截面积，这不仅能最小化电缆的初始投资成本，还能兼顾长期运行的经济性。随着电力成本的增加、新型绝缘材料的应用和工作温度的不断提高，电缆线路的能耗问题日益突出。因此，在满足技术条件的前提下，需综合考虑电缆的建设投资、运行维护费用，以及全寿命周期内的损耗成本，通过折现计算等方法，选择总费用最低的经济截面。

1. 电缆总费用

（1）费用现值。费用现值是指对未来现金流量以恰当的折现率折现后的价值，是考虑货币时间价值因素等的一种计量属性。电力建设项目中，一般费用现值是指把项目寿命期内各年的净费用按照一定的折现率折算到建设初期的现值之和。其计算表达式为

$$C_T = \sum_{p=1}^{n} C_p (1+i)^{-p} \tag{2-117}$$

式中 C_T——费用现值；

C_p——寿命周期内各年度的费用支出；

i——社会折现率。

通过比较各方案现值的大小，确定最优方案。如果 C_p 每年的费用相同，那么有

$$C_T = C_p \frac{(1+i)^n - 1}{i(1+i)^n} \tag{2-118}$$

（2）总费用的计算。在电缆经济寿命期，电缆的总费用包含电缆本体、安装费用（初始成本）和运行维护费用，折算至现值，计算式为

$$C_T = C_I + C_J(Cu) \tag{2-119}$$

式中　C_I——电缆线路本体、安装费用（Cu）；

　　　C_J——电缆线路在经济寿命期间电能损耗和运行维护的等值费用，由电能损耗费用和运行维护费用两部分组成。

1）电能损耗费用。电能损耗费用 E_1，是指在电缆考虑寿命时间内由于能量损耗所产生的费用。

2）运行维护费用。运行维护费用维持电缆正常运行的费用，主要包括材料费、修理费、工资福利费用及其他费用。在电缆的经济截面比较中，可以不考虑运维费用的固定成本，仅考虑由于截面不同产生差异的部分。基于电缆的能量损耗与电缆老化等存在正向关联，可以假定运行维护费用与能量损耗成正比，计算式为

$$COM_1 = EN_1 \cdot D \tag{2-120}$$

式中　COM_1——第 1 年的运行维护费用；

　　　D——每年单位最大负荷损耗功率所需的运维费用。

因此，第 1 年能量损耗总费用 $= (I_{max}^2 R L N_p N_c)(TP + D)$ 　　　　　　(2-121)

如果费用在该年年底支付，则

$$装置购买的日期费用的现值 = \frac{(I_{max}^2 R L N_p N_c) \cdot (TP + D)}{1 + i/100} \tag{2-122}$$

式中　i——不包括通货膨胀影响的折现率，%。

年运行期内折算到购买日期的费用现值

$$CJ = \frac{(I_{max}^2 R L N_p N_c) \cdot (TP + D)Q}{1 + i/100} \tag{2-123}$$

式中　Q——计及符合增加在 N 年内能量费用的增加和折现率的系数。

$$Q = \sum_{n=1}^{N} r^{n-1} = \frac{1 - r^N}{1 - r} \tag{2-124}$$

$$r = \frac{(1 + a/100)^2 (1 + b/100)}{1 + i/100} \tag{2-125}$$

式中　a——每年的负荷增长率，%；

　　　b——不包括通货膨胀每年能源费用的增长率，%。

需要计及不同导体截面的系列计算时，可把导体电流和电阻之外所有参数都用一个系列 F 表示。

$$F = N_p N_c (TP + D) \frac{Q}{1 + i/100} \tag{2-126}$$

则总费用

$$CT = CI + I_{max}^2 R L F \tag{2-127}$$

2. 确定导体的最优经济截面

电缆导体截面积的选择：导体材料可根据技术经济比较选用铜芯或铝芯。所选导体截面积需满足负荷电流、短路电流和短路时的热稳定等要求。

（1）按电缆长期允许载流量选择电缆截面积。为了保证电缆的使用寿命，运行中的电缆导体不应超过其规定的允许工作温度。

（2）根据经济电流密度选择电缆截面积。依据电缆线路最大负荷利用时间和长度超过20m时按经济电流密度来选择电缆截面积。

事实上，按长期允许载流量选择电缆截面积时，只考虑了电缆的长期允许温度，若绝缘结构具有高的耐热等级，载流量就可以很高。但由于功率损耗与电流的二次方成正比，因此以经济电流密度来选择电缆截面积较为合理。

若知道电缆线路中最大负荷电流及所选导电线芯材料的经济电流密度，即可计算导线截面积

$$S = \frac{I_{max}}{j_n} \tag{2-128}$$

式中　　I_{max}——最大负荷电流，A；

　　　　j_n——经济电流密度，A/mm^2，见表 2-15。

表 2-15　　　　　　　　　　　　经 济 电 流 密 度

导体材料	年最大负荷利用时间/h		
	≤3000	3000～5000	≥5000
铜芯	2.50		2.00
铝芯	1.92	1.73	1.54

（3）根据供电网络中允许电压降校核电缆截面积。当根据计算的导线线芯截面积值选择电缆截面积时，应选择不小于及最接近标准电缆的截面积 S（$S_{单相}$、$S_{三相}$），再对照电缆产品样本选择电缆截面积，并先考虑长期允许载流量；其次，进行热稳定校核；最后，考虑经济电流密度和网络允许电压降。

练 习 题

（1）请说明 YJLHSY22-26/35 3×240/25 GB/T 31840.3—2015 的电缆产品型号含义。

（2）请简述电力电缆电阻和电感参数的计算方法。

（3）请简述电力电缆电容和绝缘电阻的计算方法。

（4）请简述电力电缆经济截面的选择原则和方法。

（5）电力电缆长期允许载流量的定义是什么？

（6）电力电缆允许过载电流的定义是什么？

第三章　电力电缆的附件设计原理

　　电缆作为传输线输送电能，总归要有终端。电缆通过终端接头盒与变压器、架空线路相连接。电缆的使用长度也受到制造的限制。对于较长线路，须将两段或多段电缆连接起来，这就需要连接盒；对高压线路，为了减少金属护套（金属屏蔽层）的感应电动势，需用绝缘外套连接接头盒实行护套的换位连接。对充油电缆，为了便于运行和维护，供油系统要分段隔开，需采用阻止式连接接头盒。

　　接头盒、连接盒统称为附件。在电力线路运行中，约60％的故障来自附件。为此，掌握其设计原理，以正确地进行设计和生产，对电力系统的安全稳定运行是至关重要的。

第一节　电缆终端电场分布特点及等效回路

一、电缆终端电场分布的特点

　　任何绝缘结构设计的依据主要是电场分布特点和规律。终端结构也不例外，必须能准确地分析其电场分布，制订相应的均化电场的措施，以能正确地进行结构设计。

　　在安装电缆时，首先须将电缆终端处的外护层、铠装层和金属屏蔽层剥去。否则会引起线芯和金属屏蔽层间短路。即使这样延长了放电距离，但沿电缆长度方向的电场分布仍是不均匀的。图3-1中左半部分为只剥去金属屏蔽层的电场分布图，右半部分为将绝缘层一并剥去的电场分布图。电场分布在线芯和金属屏蔽层处比较集中，而且靠近金属屏蔽层边缘处电场强度最大。沿绝缘表面有电场的法向分量和切向分量的作用，达到一定数值后会引起滑闪放电。

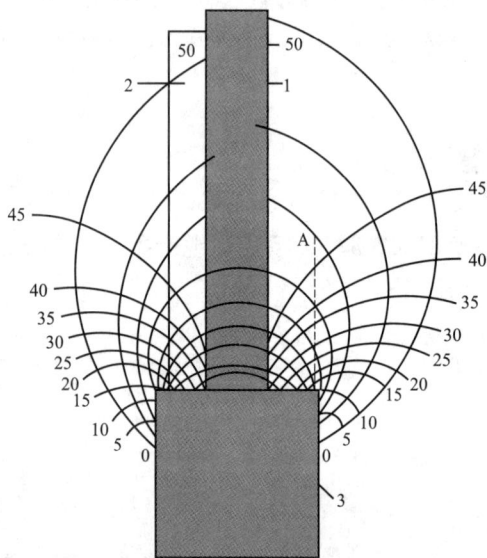

图 3-1　电缆终端电场分布

1—线芯；2—电缆绝缘层；3—铅套

　　金属屏蔽层边缘处场强最大，主要是由于在忽略电感、电阻，而主要考虑电容作用时，其等效电容可简化为由体积电容和表面电容组成的电容链。电容电流由高电位流向低电位，这样在金属屏蔽层附近所汇集的电容电流最大。在认为沿电缆长度方向阻抗大致相同的前提下，金属屏蔽层附近的电压降也就最大，因而场强最大。又因为场强 $E=-\nabla\varphi$，则由于金属屏蔽层接地电位为零，因而此处电位的变化率最大，故场强最大。

　　另外，当剥开金属屏蔽后，无论是否安装终端装置，其绝缘均为两种以上的介质。这样，当从电场的方向斜射到介质的分界面上时，在分界面上就会产生电场的弯折，电场就会产生法向和切向分量。一般沿介质切向方向耐电强度很低，而且在界面上又极易混有气隙和杂质，在一定条件下就会产生放电，造成绝缘被破坏。

二、电缆终端的放电形式

电缆终端处的放电是极不均匀电场中的放电现象。其主要形式：在金属屏蔽层附近，或法兰边缘处发生电晕放电，出现紫色的晕光及"嘶嘶"的声响。随着电压的升高，电晕向前延伸，逐渐形成由许多平行火花细线组成的光带。这些细光带虽较电晕明亮，但仍较弱。放电细线的长度随电压正比增加。放电通道中的电流密度较小、压降较大，称为辉光放电。当电压超过某临界值后，放电性质就会发生变化，个别细光带开始迅速增长，进而转变为树枝状、紫色、明亮得多的火花。这些火花在法兰上的不同位置交替出现。在一处产生后，紧贴介质界面向前发展，随即很快消失，而后又在新的位置产生，这种放电称为滑闪放电。通道中电流密度较大，压降较小。滑闪放电火花随外施电压增加迅速增长，因而电压稍有增加，滑闪放电火花就可能延伸到高压极，形成完全击穿。若金属屏蔽处法兰很光滑，辉光放电可能不明显而直接出现滑闪放电现象。

在整个放电过程中，电晕放电和滑闪放电是主要的放电形式。

三、电场分布的等效回路分析

导致沿面放电的主要原因是切向场强的作用。为此，将重点分析场强的切向分量电缆的终端，在剥去一定尺寸的外护层和金属屏蔽层后，可用电容和电阻的集中参数等效地表示。这样，可将终端简化为链形的等效回路，如图 3-2 所示。

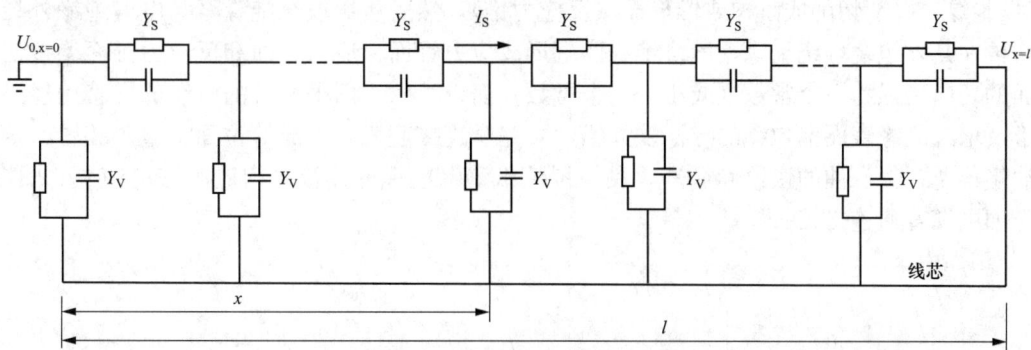

图 3-2 电缆终端的等效电路图

绝缘体和绝缘外表面均可看成电阻和电容并联的等效电路，并设 Y_V 为单位长度电缆绝缘层的体积复导纳；Y_S 为单位长度电缆绝缘层的表面复导纳；R_V 为单位长度电缆绝缘层的体积电阻；C_V 为单位长度电缆绝缘层的体积电容，则有

$$R_V = \frac{\rho_V}{2\pi} \ln \frac{R}{r_1} \tag{3-1}$$

$$C_V = \frac{2\pi\varepsilon_0\varepsilon}{\ln \frac{R}{r_1}} \tag{3-2}$$

$$Y_V = \frac{1}{R_V} + jwC_V = \frac{2\pi}{\rho_V \ln \frac{R}{r_1}} + jw\frac{2\pi\varepsilon_0\varepsilon}{\ln \frac{R}{r_1}} \tag{3-3}$$

若

$$y_s = \left(\frac{1}{R_s} + \frac{1}{R_m} + jw\varepsilon_0\varepsilon_m K\right) \tag{3-4}$$

则

$$Y_s = y_s 2\pi R \tag{3-5}$$

其中，ρ_V 为介质体积电阻率；R 为绝缘外半径；r_1 为线芯半径；ε_0 为真空介电常数；ε 为介质的相对介电常数；R_S 为单位长度表面电阻；R_m 为单位长度周围媒质电阻；K 为和表面情况有关的常数。

第二节　电缆连接接头盒的典型结构和设计计算

一、连接盒的典型结构

连接盒的作用是将两根制造长度的电缆连接起来，以满足实际工程长度的需要。连接的原则是保证导电线芯电的良好连接，绝缘部分的完好电气性能，金属屏蔽处电场均匀分布。根据绝缘不同，可分为油纸绝缘连接盒和橡塑绝缘连接盒两大类。

1. 油浸纸绝缘电缆的连接接头盒

电压较低的黏性浸渍纸绝缘电缆导电线芯是通过连接套、采用焊接（锡焊）或接的方法将线芯连接。对高压的充油电缆，线芯的连接不仅要保证电气连通，而且要保证油流的畅通无阻。一般方法是在线芯中心油道中垫以钢管，线芯外套以连接套，采用冷焊压接将线芯连接起来，而不允许用焊接或锻接，以防止对油的污染和造成老化。靠近连接端的电缆绝缘（工厂绝缘）一般切削成阶梯或锥形面（反应力锥），然后包缠填充绝缘至与电缆绝缘外径相同，再在其外包绕增绕绝缘。增绕绝缘两端形成应力锥面。应力锥面和反应力锥面均按使其表面的切向场强为一个常数（或小于一个常数）而设计的。两根相接的电缆的屏蔽用经过应力锥及增绕绝缘表面上包缠的导体（如铅丝）完全连接起来，形成等位面。整个装置与压力供油箱连通，保证油的供给和循环，黏性浸渍纸绝缘电缆的连接盒内应灌满电缆胶。图 3-3 为充油电缆普通连接接头盒。

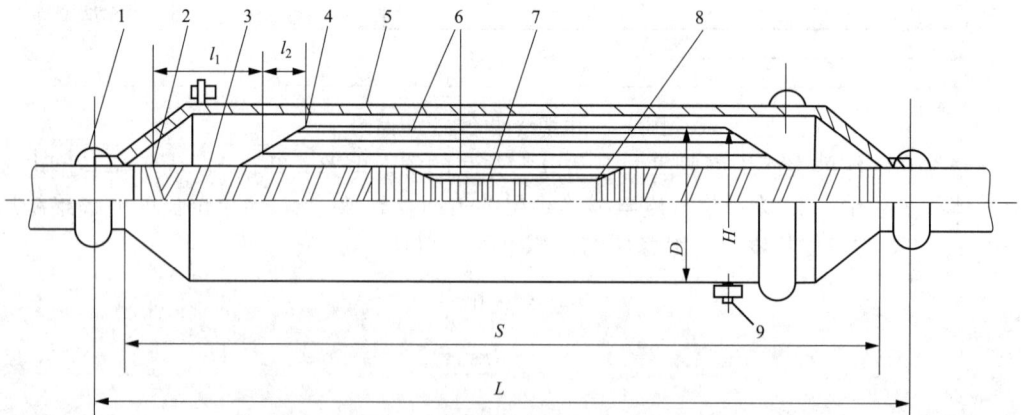

图 3-3　110～220kV 自容式充油电缆普通接头

1—封铅；2—接地屏蔽；3—电缆芯；4—半导体屏蔽；5—外壳；6—增绕绝缘；7—共管；8—压接管；9—油嘴

为了减小金属护套的损耗，长电缆线路各相电缆的金属护套需交叉换位互联接地，这时电缆的连接须用绝缘接头盒。其内绝缘结构尺寸和普通接头相同，但增绕绝缘外缠的半导体纸和金属接地层都要在接头中间断开、不能连续。接头的外壳铜管中间部分用环氧树脂绝缘片或瓷质绝缘垫片隔开，使电缆的金属屏蔽层（金属护套）在轴向绝缘。为了防止电缆故障漏油扩大到整个电缆线路，并分隔电缆线路油压，使各段电缆内部压力不超过允许值及减少暂态油压的变化，往往采用塞止式连接盒。其只作电缆的电气连接将被连接的电缆油道隔开，使油流互不相通，其结构分单室式和双室式两种。它们是用一个（单室）和两个（双室）环氧树脂套管（或瓷套管）将被连接的两根电缆的油流分开。如图 3-4 为 220kV 双室式塞止式连接盒结构示意。

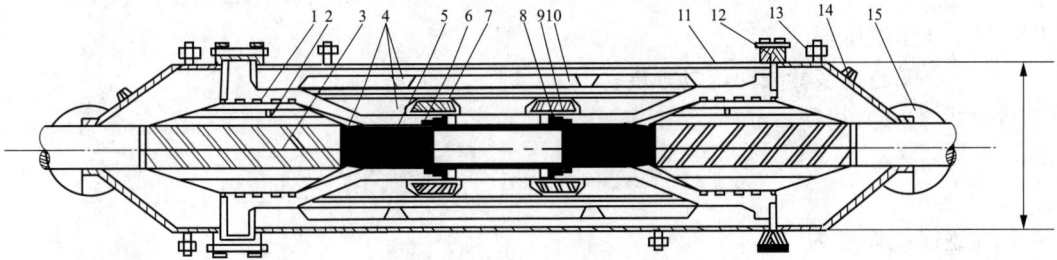

图 3-4　220kV 双室式塞止式连接盒结构示意

1—环氧树脂套管；2—电缆室增绕绝缘；3—电缆；4—填充绝缘；5—芯管；6—导体连接；7—带有绝缘的电极；
8—轴封螺母；9—密封垫；10—外腔增绕绝缘；11—外壳；12—密封垫；13—油嘴；14—接地端子；15—封铅

2. 橡塑绝缘电缆连接盒

橡塑绝缘电力电缆一般没有金属护套和浸渍剂，故只需用普通连接盒将电缆各制造长度连接起来。过去按照制造工艺分为绕包带型、模塑型和压力浇铸型等类型。随着工艺技术的发展，目前橡塑绝缘电缆的附件装置主要以预制式为主。

对 35kV 及以下的电缆，导电线芯连接以后，在原有工厂绝缘的上面套一个热缩材料制成的应力管，然后再做其他部分的连接处理。热缩应力管是由聚乙烯料加入一定的配合剂，经辐照交联后制成的。这种管材具有"记忆"效应，即按预定尺寸制成后，经冷扩工艺过程，然后安装在接头处，再予以加热，管材会自动收缩到原先的尺寸，应力管便牢牢地套在工厂绝缘上。对于高压交联聚乙烯绝缘电力电缆的连接盒，目前主要是在金属屏蔽层边缘的电场集中处安装以预制成型的应力锥。应力锥的结构如图 3-5 所示。

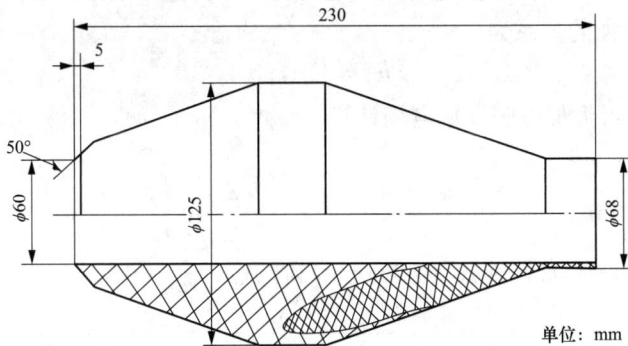

单位：mm

图 3-5　预制式应力锥结构示意

二、连接接头的设计计算

1. 增绕（或填充）绝缘层的厚度

该厚度的确定，主要取决于连接接头盒的最大允许场强。因该部分绝缘，是在设安装现场施加，绝缘质量必将受到影响，加上连接线芯套管场强增加，故在设计时，该处线芯表面最大工作场强应取本体最大工作场强的 45%～60%。

设增绕绝缘和填充绝缘的相对介电常数为 ε_n，线芯连接套外半径为 r_1，增绕绝缘外半径为 R_n，则有

$$E_n = \frac{U}{r_1 \ln \dfrac{R_n}{r_1}} \tag{3-6}$$

式中　U——相电压；

　　　E_n——线芯连接套表面电场强度。

故由式（3-6）可得

$$R_n = r_1 \exp\left(\frac{U}{r_1 E_n}\right) \tag{3-7}$$

从而绝缘层厚度为

$$\Delta_n = R_n - R = r_1 \exp\left(\frac{U}{r_1 E_n}\right) - R \tag{3-8}$$

式中　R——电缆绝缘外半径。

2. 应力锥的设计

应力锥，即均化场强应力的锥形体。将其施加于金属屏蔽层边缘的场强集中处，可使场强均匀分布。

应力锥的表面为一锥形曲面，由其形状所决定，曲面上的切向场强为一个恒定值，或小于某一个允许值。锥面一定与金属屏蔽层相接，使其电位为零，所以锥面也为等位面。对油纸绝缘电缆，应力锥是在工厂绝缘上用纸带绕包而成的。锥面缠以铅丝与金属屏蔽层相连，以实现电位为零。橡塑绝缘电力电缆所用的应力锥是用乙丙橡胶或硅橡胶预先加工制成的。电缆连接时，将其套在工厂绝缘上。其应力锥面是用导电胶或半导电胶挤压成型的。在安装时，使锥面和金属屏蔽层相接。图 3-6 为接头内绝缘设计示意。工厂绝缘为两层分阶，介电常数为 ε_1、ε_2。增绕绝缘介电常数为 ε_n，它们的半径分别为 r_1、r_2、R 和 R_n。在应力锥面上任取一点 F，锥面为等位面，故电力线与之正交，a 为过 F 点的切线与 X 轴正向的夹角，则切向场强和法向场强的关系为

$$E_t = E_n \tan a$$

过 F 的法向场强 E_n 可近似按圆柱形电场计算：

$$E_n = \frac{U}{y\varepsilon_n\left(\dfrac{1}{\varepsilon_1}\ln\dfrac{r_2}{r_c} + \dfrac{1}{\varepsilon_2}\ln\dfrac{R}{r_2} + \dfrac{1}{\varepsilon_n}\ln\dfrac{y}{R}\right)} = \frac{U}{y\left(\dfrac{\varepsilon_n}{\varepsilon_1}\ln\dfrac{r_2}{r_c} + \dfrac{\varepsilon_n}{\varepsilon_2}\ln\dfrac{R}{r_2} + \dfrac{1}{\varepsilon_n}\ln\dfrac{y}{R}\right)} \tag{3-9}$$

令 $\varepsilon_n/\varepsilon_1 = a$，$\varepsilon_n/\varepsilon_2 = m$，则式（3-9）改写为

$$E_n = \frac{U}{y\left(\ln\left(\dfrac{r_2}{r_c}\right)^a + \ln\left(\dfrac{R}{r_2}\right)^m + \ln\dfrac{y}{R}\right)} = \frac{U}{y\ln\dfrac{r_2^{a-m}R^{m-1}y}{r_c^a}} \tag{3-10}$$

令 $r_2^{a-m}R^{m-1}/r_c^a = B$，则式（3-10）可改写为

$$E_n = \frac{U}{y\ln By} \tag{3-11}$$

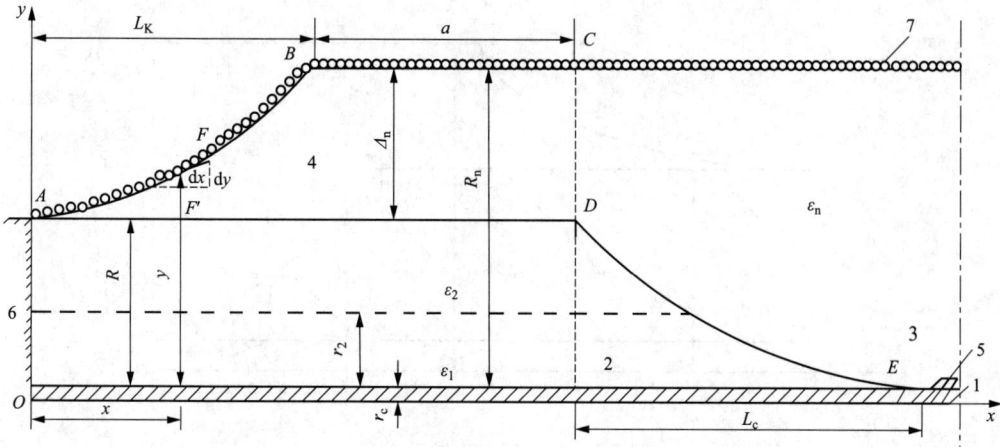

图 3-6　接头内绝缘设计示意

1—线芯；2—工厂绝缘；3—填充绝缘；4—增绕绝缘；5—连接套；6—电缆金属护套；7—铅丝绕包屏蔽

而

$$E_t = E_n \tan a = \frac{U}{y \ln By} \tan a = \frac{U}{y \ln By} \frac{dy}{dx} \tag{3-12}$$

即

$$E_t dx = \frac{U}{y \ln By} dy$$

等号两边积分：

$$\int_0^x E_t dx = \int_R^y \frac{U}{y \ln By} dy \tag{3-13}$$

选择曲面形状，使沿锥面的切向场强为一个常数，则得锥面的方程为

$$x = \frac{U}{E_t} \ln \frac{\ln By}{\ln BR} \tag{3-14}$$

当 $y = R_n$ 时，$x = L$，即应力锥长度

$$L = \frac{U}{E_t} \ln \frac{\ln(BR_n)}{\ln(BR)} \tag{3-15}$$

切向场强 E_t 决定了应力锥面的长度，一般取 E_t 为连接盒绝缘层最大允许切向场强，以缩短连接盒的尺寸。

3. 反应力锥

自导电线芯的连接处开始，填充绝缘与工厂绝缘的交界面称为反应力锥锥面，其设计和制造是连接盒设计和制造的关键部位。为了防止沿此面发生移滑放电，反应力锥的形状也是根据沿该面的切向场强为一个常数（或小于某一个常数）确定的。图 3-7 中反应力锥工处的电位

$$U_x = \frac{U_0 \ln \frac{y}{r_c}}{\ln p y^q} \tag{3-16}$$

其中，U_0 为电缆导电线芯对地电压，即相电压；y 为锥面上任意一点的纵坐标；r_c 为连接

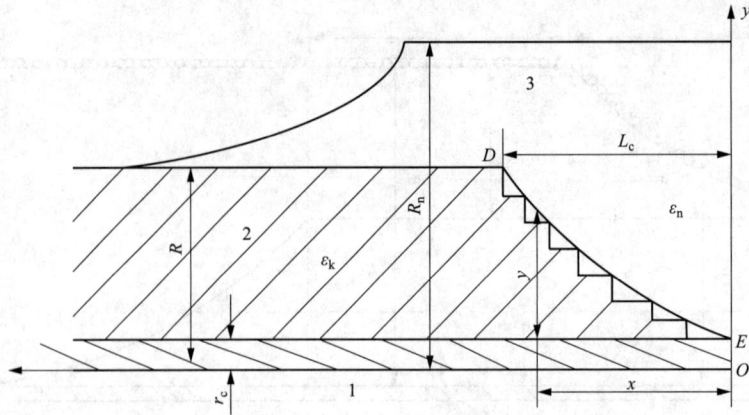

图 3-7 计算反应力锥面示意
1—线芯；2—工厂绝缘；3—填充及增绕绝缘

套半径且有

$$\left.\begin{aligned}\frac{\varepsilon_k}{\varepsilon_n}&=m\\\frac{R_m^n}{r_c}&=p\\1-m&=q\end{aligned}\right\}\tag{3-17}$$

则切向场强

$$E_t=\frac{dU_x}{dx}=\frac{dU_x}{dy}\frac{dy}{dx}=\frac{d}{dy}\left(\frac{U_0\ln\frac{y}{r_c}}{\ln py^q}\right)\frac{dy}{dx}\tag{3-18}$$

如 E_t 为一个常数，则将式（3-18）变化，并对 x 积分后得

$$x=\frac{U_0}{E_t}\frac{\ln\frac{y}{r_c}}{\ln py^1}\tag{3-19}$$

于是反应力锥沿电缆长度方向的长度为

$$L_c=\frac{U_0}{E_t}\frac{\ln\frac{R_n}{r_c}}{\ln py^q}\tag{3-20}$$

式中　ε_n、ε_k——分别表示工厂绝缘的相对介电常数；

r_c——线芯连接套半径；

R_n——增绕绝缘半径。

对于单一直线组成的反应力锥曲面，其最大轴向场强位于 $x=0$ 处，可由式（3-18）求得，当 $\varepsilon_n=\varepsilon_k$ 时，

$$E_t=\frac{U}{r_c\ln\frac{R_n}{r_c}}\frac{dy}{dx}\bigg|_{x=0}=\frac{U}{r_c\ln\frac{R_n}{r_c}}\tan a_1\tag{3-21}$$

而反应力锥长度

$$L_{cl}=\frac{R-r_c}{\tan a_1}=(R-r_c)\frac{U}{r_cE_t\ln\dfrac{R_n}{r_c}} \tag{3-22}$$

第三节 终端接头盒的典型结构盒设计计算

一、终端接头的盒型结构型式

电缆是通过终端接头盒和其他输变电设备如架空线、变压器等相连接的。其结构型式根据电缆型式、电压等级及用途的不同而有所区别。现分述如下。

(1) 一般电压较低的橡塑绝缘电力电缆在终端连接时，首先将外护层、铠装层、金属屏蔽层等连接长度内的部分剥去，然后将热缩材料制成的应力管和绝缘管依次套在工厂绝缘上，接好屏蔽地线和线芯端子，做好外绝缘和密封，在外绝缘上套几个雨裙便可，如图3-8所示。35kV及以下的电力电缆，大都采用预制式的终端连接盒，图3-9所示为10kV户外终端头。其应力锥嵌入内绝缘，雨裙和接头盒连为一体。体积小，安装简便，保证了应有的电气性能和使用寿命。

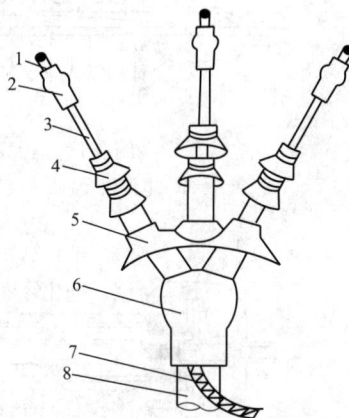

图 3-8 低压户外终端接头

1—端子；2—密封管；3—绝缘管；
4—单孔防雨裙；5—三孔防雨裙；6—手套；
7—接地线；8—PVC护套

(2) 高压电缆终端接头盒一般由内绝缘、外绝缘、密封结构、出线杆和屏蔽罩等部分组成。

充油电缆主要有增绕式、电容式和象鼻式终端接头盒。

增绕式终端接头盒如图3-10所示，其主要特点是在工厂绝缘上加包了增绕绝缘层，且在金属屏蔽层处包成应力锥，这样可降低绝缘层中的电场强度。除此之外又采用了接地屏蔽环使电场集中得到一定的改善，整个终端密封在一个高强度瓷套管中。在瓷套顶端装有高压屏蔽罩，以防止接头处的尖端放电。

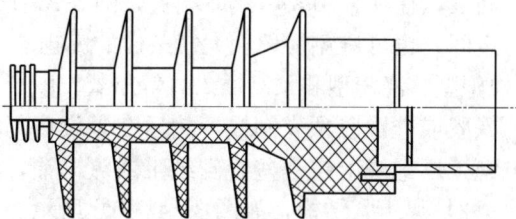

图 3-9 10kV 户外终端头

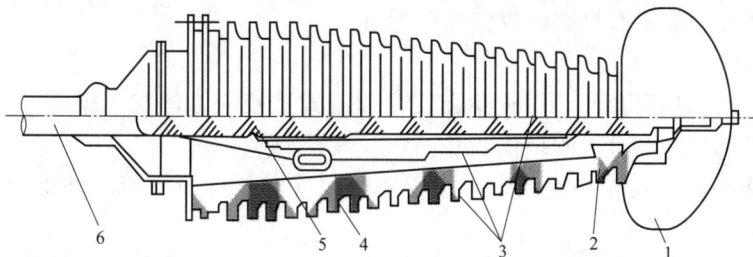

图 3-10 110～220kV 充油电缆增绕式终端接头盒

1、2—高压端屏蔽；3—增绕绝缘；4—接地屏蔽；5—应力锥；6—电缆电容式终端接头盒主要是在工厂绝缘外附加一些电容器，强制电场强度切向均匀分布，从而降低了终端的高度。按附加电容器的形状，容式终端盒又分为电容锥式（见图 3-11）和电容饼式（见图 3-12）。

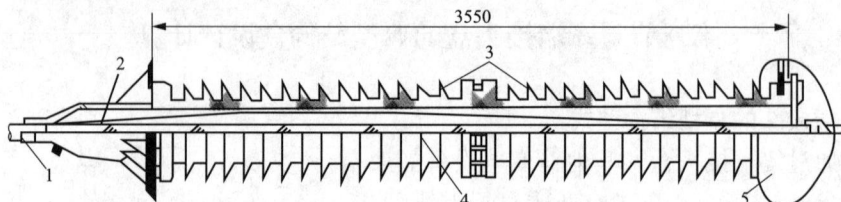

图 3-11　400kV 高油压充油电缆电容锥式终端接头盒
1—电缆铅套；2—应力锥；3—高强度瓷套；4—电容锥绕包；5—屏蔽罩

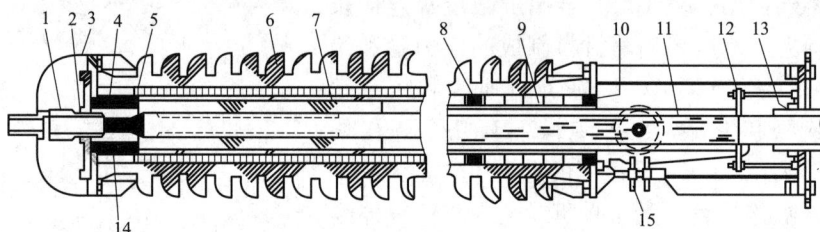

图 3-12　电容饼式终端接头盒
1—连接接头；2—线芯连接头；3—高压蔽罩；4—电容器组连接头；5—支撑圆柱体；
6—瓷套；7—辅助支撑套筒；8—电容饼元件；9—电容器组支撑筒；10—电容并调节栓；
11—应力锥；12—应力锥支撑；13—检验栓；14—电容器支撑圆柱体；15—测量接头

在超高压电站中，为了缩小电站厂房面积和高度，往往采用象鼻式终端盒，图 3-13 使电缆终端与变压器套管在油中连接，既节省了厂房空间，也可避免污秽和大气条件的影响。

高压塑力缆终端接头盒，一般有绕包带型、模塑型、浇铸型和预制插入式等型式。图 3-14 为预制应力锥插入式结构。应力锥一般是用乙丙橡胶或硅橡胶预先制成，然后在敷设现场将其插入接头盒中。插入方式有两种：一种是在电缆工厂绝缘上包一些特殊纸带或涂硅油，将预制应力锥插装上去，如图 3-14（a）所示；另一种是弹压紧结构，如图 3-14（b）所示。当应力锥装到一定部位后，靠金具和弹管紧压，使界面紧密相接。

二、终端接头盒的设计计算

设计终端接头盒时，主要是看外绝缘和内绝缘的设计及其配合程度。上下屏蔽罩、紧固件，底板和尾管等只要求有足够的机械强度即可。

1. 外绝缘的设计计算

外绝缘，主要包括瓷套、环氧树脂套筒、预制式橡胶绝缘体和伞裙等。对其进行设计，主要是确定它们的长度和有关的结构尺寸。

一般终端接头盒的长度（或高度）主要由外绝缘的长度所决定。外绝缘长度也就是放电离。

油纸绝缘的密封瓷套和橡塑绝缘终端的外绝缘，实际上可看成为支柱绝缘子。裙的作用是雨天时，绝缘子还保持着一部分干燥表面和增加电极间沿瓷表面的放电距离，以提高湿闪络电压。

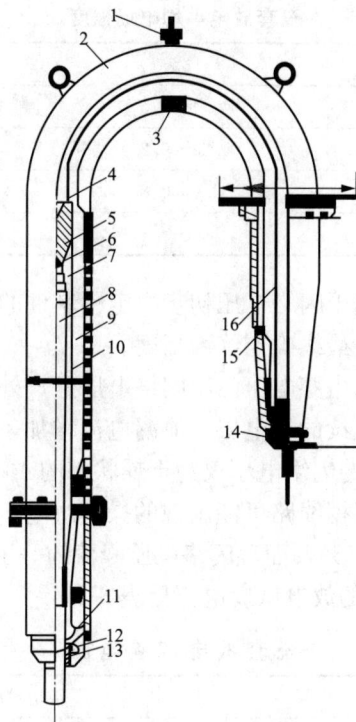

图 3-13　110kV 象鼻式终端头

1—油嘴；2—壳体；3—衬垫；4—电缆连接触头；5—电缆连接头；6—电缆导体；7—增绕绝缘；8—工厂绝缘；
9—主绝缘；10—胶木筒；11—封铅；12—电缆铅包；13—防震套；14—套管；引出触头；15—瓷套；16—导电杆

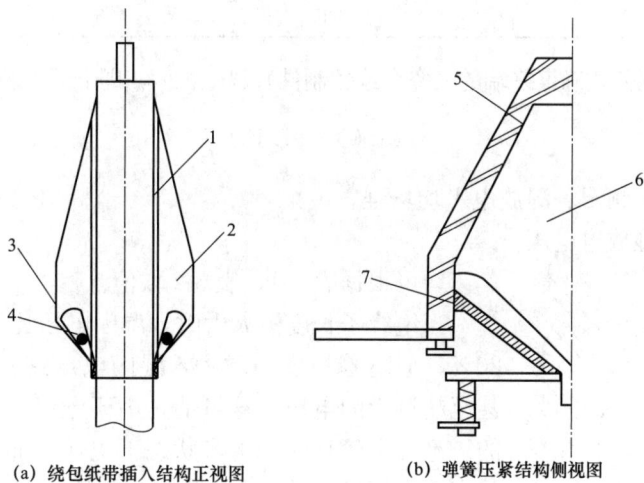

(a) 绕包纸带插入结构正视图　　　　(b) 弹簧压紧结构侧视图

图 3-14　预制应力锥插入方式示意

1—特种漫渍纸；2—绝缘；3—半导体层；4—金属屏蔽；
5—环氧树脂；6—应力锥；7—紧压金具

棒形支柱绝缘子属于具有弱垂直分量的极不均匀电场结构。电缆工作电压越高，瓷套越长，沿瓷套长度电场分布越不均匀，平均放电场强越低。各种电压下瓷套平均放电场强见表 3-1。

表 3-1　　　　　　　　　　　瓷套放电平均电场强度　　　　　　　单位：kV/mm

额定线电压/kV	35	110～500
工频干放电场强	0.4～0.5	0.33～0.43
工频湿放电场强	0.25～0.27	0.23～0.36
脉冲放电场强	0.6～0.8	0.56～0.70
操作波放电场强	—	0.34～0.41

　　一般设计绝缘子时，先根据干闪络电压初步决定预制件的绝缘高度，再按湿闪络电压确定外形结构——伞数和伞形，并最终确定绝缘高度。

　　干闪络电压接近空气间隙的击穿电压。湿闪络电压是户外绝缘子最重要的性能指标。介质表面完全淋湿时，雨水形成连续的导电层，泄漏电流增加，闪络电压大幅度降低。标准洒下（淋雨条件），被雨淋湿表面的闪络电压仅为干燥状态的 40%～50%。

　　短时的工频试验电压主要根据线路可能出现的操作过电压而确定。干闪络电压的峰值一般为操作过电压值的 120%～145%，而湿闪络电压峰值约等于操作过电压，为工频最大工作电压的 2.6～4 倍。各电压等级的放电试验电压见表 3-2。

表 3-2　　　　　　　　　　　瓷 套 放 电 试 验 电 压　　　　　　　单位：kV

额定线电压	放电试验电压	
	干	湿
35	110	85
110	295	215
220	550	425
500	925	700

　　因此，根据下列公式确定终端的（瓷套或预制件）放电长度，即上下屏蔽罩之间的距离。

$$L = (1.05 \sim 1.15) \frac{U}{E} \tag{3-23}$$

式中　E——瓷套工频干、湿放电平均场强；

　　　　U——干、湿放电电压。

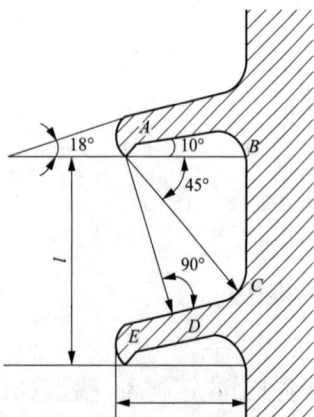

图 3-15　裙的结构

均可根据表 3-1，表 3-2 取值。

当绝缘子长度不太大时，湿闪电压比干闪电压低 15%～20%，但随着长度的增大，湿闪电压逐步和干闪电压接近，甚至超过干闪电压。这可能是由于绝缘子电压分布不同所致的。绝缘子较长时，干燥状态下电压分布很不均匀，而淋雨状态下由于绝缘子表面电导增加电压分布相对均匀。

实践证明，湿闪电压决定于绝缘子的有效高度和裙的结构如图 3-15 所示，绝缘子的伞宽 a 和伞间距离 l 是影响闪络电压和路径的主要因素。伞宽较小时表面干燥区域小，湿表面所占比例大，闪络电压低。伞宽增加，湿闪电压随之增高。但过大时，放电主要沿相邻二裙边缘之间的空气间隙进行，闪络电压不再增加。伞形较合理的关系为 $a=0.5l$。裙的倾角在 $15°\sim25°$ 最有利。倾角过小，表面形成水洼，然后汇成激流流下，将促使弧越。而且裙间空隙中的杆体易为水滴所溅湿，如倾角过大，则显然降低了裙间空隙，也不足可取。

瓷套内径由电缆内绝缘最大外径确定，壁厚由其机械强度和承受的压力确定。

2. 内绝缘的设计计算

(1) 橡塑绝缘电缆的预制式终端接头盒的内绝缘及应力锥的设计计算和连接盒的计算基本相同，而油纸绝缘电缆增绕式终端接头盒的内绝缘主要是确定增绕绝缘的厚度 $\Delta_n=R_n-R$，应力锥的形状和长度 AD、增绕绝缘末端至线芯顶点的距离 DG，如图 3-16 所示。DG 两点附近的场强较集中，为了降低场强，一般可加屏蔽环。此时，D、G 处的场强可用下式计算：

$$E=\frac{0.9U}{2r\ln\dfrac{r+d/2}{r}} \tag{3-24}$$

式中　r——屏蔽环半径（一般约等于线芯半径 r_c）；

　　　d——屏蔽环内表面至线芯表面的距离；

　　　U——电缆绝缘承受的相电压。

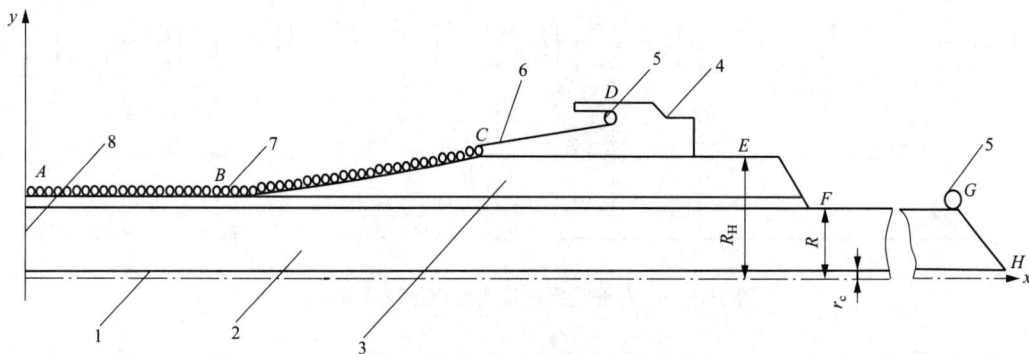

图 3-16　计算增绕式终端接头盒内绝缘示意

1—线芯；2—工厂绝缘；3—增绕绝缘；4—环氧脂套；5—屏蔽环；6—铜皮扬声器（接地屏蔽）；

7—应力锥面上铅丝包绕（接地屏蔽）；8—电缆铅套

增绕绝缘末端至线芯顶点的距离，一般由瓷套长度所确定。因为内绝缘浸在油中，要求放电距离较小，故对其形状和长度要求不是很严格，但应适当选择应力锥相对于瓷套下屏蔽罩的位置。若将内绝缘应力锥放得太低，则电场将会在瓷套屏蔽罩处集中，由于瓷套外部与空气接触，比内绝缘放电场强低，这样会降低终端接头盒的放电电压。反之，若将内绝缘应力锥相对瓷套屏蔽位置放得太高，就会缩短瓷套的有效放电距离，同样降低终端接头盒的放电电压。根据经验，一般内绝缘的接地屏蔽环中心线高于瓷套屏蔽罩的距离约为瓷套放电长度的 $10\%\sim15\%$ 时，终端接头盒具有最佳放电性能。

(2) 电容锥式终端接头盒内绝缘设计。电容锥式终端接头盒内绝缘结构示意如图 3-17 所示。根据强制电场分布的条件，其等效电路如图 3-18 所示。

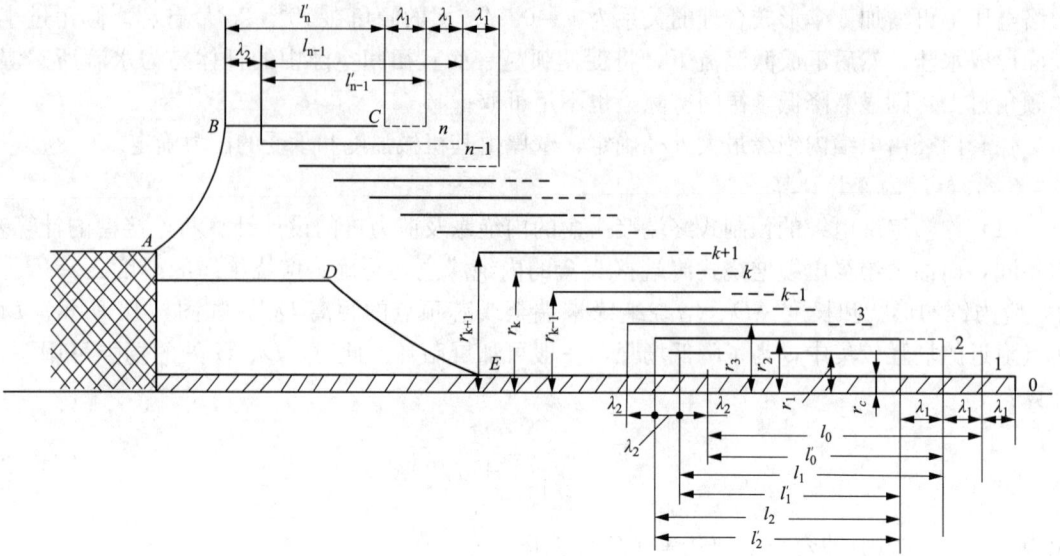

图 3-17　电容锥式终端接头盒内绝缘结构示意

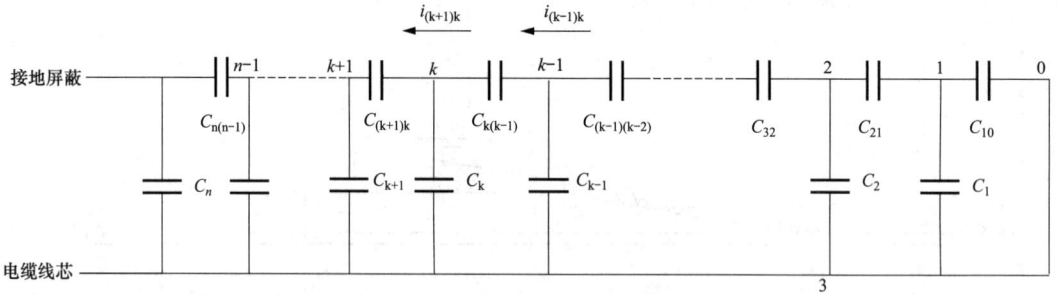

图 3-18　电容锥式终端接头盒内绝缘等效电路

设电容锥极板数为 n，第 $k+1$ 极板与第 k 极板间电容为 $C_{(k+1)k}$，第 k 极板与电缆线芯间电容为 C_k，根据基尔霍夫定律，在 k 点的电流应有下列关系

$$i_{(k+1)k} = i_{(k-1)k} + i_k \tag{3-25}$$

$$(U_{k+1} - U_k)wC_{(k+1)k} = (U_k - U_{k-1})wC_{k(k-1)} + U_kwC_k \tag{3-26}$$

其中，U_k 为第 k 极板对线芯的电位差，$\omega = 2\pi f$，f 为频率，在电容锥式终端接头盒设计中，一般取相邻电容锥极板间电压相等，即

$$U_{k+1} - U_k = U_k - U_{k-1} = \frac{U}{n} \tag{3-27}$$

且

$$U_k = \frac{U}{n}k \tag{3-28}$$

将式（3-27）、式（3-28）代入式（3-26）中，有

$$C_{(k+1)k} = C_{k(k-1)} + kC_k \tag{3-29}$$

各极板均是以电缆中心轴为中心的同心圆柱体，因此各电容的 $C_{(k+1)k}$ 可用圆柱体电容来近似计算。

为了加快工地施工速度，如前所述，电容锥可在工厂制造。为了简化安装工艺，有的电容锥包缠在胶筒上，如图 3-19 所示。施工时，未剥去电缆工厂绝缘，而是将胶木筒套在电缆工厂绝缘外面。胶木筒上第一层极板（序号为零）与电缆线芯连接如图 3-20 所示。对于这种结构的电容锥式终端接头盒，计算第一电容极板半径时，应取

$$r_{k-1} = r_0 = R + \Delta \tag{3-30}$$

$$r_k = r_1 = r_0 + \Delta_1 \tag{3-31}$$

式中　r_0——胶木筒上第一层极板半径；

$\quad\quad r_1$——序号为 1 的极板的半径；

$\quad\quad \Delta$——胶木筒厚度；

$\quad\quad \Delta_1$——第一个电容器极板间绝缘层间的厚度；

$\quad\quad R$——电缆工厂绝缘外半径。

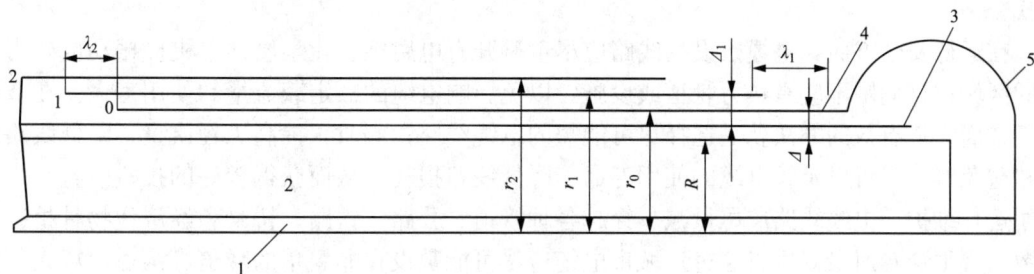

图 3-19　电容包绕在胶木筒上的结构

1—线芯；2—工厂绝缘；3—胶木筒；4—胶木筒上第一层极板（序号为零）；5—胶木筒上第一层极板与线芯的连接线

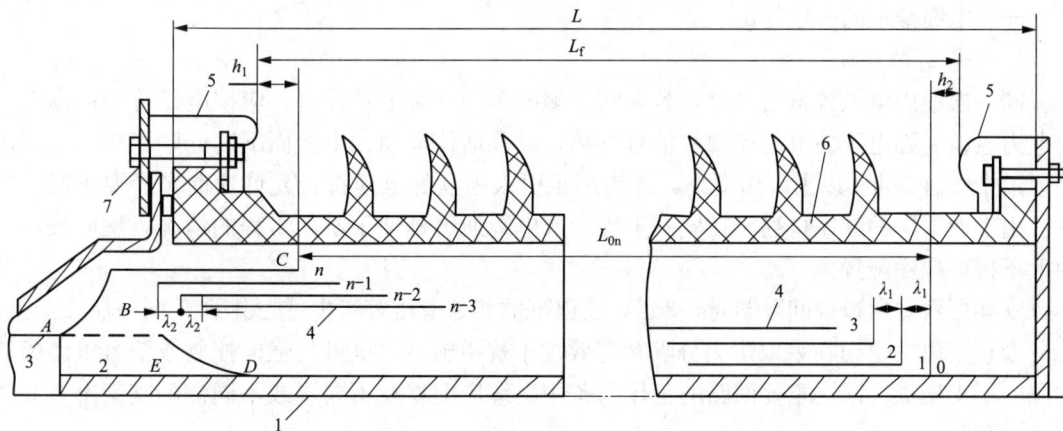

图 3-20　电容锥式终端接头盒内外绝缘相对位置示意

1—线芯；2—工厂绝缘；3—电缆护套；4—电容锥极板；5—屏蔽罩；6—瓷套；7—法兰

练 习 题

（1）电缆终端电场分布特点是什么？

（2）根据绝缘结构不同，电缆连接接头盒的典型结构主要包括哪些？

（3）简述终端接头盒外绝缘的设计计算方法有哪些。

第四章 电力电缆的敷设方式及施工技术

第一节 电缆敷设方式的选择

选择电缆敷设方式时应视工程条件、环境特点、电缆类型和数量等因素，在确保安全运行的前提下，尽量节省投资成本，同时满足电缆线路投入运行后便于运行维护和故障查找。

在运行安全方面，电缆敷设的线路应尽量避开有电腐蚀、化学腐蚀、机械振动或外力干扰的区域；且周围不应有热力管道或设施，以免影响电缆的额定载流量和使用寿命。在节省投资方面，最有效的办法就是选择尽可能短的电缆线路；同时，提高工程质量、降低线路损耗和避免事故，可以延长电缆的使用寿命，降低线路损耗，从而获得较好的投资效益。为了方便运行维护，电缆线路应尽量减少穿越各种管道、公路、铁路、桥梁和经济作物种植区的次数，必须穿越时最好垂直穿过；城市电缆应尽可能敷设在非繁华的隧道、沟道内或人行道下面；在城乡及厂矿新区敷设电缆时，应考虑到电缆线路附近的发展规划，尽量避免电缆线路因建设需要而迁移。

一、电缆敷设的一般规定

1. 电缆群的敷设

同一通道内电缆数量较多时，若在同一侧的多层支架上敷设时，应按电压等级由高至低的电力电缆、强电至弱电的控制和信号电缆，以及通信电缆"由上而下"的顺序排列。当水平通道中含有 35kV 以上高压电缆，或为满足引入柜盘的电缆符合允许弯曲半径要求时，宜按"由上而下"的顺序排列。在同一工程中或电缆通道延伸于不同工程的情况，均应按相同的上下排列顺序配置。

支架层数受通道空间限制时，35kV 及以下的相邻电压等级电缆可排列于同一层支架上；1kV 及以下电力电缆在采取防火分隔和有效抗干扰措施后，也可与强电控制或信号电缆配置在同一层支架上。同一重要回路的工作与备用电缆应配置在不同层或不同侧的支架上，并实行防火分隔。

2. 电缆在同一层支架上的配置

同一层支架上电缆排列配置方式，应控制和信号电缆可紧靠或多层叠置。除单芯电缆交流系统的同一回路之外，可采取品字形（三叶形）配置；重要的同一回路多根电缆不宜叠置，且相互间需设置 1 倍电缆外径的空隙。

3. 管道附件电缆的敷设

明敷的电缆不宜平行敷设于热力管道上部。电缆与管道之间无隔板防护时的允许距离，除城市公共场所应按现行国家标准 GB 50289—2016《城市工程管线综合规划规范》执行外，还应符合表 4-1 的规定。

表 4-1		电缆与管道之间无隔板防护时的允许距离	单位：mm
电缆与管道之间的走向		电力电缆	控制和信号电缆
热力管道	平行	1000	500
	交叉	500	250
其他管道	平行	150	100

4. 非铠装电缆的敷设

当非铠装电缆用于非电气人员经常活动场所的地坪以上 2m 范围、地坪下 0.3m 深电缆区段，或者有载重设备移经电缆上面的区段时，应采用具有机械强度的管或罩加以保护。

5. 户外电缆的敷设

在户外敷设电缆时，除架空绝缘型电缆外的非户外型电缆，宜有罩、盖等遮阳设施。

6. 爆炸性气体环境的电缆敷设

电缆在存在爆炸可能环境中进行敷设和运行时，必须符合现行国家标准 GB 50058—2014《爆炸危险环境电力装置设计规范》，在可能范围应使电缆距爆炸释放源较远。

若敷设在爆炸危险较小的场所，还应根据易燃性气体和空气的密度合理设置电缆的位置。当易燃性气体比空气密度大时，电缆应埋地或在较高处架空敷设，且对非铠装电缆采取穿管或置于托盘、槽盒中等进行机械性保护；当易燃性气体比空气密度小时，电缆应敷设在较低处的管、沟内，电缆沟内非铠装电缆应埋沙。另外，电缆在空气中沿输送易燃性气体的管道敷设时，应配置在危险程度较低的管道一侧。当易燃性气体比空气密度大时，电缆宜在管道上方；易燃性气体比空气密度小时，电缆宜在管道下方。

在爆炸性气体环境内，电缆线路中不应有接头；如采用接头时，必须具有防爆性。而且，电缆及其管、沟穿过不同区域之间的墙、板孔洞处，应采用非燃性材料进行严密堵塞。

7. 周期性振动场所的电缆敷设

电缆敷设在有周期性振动的场所时，应采用能减少电缆承受附加应力或避免金属疲劳断裂的措施，如在支持电缆部位设置由橡胶等弹性材料制成的衬垫，或者使电缆敷设成波浪状且留有伸缩装置。

8. 其他场所的电缆敷设

在有行人通过的地坪、堤坝、桥面、地下商业设施的路面，以及通行的隧洞中时，电缆不得裸露敷设于地坪上或楼梯走道上。在工厂和建筑物的风道中，严禁电缆敞露式敷设。

二、35kV 及以上电缆线路敷设的要求

相比于 35kV 以下电缆线路，35kV 及以上电压等级的电缆由于运行电压高，且一般为单芯电缆，还存在电磁干扰、感应电压，以及弯曲半径等需要注意的问题。

电缆传输电流时，类似于架空导线输电产生相应的电磁辐射。当多条电缆并行敷设时，它们之间的电磁辐射可能相互干扰，甚至对附近控制电缆产生电磁干扰，影响通信信号的稳定传输。此外，如果电缆的绝缘层质量不佳，还可能加剧电磁辐射和干扰的问题。

当 35kV 及以上电压等级电缆与控制电缆或低压电缆平行敷设时，会在控制电缆、低压电缆导体上产生纵向感应电压。在正常情况下该感应电压很小，但当发生接地故障时，故障电流不仅具有正序和负序分量，还有零序分量，从而将加大感应电压。而控制电缆工频试验电压一般为 2kV 或 2.5kV、低压电缆一般为 3.5kV，事故电流下感应电压大于以上数值，容易造成该类电缆的绝缘产生损坏。因此，在实际工程中需与110kV及以上电压等级电缆平行敷设的控制电缆，较常规控制电缆的绝缘水平高，工频试验电压通常为6、8、12kV和15kV电压等级。

35kV及以上电压等级电缆对电缆绝缘要求较高。为确保电缆绝缘完好，在安装电缆时，无论在垂直、水平转向部位或电缆热伸缩部位，以及蛇形弧部位的弯曲半径均不得小于表4-2所规定的弯曲半径。

表4-2　　　　　　　35～500kV电缆敷设允许的最小弯曲半径

电缆类型	电缆等级/kV	允许最小弯曲半径	
		单芯	三芯
交联聚乙烯绝缘电缆（XLPE）	35～220	20D	15D
	330	20D	
	500	20D（安装时） 15D（安装时）	

注　D表示电缆外径。

35kV及以上电压等级电缆可采用直埋敷设、电缆沟及电缆隧道敷设、排管敷设、电缆架空桥架敷设、垂直敷设和水底敷设多种方式，其适用场合、优缺点的对比见表4-3。

表4-3　　　　　　　　各种敷设方式对比

敷设方式	适用场合	优点	缺点
直埋敷设	不需要经常检修、维护，且不容易遭到外界破坏的电缆线路	施工简单、节省投资	运行中出现故障排查和检修维护较困难
电缆沟及电缆隧道敷设	需要经常检修、维护的电缆线路	运行维护方便，发生故障时便于及时排查和抢修更换	投资成本较高，运行出现故障时容易影响共用电缆线路
电缆排管敷设	不需要经常检修、维护，且容易遭到外界破坏的电缆线路	相对电缆沟及电缆隧道较节省投资	电缆散热性较差，一般是电缆线路载流量控制瓶颈
电缆架空桥架敷设	穿河沟、深坑等不具备地下敷设条件的电缆线路	运行维护方便，通道不容易受限制，散热情况较好	容易遭受破坏，危险性相对于地下敷设更大
电缆垂直敷设	高落差电缆线路		
水（海）底敷设	水（海）底电缆线路		

第二节　电缆的供货包装与运输

一、电缆的供货包装

通常情况下，两端封闭的电缆是卷绕在木制电缆盘上供货的。当电缆工程的设计要求长度远超过通常的供货长度范围时，可采用钢制电缆盘，以满足供货运输和电缆施工对电缆盘强度的要求，电缆卷绕在电缆盘上的质量不得超过电缆盘的最大荷重能力。

电缆盘，也称储缆盘，一般由两个侧板和一个筒体焊接而成，有的还需要在里面加两个轴套和一个导管。常用电缆盘有全木盘、全钢盘、型钢复合盘具，以及塑料树脂盘具等。一般以类别、系列、结构、规格尺寸（侧板直径×筒径×外宽）来表示电缆盘的型号，如 PL/1500×250×375 型表示：全木结构电缆盘，侧板直径 1500mm，筒径 250mm，外宽 375mm。一般来说，大型电缆盘直径超过 1m，有的甚至 5m 以上。

电缆盘的尺寸和类型，取决于电缆类型和工程中所需的长度。对于重要工程用电缆或出口电缆，电缆盘开档内都钉有防护封板，防护封板应紧贴电缆包固定，以保证运输时电缆盘受到撞击，防护封板可起到较好的防护作用。电缆盘芯表面的弧度应满足电缆弯曲要求，电缆的内外两端应予以固定，电缆两端头密封帽应完好，电缆盘上的出厂标志牌应完好，标志牌中相关数据应完整、清晰。

二、电缆的运输与装卸

1. 电缆盘的运输

电缆在运输和装卸过程中，应规范手段和操作方法，保障电缆在运输与装卸过程的安全，防止电缆受到外力损害。根据现行国家标准 GB 50168—2018《电气装置安装工程电缆线路施工及验收标准》及 DL/T 453—1991《高压充油电缆施工工艺规程》规定，500kV 及以下电力电缆的运输与保管的一般要求如下。

（1）在车辆、船舶等运输工具上，电缆盘因纵横交错排放，电缆盘必须放稳，两侧用钢丝绳牢固固定在运输车辆上，并在电缆盘底部用三角楔塞好，防止运输时电缆盘晃动、互撞或翻倒。

例如，一个电缆盘绕有长 500m 电压等级为 330kV 的充油电缆，其直径约 4m，质量约 20t。该大型电缆盘在运输时，应注意选择公路运输；若采用载重汽车运输，应注意汽车高度符合交通道路上桥梁、涵洞等的高度限制；若超过限制时，可采用专用拖车，以降低运输高度。电缆线盘运输如图 4-1 所示。

(a) 大型平板车运输　　　　　　　　　　(b) 专用电缆拖动装置运输

图 4-1　电缆线盘运输

一般质量级的电缆盘，除用汽车运输外，也可用拖车（见图 4-2）运输。拖车不仅有利于运输，也方便电缆的敷放。

(a) 双稳机电缆拖车　　　　　　　　　　(b) 液压折叠电缆拖车

图 4-2　电缆拖车

（2）充油电缆按 GB/T 18890.1—2015《额定电压 220kV（U_m＝252kV）交联聚乙烯绝缘电力电缆及其附件　第 1 部分：试验方法和要求》要求进行生产验收、外观检查，出厂前应将电缆盘包装好，以保证运输安全。充油电缆在运输时还应配专人监护，充油电缆盘不得平放运输；电缆盘及盘上附件应完好无损，电缆与压力箱间的油管应固定，电缆及其封端应无漏油迹象；压力箱应符合电缆油压变化的要求，经常保持一定的油压，以防止空气和水分侵入。

（3）运输车上的电缆盘除要求垫塞牢固外，还应防止太阳光直接照射。因为电缆的外护层为黑色，阳光照射会使电缆温度升高，从而使电缆的油压升高；若电缆端头的铅护套保护不好，会使端头铅套破裂漏油。

2. 电缆盘的装卸

一般采用吊车来装卸电缆盘（见图 4-3），但严禁几盘同时装卸，因为几盘起吊会导致电缆受力不均，重心不稳，容易发生滑脱和翻落。

图 4-3　吊车装卸电缆盘

吊装时，也不得磕碰、吊斜，起吊点要正确，要轻吊轻放。电缆盘（不论有无托架）放置的位置应整平，且不得有大于 5°的斜面，电缆盘与盘之间的距离不小于 2m。卸车时如果没有起重设备，严禁将电缆盘从运输车上直接推下；大型电缆盘需要用起重机械或三脚架手动葫芦卸车；较小型电缆盘（或盘上只装少量电缆）可以用木板搭成斜坡，用绳子或绞车拉住电缆盘，沿斜坡慢慢滚下，防止电缆盘滚动时遭受机械损伤。

电缆盘侧板上标有电缆盘滚动方向或牵引头拉出方向的箭头。电缆盘在地面上滚动时必须控制在小距离范围内，滚动的方向必须按照电缆盘侧面上的箭头方向（顺着电缆的缠紧方向），反向滚动会使电缆退绕而松散、脱落。电缆盘平卧运输会使电缆缠绕松脱，造成电缆与电缆盘损坏，这是不允许的。

电缆盘拆包装时，先拆除托架，然后由上而下、从外向里进行拆包，要注意拆外包铁皮时不要碰伤电缆，拆包时尽量避免大风大雨天气。拆包之后应先做护套耐压试验，以确认护套绝缘性能无问题。

海底电缆因制造长度较长（以便减少接头），其包装也不同于其他电缆。一般将电缆盘绕于一个储缆盘或回转台上，以备装运到敷缆船，由敷缆船将电缆运到敷设地区。敷缆船是专门为敷设电缆而设计和建造的，船上必须备有龙门吊、绞缆轴、充油系统等设施，但也可用其他专门为敷设电缆而附加机械设备的船舶。

30m 以下的短段电缆，一般按不小于电缆允许的最小弯曲半径卷成圈子，至少捆紧 4 处后搬运。

三、电缆及其附件的保管及储存

电缆及其附件运到工地后，一般都要运到仓库存放保管，其存放和保管时间有时会较长。该期间必须妥善保管，以免造成损伤，影响使用。根据 GB 50168—2006 规定，电缆及其附件的保管和储存应注意以下几点。

(1) 电缆应储存在干燥的地方，有搭盖的遮棚，电缆盘下应放置枕垫，以免陷入泥土中。电缆盘不得平卧放置。

(2) 对充油电缆的备品，还应定期检查其油压是否在规定范围内和有无渗漏现象。DL/T 453—1991 规定，存放过程中应定期检查电缆及附件是否完好，油压是否正常，有无漏油现象，并做好记录；如存放时间较长，可加装油压报警装置，防止油压降至最低值，如电缆油压力降至零或出现负压，电缆内易吸进空气和潮气。失压进气后，严禁滚动电缆盘，以免空气和水分在电缆内窜动。由于充油电缆的油压随环境温度的升降而增减，在存放时应使压力箱内的油有一定的容量，以保证电缆在环境最低温度时，其油压不低于 0.05MPa。

(3) 运行中各级电压的电缆和附件一般均备有事故备品，以便满足一次事故后替换损坏电缆和附件的需要，其数量应考虑节约资金和根据以往运行经验决定。有的备品可由电缆网络中的指定机构集中储备。

(4) 电缆线路有部分通过桥梁或者排管者，应各有一段事故备品。其长度应能够跨越整个桥梁和排管的距离。

(5) 水底电缆因检修困难，修复时间较长，故允许将事故备用电缆事先和电缆线路平行敷设。一般陆地上电缆线路不应事先敷设一条（或一相）备用电缆。

(6) 各电缆运行部门应制订有关事故备品的管理办法。动用事故备品应根据事故备品管理办法执行。

除执行上述规定外，还应考虑以下问题：

(1) 为了防止电缆终端头及中间接头使用的绝缘附件和材料受潮、变质，应将其存放在干燥室内。存放的充油电缆绝缘纸卷筒，密封性应良好。

(2) 防火涂料、包带等防火材料，应根据材料性能和保管要求储存和保管；施工单位一定要严格按厂家的产品技术性能要求（包装、温度、时间、环境等）保管、存放，否则会使材料失效、报废。

（3）电缆在保管期间，应定期滚动（夏季 3 个月一次，其他季节可酌情延期）。滚动时，将向下存放盘边滚翻朝上，以免底面受潮腐烂。存放时还应经常注意电缆封头是否完好无损。

（4）电缆储存期限从产品出厂期算起，一般不宜超过一年半，最长不超过两年。

四、电缆的质量检查

电缆的成型要经过许多复杂制造工艺，各工序有时难免出现一些问题。这些问题不一定会在生产过程及出厂试验时被发现。因此，安装使用中有必要对所选用电缆做质量检查，以保证电缆能可靠地运行。

电缆物理性能的检查方法，通常是从待敷设的整盘电缆的末端割下一段样品，从最外层开始至电缆线芯逐层进行剖验。

1. 电缆外护套的质量检查

在被检样品的某个截面的相互垂直的两个方向用游标卡尺测量其外径，取其平均值，以此确定是否符合国家有关标准 GB/T 3048.3—2007《电线电缆电性能试验方法 第 3 部分：半导电橡塑材料体积电阻率试验》要求；外被层麻被的相互黏结是否均匀一致；铠装层的钢带是否平直、无裂缝和凸缘；外层钢带是否盖严；内层钢带的绕包是否缠绕紧密，有无滑动现象。有钢丝铠装结构的电缆，测量其直径、层数、每层根数和包绕方向等都必须符合 GB/T 3082—2020《铠装电缆用热镀锌及锌铝合金镀层低碳钢丝》规定，内衬层的检查方法与外被层相同。内衬层在金属护套上应黏结紧密，无皱褶或降起问题。

2. 金属护套的质量检查

先把金属护套烘热并用汽油棉纱将其表面擦净，用肉眼观察金属护套表面是否光滑、有无混杂的颗粒、氧化物、气孔和裂缝等，并在待检电缆护套圆周上确定均匀分布的 5 个点，测量护套外径取其平均值。在电缆 150mm 处将护套割断拔下，并剪开平在光滑的钢板上展开轻轻敲平，在其最薄部分测量 3 处，查验最小厚度。另外，在护套的圆周方向等距离测量 5 个点的厚度，取其平均值确定最大厚度。所测厚度应符合国家的标称厚度规定：如各种分相铅包电缆，铅护套度为 1.15～2.5mm；有铠装层（或麻被）保护的电缆，铅护套度为 1.05～1.95mm。将护套端直径扩张至原有直径的数倍（铅护套为 1.5 倍，合金铅护套为 1.3 倍），检查扩张端口，应无裂痕和断裂现象。

3. 绝缘层的质量检查

被检查电缆外表的纸带应包缠整齐坚固，无凹陷、皱褶、裂口、擦伤等；浸渍油不应有结晶和受潮现象。

用千分尺直接测量绝缘层的厚度、外径，数纸层数量及测量每层绝缘的厚度、宽度，检查缠绕方向及包缠方式等，均应符合制造厂家的规定。

纸带重合间隙是指绝缘纸在不少于一个节距长度内的间隙，当不被它的上一层绝缘纸遮盖住，即为一个重合间隙。电压在 6kV 及以上的电缆不允许有超过三层以上的纸带重合间隙。

4. 导电线芯的质量检查

电缆的导电线芯应平整光滑，无倒刺、卷转、擦伤等问题，线芯表面无过多的氧化现象。导电线芯截面积应符合电缆额定载流量、热稳定电流、允许电压降、经济电流密度等指标的要求。

对于多芯扇形线芯断面，应做对称性检查，如图 4-4 所示。检查结果符合下列要求：①扇形短轴通过电缆的几何中心，其歪曲角不超过 10°～15°；②线芯形状和结构与制造厂家提供的规格相符。

5. 潮气的检测

电缆潮气的检测可采用油检法和火检法。

（1）油检法。撕去电缆末端一段纸浸入 140～150℃的电缆油中，若有泡沫出现，说明有潮气、严重受潮，要处理潮气；可割掉 300～500mm 长的电缆后，再次进行潮气试验，直到切割到没有潮气现象为止。

（2）火检法。用火点燃撕下的绝缘纸条，如果有"噼噼"声音或出现白泡沫，表明绝缘受潮，处理方法同油检法。

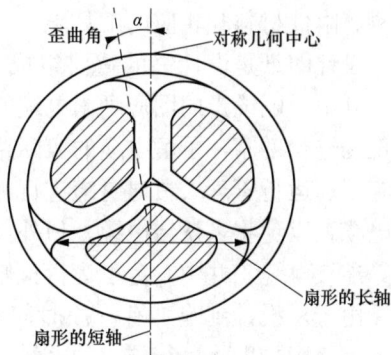

图 4-4　三芯扇形电缆对称性检查

除上述检测方法外，利用绝缘电阻试验，可发现电缆绝缘整体受潮或贯通性的缺陷，即通过吸收比试验，电缆绝缘受潮程度能明显检测出来。

第三节　电缆敷设的施工技术

敷设电缆时，可根据敷设的位置分为陆地敷设、海底（水下）敷设和悬挂（架空型）敷设这三种，下面主要介绍前两种。

一、陆地敷设

对于比较复杂的电缆路径，由于环境条件的限制，如何安全、可靠地敷设，选择好敷设的起讫端在电缆线路施工设计中是一个极其重要的环节。起讫端选择的一般原则如下。

1. 尽可能减少敷设牵引力

电缆敷设应从较高端向较低端敷设，以便减少敷设牵引力，同时对于截断多余的电缆也有利。在坡降较大或竖井中敷设电缆时，可在高的一端向下滑放而不牵引。

2. 采用一端向另一端敷设牵引

当电缆敷设牵引施工选择一端向另一端敷设时，须考虑宽阔且运输方便的敷设场地作为敷设起点。这个原则有可能成为首选选择条件，这是因为在运输电缆盘时一般采用平板拖车装运，这就要求被牵引的首端场地有放置电缆和车辆的回旋余地。

3. 避免电缆在敷设时受损

根据电缆线路设计要求的最小计算牵引力和侧压力选择起讫点，以保证电缆在敷设时不受损伤。

4. 尽量将电缆盘靠近电缆敷设就位点

电缆盘的放盘位置应尽量靠近电缆敷设就位的地方，以便减少电缆出盘后的牵引距离。另外，对于电缆路线路径较复杂的"咽喉"段，宜靠近敷设的终点。

在选择电缆的敷设路径后，应编制设计书。

设计书由设计部门完成，它是施工的依据。设计书由封面、目录、说明、设计图纸、材料表共五个部分组成。封面包括工程的名称、账号、设计的部门和日期等。目录是按次序列出设计书的全部内容，以便查找设计书的相关内容。说明是叙述工程的一些具体事项和要求，例如，工程中需新放或替换电缆的线路名称和数量，需要制作的电缆附件的类型、数量和编号，替换下的电缆的处理（就地停运或拆除带回）等。施工人员应仔细阅读设计说明，并按要求施工。材料表则包括电缆材料表、电缆支架材料表。施工部门根据材料表准备电缆材料、附件材料和相应的工具。

设计图纸是设计书的重要组成部分，包括电缆走向图、电缆线路剖面图、电缆支架图等，其中，电缆走向图应画出电缆的敷设路径。对施工人员来说，应在施工前按电缆走向图到现场进行勘察，了解电缆的实际路径。电缆线路剖面图应给出平行敷设的电缆的剖面，以便施工、运行管理人员对电缆进行区分，并且在施工中应严格按照设计书规定的剖面位置敷设电缆，以免将来认错电缆。另外，在某些场所，如变电站电缆夹层、电缆隧道、排管进出口等连接电缆工井中，为了运行检修及维护方便，常设计电缆支架以支撑电缆。

由于从设计到施工有一段时间差，在这期间施工环境可能有所变化，甚至会有很大变化，这将影响即将进行施工的电缆路径。为了确保施工的合理性和准确性，施工单位的技术部门必须在施工前首先对设计图纸进行详细审校，确认无误后再交到施工班组，有条件的还应向施工人员进行技术交底、布置等工作，最后才由施工人员进行施工。在施工过程中，一旦发现问题，应立即停止施工，并向主管技术的部门反映，并会同运行单位，经研究决定后再继续施工。如果问题较大，影响面较广，则必须与设计、运行单位共同研究，并由设计部门发出设计变更通知，然后按变更后的设计图纸继续施工。

进行电缆敷设的必须严格按图 4-5 所示的程序进行。

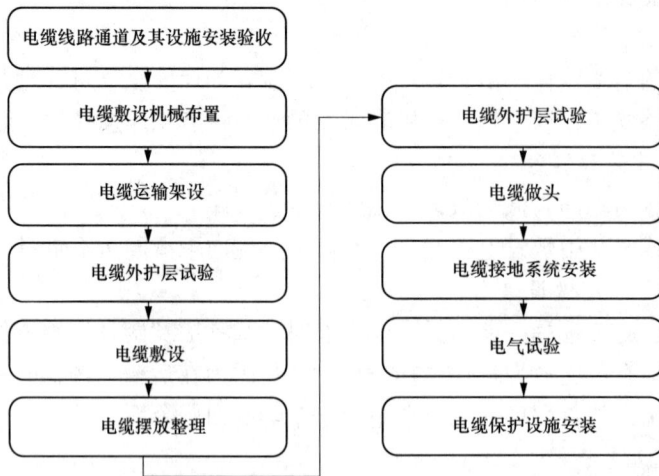

图 4-5　电缆敷设施工作业程序

二、海底（水下）敷设

广阔的海底、江底和河底并不是每处都适合敷设电缆，确定海底（水下）电缆路径比确定陆地电缆路径复杂得多。因此，海底（水下）电缆路径的选择要周密考虑，应满足电缆不易受机械性损伤，能实施可靠防护，敷设作业方便、经济合理等要求。

海底（水下）电缆宜敷设在河床稳定、流速较缓、岸边不易被冲刷、海底无石山或沉船等障碍、少有沉锚和拖网渔船活动的水域。电缆不宜敷设在码头、渡口、水工构筑物附近，且不宜敷设在疏浚挖泥区和规划筑港地带。海底（水下）电缆不得悬空于水中，应埋置于水底。在通航水道等需防范外部机械力损伤的水域，电缆应埋置于水底适当深度的沟槽中，并应加以稳固覆盖保护；浅水区埋深不宜小于0.5m，深水航道的埋深不宜小于2m。海底（水下）电缆严禁交叉、重叠，相邻的电缆应保持足够的安全间距。

海底（水下）电缆埋设与陆地敷设的施工方法基本相同，主要包括电缆路由勘查清理、海底电缆敷设和冲埋保护三个阶段。海底电缆敷设时通过控制敷设船的航行速度、电缆释放速度以控制电缆的入水角度和敷设张力，避免由于弯曲半径过小或张力过大而损伤电缆。在施工的最后阶段，主要是对电缆进行深埋保护，减小复杂的海洋环境对电缆的影响，保证运行安全。

水下埋设电缆分为人工埋深和机械埋深两种方法。浅滩以上地段部分的埋设，通常由人工开挖或机械开挖沟槽，然后置入电缆，填上细沙，盖上水泥盖板或套上关节套管，再回填土。埋设深度一般为1.5m，水域内可由潜水员持高压水枪沿电缆冲埋。若用水下机械埋设电缆，则开挖深度可达3m，甚至更深。水域内电缆上部的回填土一般为自然回填。对电缆设计路径上存在少量基岩、孤石处的埋设，一般应在电缆敷设前，由潜水员钻孔、填炸药爆破清渣，或浇注水下混凝土保护电缆。

图4-6所示为某海底电缆敷设施工，首先在浅滩段敷设时，电缆敷设船停在距离海岸4.5km的地方，从船尾"吐"出海缆，将其放置在由汽车内胎充当的浮包上，再通过岸上的牵引机牵引上岸，电缆上岸后拆除浮包，使电缆自然下沉至海底预定的电缆路由上。上岸敷设时，电缆敷设船距海岸大约1km时开始电缆牵引上岸。电缆到达岸边后，使用陆地牵引机牵引至终端站内。

图4-6　某海底电缆捆绑在浮包上漂浮（牵引敷设）的实景图

三、电缆敷设的力学特性

1. 牵引力

怎样牵引、牵引力多大等是敷设电缆线路前首先需要考虑的事项。也就是在施工前，需要尽可能地作精密的牵引力计算，定出牵引机具的容量和数量，以防施工时由于不恰当的牵引力或侧压力损坏电缆。电缆线路的装置虽然不尽相同，但计算牵引力时，可将全长电缆线路分成直线段、上倾斜段、下倾斜段、上弯曲段和下弯曲段等类型，累计逐段计算牵引力，可得各段相应的牵引力和总的牵引力，分析牵引力和侧压力的允许值，作出是否需要增添或调整牵引机具或者更改牵引方式。

牵引力的计算如下。

（1）水平直线牵引示意如图 4-7 所示，计算式：

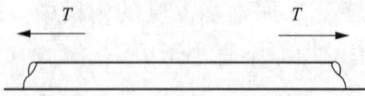

$$T = \mu WL \tag{3-1}$$

式中　μ——电缆与管道间的动摩擦系数；
　　　W——电缆单位长度的质量，kg/m；
　　　L——电缆长度，m。

图 4-7　水平直线牵引示意

（2）倾斜直线牵引。倾斜直线牵引示意如图 4-8 所示。计算式：

$$T_1 = WL(\mu\cos\theta_1 + \sin\theta_1) \tag{3-2}$$

$$T_2 = WL(\mu\cos\theta_1 - \sin\theta_1) \tag{3-3}$$

式中　θ_1——电缆作直线倾斜牵引时的倾斜角，rad。

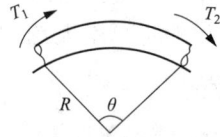

（3）水平弯曲牵引示意如图 4-9 所示，其计算式（简易算式）：

$$T_2 = T_1 e^{\mu\theta} \tag{3-4}$$

式中　T_1——弯曲前的牵引力，N；
　　　T_2——弯曲后的牵引力，N；
　　　θ——弯曲部分的圆心角，rad。

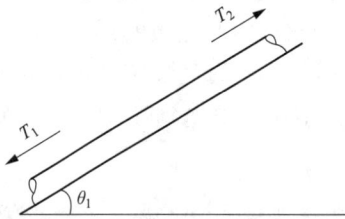

图 4-8　倾斜直线牵引示意　　　　图 4-9　水平弯曲牵引示意图

（4）垂直弯曲牵引凸曲面示意如图 4-10 所示，计算式为

$$T_2 = \frac{WR}{1+\mu^2}[(1-\mu^2)\sin\theta + 2\mu(e^{\mu\theta}-\cos\theta)] + T_1 e^{\mu\theta} \tag{3-5}$$

$$T_2 = \frac{WR}{1+\mu^2}[2\mu\sin\theta - (1-\mu^2)\times(e^{\mu\theta}-\cos\theta)] + T_1 e^{\mu\theta} \tag{3-6}$$

式中　R——电缆弯曲半径，m。

（5）垂直弯曲牵引凹曲面示意如图 4-11 所示，计算式为

$$T_2 = T_1 e^{\mu\theta} - \frac{WR}{1+\mu^2}[(1-\mu^2)\sin\theta + 2\mu(e^{\mu\theta}-\cos\theta)] \tag{3-7}$$

$$T_2 = T_1 e^{\mu\theta} - \frac{WR}{1+\mu^2}[2\mu\sin\theta - (1-\mu^2)\times(e^{\mu\theta}-\cos\theta)] \tag{3-8}$$

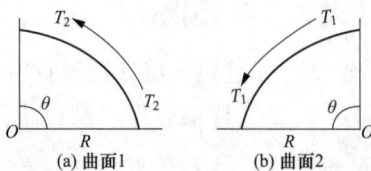

图 4-10　垂直弯曲牵引凸曲面示意　　　　图 4-11　垂直弯曲牵引凹曲面示意

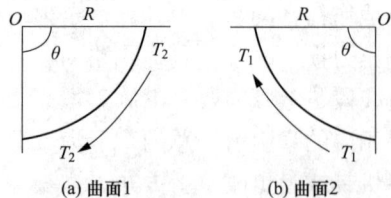

（6）倾斜面上垂直牵引凸曲面示意如图 4-12 所示，计算式为

$$T_2 = T_1 e^{\mu\theta} + \frac{WR\sin\alpha}{1+\mu^2}[(1-\mu^2)\sin\theta + 2\mu(e^{\mu\theta}-\cos\theta)] \tag{3-9}$$

$$T_2 = T_1 e^{\mu\theta} + \frac{WR\sin\alpha}{1+\mu^2}[(1-\mu^2)(\cos\theta - e^{\mu\theta}) - 2\mu\sin\theta] \tag{3-10}$$

式中　α——电缆弯曲部分的倾斜角，rad。

（7）倾斜面上垂直牵引凹曲面示意如图 4-13 所示，计算式为

$$T_2 = T_1 e^{\mu\theta} + \frac{WR\sin\alpha}{1+\mu^2}[-(1-\mu^2)\sin\theta + 2\mu(\cos\theta - e^{\mu\theta})] \tag{3-11}$$

$$T_2 = T_1 e^{\mu\theta} - \frac{WR\sin\alpha}{1+\mu^2}[(1+\mu^2)(\cos\theta - e^{\mu\theta}) + 2\mu\sin\theta] \tag{3-12}$$

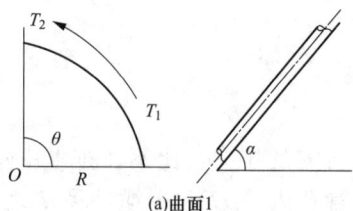

(a)曲面1

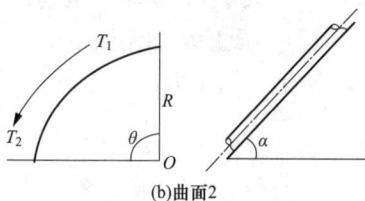

(b)曲面2

图 4-12　倾斜面上垂直牵引凸曲面示意

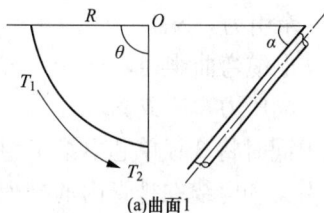

(a)曲面1

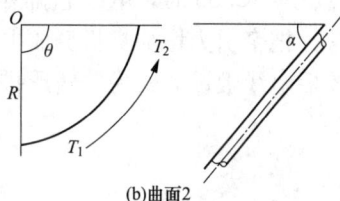

(b)曲面2

图 4-13　倾斜面上垂直牵引凹曲面示意

电缆的最大允许牵引力原则上按电缆受力材料抗张强度的 25％计算，即抗张强度乘以材料的截断面积为最大牵引力。电缆的最大允许牵引力随牵引方法的不同而不同，通常电缆最大允许牵引力的计算式为

$$T_m = K\delta nS \tag{3-13}$$

式中　K——校正系数，电力电缆 $K=1$，控制电缆 $K=0.6$；

　　　δ——导体允许抗拉强度，见表 4-4，N/mm^2；

　　　S——电缆的剖截面面积，mm^2；

　　　n——电缆线芯数。

表 4-4　　　　　　　　　　　　导体允许抗拉强度表

牵引方式	牵引头		钢丝网套		
受力部位	钢芯	铝芯	铅套	铝套	塑料护套
允许牵引强度/(N/mm²)	70	40	10	20	7

但导体如采用空心结构，如单芯充油电缆，为了不使空心结构变形，导体剖截面面积大

于 400mm² 时，其最大允许牵引力以小于 27kN 为宜。橡塑电缆的主绝缘外面通常都有一层聚氯乙烯外护套，虽然主绝缘的允许牵引强度比外护套小，但后者的截面积和主绝缘截面积相比，比例较大；此外，橡塑材料不如金属材料容易发生永久变形，因此可以全部采用 7N/mm² 作允许牵引强度。

牵引力同时作用在电缆的不同材料时，允许值只计算其牵引强度较大的材料的截面积。装有牵引端时允许拉力只计算导体允许张力。

2. 侧压力

牵引直埋电缆时，往往用弧形板使电缆按规定形状弯曲，排管电缆与钢管电缆在线路弯曲时，弯曲的内壁上电缆受到牵引力分量的侧压力。

单孔单根电缆的侧压力：

$$P = \frac{T}{R} \tag{3-14}$$

式中　T——牵引力，N；

　　　R——电缆弯曲半径，m；

　　　P——侧压力，N 或 N/m。

在排管中同时将 3 根单芯电缆牵引到同一孔内时所需的拉力，比不在排管中牵引时大。所增加的牵引力和电缆在排管内的排列方式有关，当管孔内径 D 和电缆外径 d 之比的比值大于 2.31 或小于 2.85 时，电缆芯排列成三角形；如果比值大于 3.15 时，电缆芯排列成摇篮形。通常，把牵引力增加都折算成电缆质量的增加，这称为质量增加系数 K。

单孔 3 根电缆敷设方式为三角形排列示意如图 4-14 所示，侧压力：

$$P = \frac{TK_1}{2R} \tag{3-15}$$

$$K_1 = \frac{1}{\sqrt{1-\left(\dfrac{d}{D-d}\right)^2}} \tag{3-16}$$

式中　D——管道内径，m；

　　　d——电缆外径，m。

单孔 3 根电缆敷设方式为摇篮形排列示意如图 4-15 所示，侧压力：

$$P = \frac{(3K_2-2)T}{3R} \tag{3-17}$$

$$K_2 = 1 + \frac{4}{3}\left(\frac{d}{D-d}\right)^2 \tag{3-18}$$

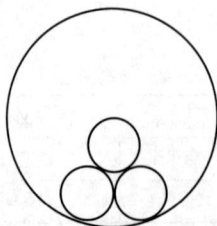

图 4-14　三角形排列示意　　　　　图 4-15　摇篮形排列示意

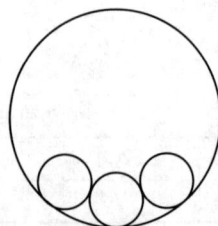

电缆在弯曲牵引时，用滑轮代替弧形板在实际施工中更实用，如图 4-16 所示。因此计算每只滑轮上的侧压力后可得出弯曲处需放置的滑轮数。

滑轮上的侧压力：

$$P_1 = 2T\sin\frac{\theta}{2} \qquad (3-19)$$

弯曲部位用圆弧滑板敷设，侧压力为

$$P_2 = \frac{T}{R} \qquad (3-20)$$

式中　P_1——用滚轮时的侧压力，N；
　　　P_2——用圆弧滑板时的侧压力，N/m；
　　　T——牵引力，N；
　　　θ——弯曲角，rad；
　　　R——弯曲半径，m。

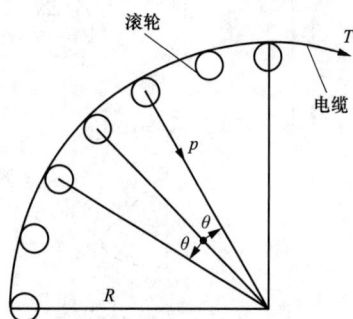

图 4-16　排管外滚轮示意

电缆护层最大允许侧压力见表 4-5。

最大允许侧压力分为滑动允许值和滚动允许值，前者适用于弯曲部分采用弧形板并涂抹润滑油或钢管电缆、排管电缆，后者用于角尺滚轮。最大侧压力允许值见表 4-5。

表 4-5　　　　　　　　　　　　　最 大 侧 压 力 允 许 值

电缆种类	滑动/(kN/m)	滚动（每只滚轮）/kN
铅套	3	0.5
波纹铝套	3	2
无金属套橡塑电缆	3	1
钢管电缆	7	

3. 允许最小弯曲半径

各种电缆的允许最小弯曲半径，包括排管和钢管电缆见表 4-6。

表 4-6　　　　　　　　　　　　电缆的允许最小弯曲半径

电缆种类	允许最小弯曲半径		
	单芯	多芯	牵引入管孔内
≥110kV 油纸绝缘和橡塑绝缘	20D		
≤35kV 油纸绝缘		15D	35D
≤35kV 橡塑绝缘	10D	8D	

4. 电缆敷设的力学计算

用电缆线路的全长定出每盘电缆的起始点和终点的位置，然后将每盘电缆的路径分成各种类型的基本段，如水平直线牵引、水平弯曲牵引、垂直提升牵引等。因为电缆线路的牵引力与侧压力和牵引方向有关，为了减少重复的烦琐计算，以便得出最小的牵引力和侧压力，宜将各种计算式事先编入计算机程序，然后按不同方向牵引计算，比较计算结果，定出合适的牵引方向。

【例 4-1】　图 4-17 所示的电缆线路，电缆的质量为 32kg/m，电缆线芯的铜芯截面积为

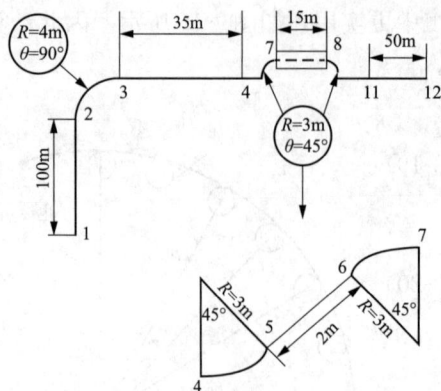

图 4-17　电缆线路示意

845mm²。在敷设路径上除了第 7～第 8 处必须穿越 5m 长的塑料导管，其余部分均可将电缆放在滚轮上牵引。在弯曲 90°处放置 4 只垂直滚轮，在弯曲 45°处放置 3 只垂直滚轮。试求：电缆放在位置 1 和 12 时，总的牵引力和各弯曲处的侧压力为多少？

解：先假设电缆盘放在位置 1，各基本段的牵引力和侧压力见表 4-7。再假设电缆盘放在位置 12，各基本段的牵引力和侧压力见表 4-8。

从表 4-7 和表 4-8 中可知，电缆盘放在位置 12 比放在位置 1 时，不论总的牵引力，还是平均侧压力均要小一些，但仍都超过了允许值。因此必须改变牵引方式，如绑扎钢丝绳牵引或采用履带牵引机、电动滚轮，以降低牵引力。

表 4-7　　　　　　　　　　**电缆从 1 处牵引到 12 处累计牵引力与侧压力**

基本段	直线距离/m	弯曲半径/m	弯曲角/rad	滚轮只数	累计牵引力/kN	侧压力/kN
电缆盘①→1	100				10.98	
2→3		4	$\pi/2$	4	15.03	7.86
3→4	35				17.23	
4→5		3	$\pi/4$	3	20.15	7.90
5→6	2				20.27	
6→7		3	$\pi/4$	3	23.71	9.31
7→8②	16				25.50	
8→9		3	$\pi/4$	3	29.94	11.75
9→10	2				30.06	
10→11		3	$\pi/4$	3	35.17	13.81
11→12	50				38.30	

注　①电缆盘摩擦力作 15m 的电缆质量。

　　②摩擦系数为 0.4，其余段为 0.2。

表 4-8　　　　　　　　　　**电缆从 12 处牵引到 1 处累计牵引力与侧压力**

基本段	直线距离/m	弯曲半径/m	弯曲角/rad	滚轮只数	累计牵引力/kN	侧压力/kN
电缆盘①→11	50				7.85	
11→10		3	$\pi/4$	3	9.18	3.60
10→9	2				9.30	
9→8		3	$\pi/4$	3	10.88	4.27
8→7②	16				12.76	
7→6		3	$\pi/4$	3	14.93	5.85
6→5	2				15.04	
5→4		3	$\pi/4$	3	17.59	6.90
4→3	35				19.79	
3→2		4	$\pi/2$	4	27.09	14.18
2→1	100				33.36	

注　①电缆盘摩擦力作 15m 的电缆质量。

　　②摩擦系数为 0.4，其余段为 0.2。

第四节 地 下 直 埋 敷 设

一、直埋敷设

直埋敷设是把电缆放入开挖好的壕沟内，沿线在电缆上铺设一定厚度的砂土或细土后，盖上预制钢筋混凝土保护板，最后回填土，夯实与地面齐平的敷设方式。直埋敷设具有节省投资的优点，是一种被广泛采用的敷设方式，通常用在电缆线路不太密集和交通不太拥挤的城市地下走廊，其一般形式的典型断面示意如图 4-18 所示。

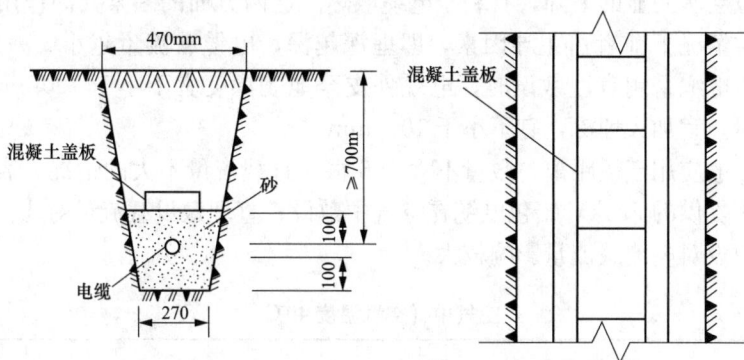

图 4-18 电缆直埋敷设典型断面示意 1

从实践来看，在各种敷设方式中，直埋电缆最容易受到外力破坏，因此也有采用图 4-19 的方式来增加对直埋电缆的保护。

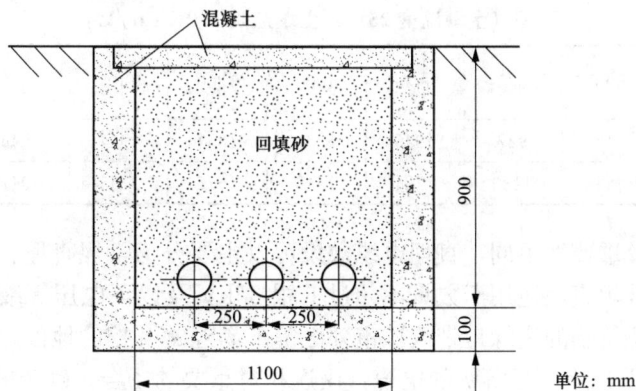

图 4-19 电缆直埋敷设典型断面示意 2

图 4-19 中直埋于地下的电缆应在其上下铺设一定厚度的细土或黄砂。为防电缆径向膨胀，直埋敷设时需注意将电缆周围的回填土、砂均匀压实，否则在热机械力的作用下，电缆 PVC 护套将会产生凸起变形。如某工程对地下直埋的 132kV、$1 \times 800 \text{mm}^2$ 的电缆做了 6 次热循环试验后，进行外观检查时发现 PVC 护套产生凸起变形，就是由于在 PVC 护套凸起的地方回填土未被压实所致。

按照上述要求对回填土、砂进行压实处理后，直埋的电缆相当于全长做刚性固定，沿线无法产生位移。在热机械力的作用下，电缆导体在线路的两个末端产生很大的推力，引起末端位移，从而对电缆附件的安全构成极大威胁。因此采用直埋方式敷设的电缆应在终端头或接头处附近，以及电缆的转变处将电缆敷设成波浪形以留出一定的裕度，尽量减少线芯的热胀冷缩对终端头或接头处的推力。在直埋转为电缆大厅或工井的出口处做挠性固定，电缆终端处需做刚性固定，以保护终端头的安全。

　　为了保护埋设于地下的电缆，减少或防止外力对其造成损伤，采用直埋敷设方式的电缆要求具有一定的埋深。该埋深会对电缆的载流量造成影响。一方面随着埋深的加大，电缆散热需经过的土壤增加，其热阻加大，不利于电缆散热；另一方面随着埋深加大，电缆线路周围的土壤温度也会有明显的下降，有利于电缆散热。这两方面的因素共同作用，影响电缆的载流量。但通常情况下前者占主导因素，即埋深越深，电缆载流量越小。一般来说，35kV及以上电压等级电缆采用直埋敷设时，电缆外皮至地表深度宜不小于 700mm；当位于行车道或耕地下方时，宜加大埋深，宜不小于 1000mm。

　　直埋敷设一般应用于短距离、数量不大于 6 根，且载流量不大的情况。表 4-9 和表 4-10 为某大型电缆厂提供的 220kV 铅包电缆在空气中敷设、直埋敷设载流量对比。相比于在空气中敷设，直埋敷设对电缆载流量影响较大。

表 4-9　　　　　　　　　　　　　空气中（空气温度 40℃）

导体截面/mm²	400	500	630	800	1000	1200	1400	1600	2000	2500
平行	831	964	1119	1284	1556	1695	1848	1994	2251	2482
品型	824	951	1097	1248	1511	1634	1767	1889	2100	2275

表 4-10　　　　　　　　直埋（土壤温度 25℃、土壤热阻 1.0K·m/W）

导体截面/mm²	400	500	630	800	1000	1200	1400	1600	2000	2500
平行	710	812	927	1046	1237	1337	1447	1546	1722	1884
品型	858	986	1130	1284	1546	1676	1817	1947	2176	2384

　　根据使用地段及重要性不同，直埋电缆敷设可以主要分为常规直埋、预制槽盒直埋和砌砖槽盒直埋三类。常规直埋适用于数量不超过 6 根 35kV 及以下电压等级的电缆，在城市人行道、公园绿地、建筑物的边缘地带或城市郊区等不易经常开挖的地段。预制槽盒直埋数量不超过 4 根 110kV 及以下电压等级的电缆，用途相对重要的场合。砌砖槽盒直埋适用于距离较短时，数量不超过 4 根 110kV 及以下电压等级的电缆，常用于环网柜到用户配电间、从室外工作井到电缆夹层等。

二、直埋敷设的施工技术

　　直埋电缆是较经济的安装方式，但敷设方法关系到电缆长期资金运行的可靠性，因此必须予以重视。由于输送容量的日益增加，电缆的导电芯截面不断增大，电缆的单位长度质量必定增加，每米可达几十千克，当长度达数百米时，就必须借助机械设备进行牵引敷设。如果使用人工肩扛手抬，由于人多，行动很难取得一致，不但不易保证敷设质量，而且容易发生事故。严重的会造成电缆弯曲角度过小或电缆被压扁，轻微的则会擦坏护层，甚至发生人身伤害事故。

直埋电缆的敷设和牵引程序如图 4-20 所示，施工示意如图 4-21 所示。

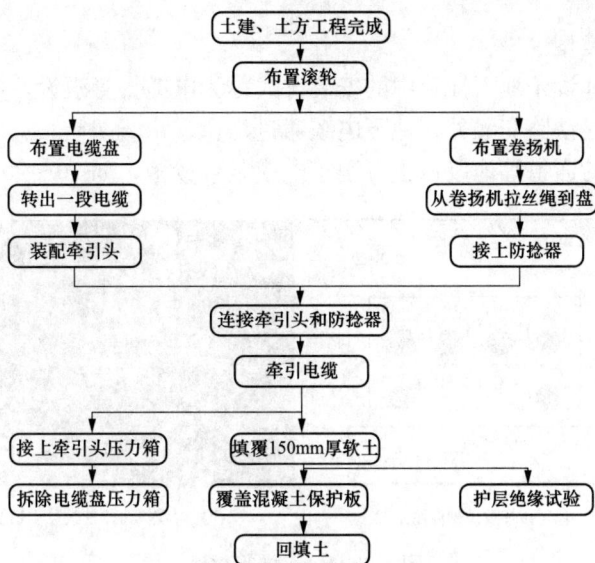

图 4-20　直埋电缆的敷设和牵引程序

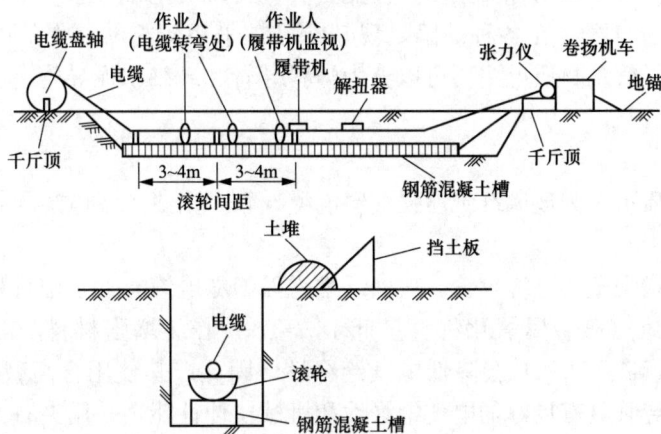

图 4-21　直埋电缆敷设施工示意

直埋电缆的直接牵引方式如图 4-21 所示，即在汽车上支放卷扬机牵引，一般牵引速度为 5~6m/min。为了准确掌握电缆敷设时的牵引力大小，靠近牵引端串张力仪。电缆在拖牵过程中，中间支放托辊处派专人监视。同时，在牵引过程中应注意滚轮是否翻倒，张力是否适当。特别应注意电缆引出导管口或电缆经弯曲后电缆的外形和外护层有无刮伤或压扁等不正常现象，以便及时采取防范措施。

如计算的牵引力或侧压力大于允许值而又无辅助牵引机具，如电动滚轮、履带牵引机等，则宜采用钢丝绳绑扎牵引，即在电缆盘侧，配置一盘和电缆同长的钢丝绳，在敷设施工时，每 2m 的间隔用尼龙短绳把钢丝绳绑扎在电缆上。如此保证钢丝绳和电缆同时敷设，此时牵引力由电缆和钢丝绳共同承担。待敷设完成后，解开尼龙绳绑扎带，回收钢丝绳。

第五节 电缆排管敷设

一、电缆导管的类型

电缆敷设在预先埋设于地下导管中的安装方式称为电缆排管敷设，如图 4-22 所示。其适用于地下电缆与公路、铁路交叉处，地下电缆通过房屋、广场等地段，城市道路狭窄且交通繁忙，道路挖掘困难的通道等地段，也可用于电缆条数较多，如 10～20 根的情况。

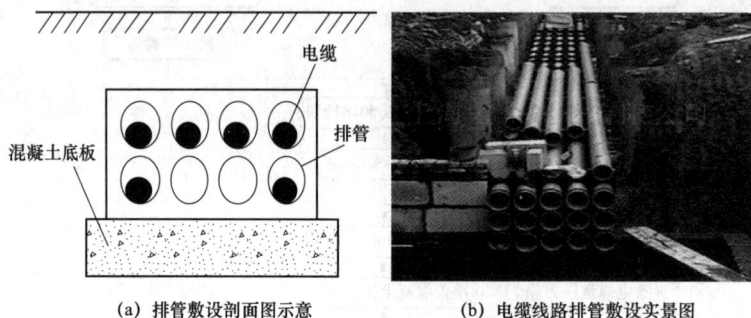

(a) 排管敷设剖面图示意   (b) 电缆线路排管敷设实景图

图 4-22 电缆排管敷设

目前，市场上电缆导管的种类繁多，性能各异。传统的电缆导管，如现浇混凝土管、石棉管、钢管等，由于自身存在各种缺陷，现基本已被采用新材料制作的电缆导管淘汰。目前，工程中使用的导管从材质上主要可以分为塑料导管、纤维水泥导管、金属材料导管、碳素波纹管等类。

1. 塑料导管

按其采用的材质可分为玻璃纤维增强塑料电缆导管、聚氯乙烯电缆导管、改性聚丙烯塑料电缆导管 3 种。

(1) 玻璃纤维增强塑料电缆导管。玻璃纤维增强塑料电缆导管基础材料是不饱和聚酯树脂，以无碱玻璃纤维（碱金属氧化物含量低于 0.8%）作为增强材料。因为高碱玻璃纤维（碱金属氧化物含量高于 12%）会降低电气绝缘性，因此严禁使用含高碱成分的纤维材料。无碱玻璃纤维电缆导管具有良好的电气绝缘性和机械拉伸性能，采用夹石英砂工艺后可进一步提高导管的强度。

在相同壁厚的情况下，无碱玻璃纤维石英电缆导管各项强度指标可达普通复合玻璃钢管的 1.5～2 倍，能在行车道下直埋，无须浇筑混凝土保护层。导管之间采用扩口承插连接方式，施工便捷、快速，能大幅度缩短施工周期。但无碱玻璃纤维电缆导管易被无机酸侵蚀，因此不适用于酸性环境中。中碱玻璃纤维虽耐酸性优于无碱玻璃纤维，但其电气绝缘性和机械拉伸性能均不及无碱玻璃纤维，一般不用于生产电缆导管。

(2) 聚氯乙烯电缆导管。聚氯乙烯电缆导管常用的有氯化聚氯乙烯（Chlorinated Polyvingl Chloride，CPVC）塑料电缆导管和硬聚氯乙烯（Unplasticized Polyvinyl Chloride，UP-VC）塑料电缆导管两类。从结构上看，这两类电缆导管又可分为普通管和双壁波纹管两种类型。CPVC 塑料电缆导管主要采用氯化聚氯乙烯树脂和聚氯乙烯树脂材料；UPVC 塑料电缆导管主要采用聚氯乙烯树脂材料。

　　就耐腐蚀性、电气绝缘性和机械拉伸性能而言，CPVC 塑料电缆导管和 UPVC 塑料电缆导管基本相同。两者最大的区别在于高温状态的强度：CPVC 维卡软化温度不低于 93℃；UPVC 维卡软化温度不低于 80℃。正常工作时，电缆表面温度比导体温度低 10～15℃。目前，高压和超高压电缆大多数采用交联聚乙烯绝缘电缆，持续工作时，其导体最高允许温度为 90℃。因此原则上不宜采用 UPVC 管作为高压和超高压电缆的导管。

　　CPVC 塑料电缆导管具有耐热、耐压、耐腐蚀等优点，导管间采用弹性密封橡胶圈承插式连接，无须浇筑混凝土保护层，支架采用组合式连接，施工方便。

　　（3）改性聚丙烯塑料电缆导管。改性聚丙烯（Modified Polypropylene，MPP）塑料电缆导管采用以聚丙烯树脂为主体，添加其他聚烯烃和稳定剂所形成的复合材料生产。其特点是质量小、电气绝缘性优良，耐温能力优于 CPVC 塑料电缆导管，但成本相对较高。MPP 塑料电缆导管分为普通型和加强型两种，加强型又分为开挖管和非开挖管，也称 MPP 顶管或 MPP 牵引管。

　　普通型 MPP 塑料电缆导管适用于开挖敷设施工和埋深小于 4m 的非开挖穿越施工工程；加强型 MPP 塑料电缆导管适用于埋深大于 4m 的非开挖穿越施工工程。目前，在高压、超高压电力电缆施工中多采用非开挖 MPP 塑料电缆导管，其优点是可不阻断交通、破坏道路，减少开挖施工的地下作业工程量，缩短施工周期。MPP 塑料电缆导管间采用焊接机热熔焊对接，对施工工艺要求较高。

　　2. 纤维水泥导管

　　纤维水泥导管是以高标号水泥为主要原料，掺加维纶纤维或海泡石等纤维材料生产。纤维水泥导管具有机械强度高、耐酸碱腐蚀、耐高温、散热好等特点，但其管材质量较重，运输、安装不方便。

　　按其受力强度不同，纤维水泥导管分为三类：Ⅰ类导管适用于混凝土包封敷设；Ⅱ类导管适用于人行道和绿化带等非机动车道直埋敷设，当用于有重载车辆通过的机动车道需混凝土包封敷设；Ⅲ类导管适用于有重载车辆通过路段直埋敷设。

　　纤维水泥导管间采用承插连接方式。

　　3. 金属材料导管

　　金属材料导管中比较具有代表性的是塑钢管。塑钢管是在普通钢管的基础上，采用特殊工艺在钢管表面涂塑作为防腐层的钢塑复合管材。生产出来的导管兼具钢管优良的机械性能和耐火、散热性，以及塑料管材的防腐性，但管材质量较大，造价较高，且不适用于单芯、电缆或 110kV 及以上高压电缆，造价较高，因此不应采用塑钢管作为高压和超高压电力电缆的导管。

　　4. 碳素波纹管

　　碳素波纹管是以高密度聚乙烯和改性碳素为主要材料，采用挤出成型工艺技术生产的具有螺纹状造型的管材，其具有强度大、耐腐蚀、质量轻等优点。但碳素波纹管热阻系数大，散热性较差，影响电缆载流量，而且软化温度较低，为 60～80℃，在较高工作温度条件下易老化；同时，碳素波纹管氧指数较低，不利于电缆防火阻燃。因此，碳素波纹管同样不应作为高压和超高压电力电缆的导管。

　　二、电缆导管的选型

　　在选择电缆导管时，对于管材自身的性能指标，除机械性能外，还应注意以下几个参数。

1. 氧指数

氧指数对应于材料的燃烧性能，应尽量选择氧指数高的管材，有利于电缆防火阻燃。氧指数不小于 27 的材料属于难燃材料。

2. 热阻系数

热阻系数对应于材料的散热性能，热阻系数越大，管材的散热性能越差，管材的散热性能将直接影响电缆的载流量，因此应尽量选择热阻系数低的管材。

3. 内壁摩擦系数

内壁摩擦系数越小，在相同牵引力的作用下电缆允许穿管敷设长度越长。在敷设施工时，需设置的工作井数量相应越少，因此应尽量选择内壁摩擦系数小的管材。

4. 变形温度

变形温度体现管材的耐高温能力，该参数不应小于 80℃（交联电缆持续工作时导体最高允许温度为 90℃，外表皮比导体低 10℃）。在条件允许的情况下应尽量选择变形温度高的管材。

三、排管敷设的施工技术

城市的发展和工业的增长，电缆线路势必日检密集，采用直埋电缆方式逐渐会被排管敷设代替。由于敷设排管电缆时无法窥知排管内壁情况，因此敷设前应检查排管孔内壁。此外，不同于直埋电缆的是沿线无法应用滚动摩擦机具，增大了电缆牵引力，这就不但需要精确的牵引力计算，还需要在敷设过程中不停地添加润滑剂，使滑动摩擦系数降至最小值。

排管内敷设电缆牵引的方法，通常是把电缆盘放在人井底面较高的人井口外边一侧，然后用预先穿过排管的钢丝绳与电缆牵引端连接，拖过排管引到另一个井底面较低的人井。排管断面示意如图 4-23 和图 4-24 所示。

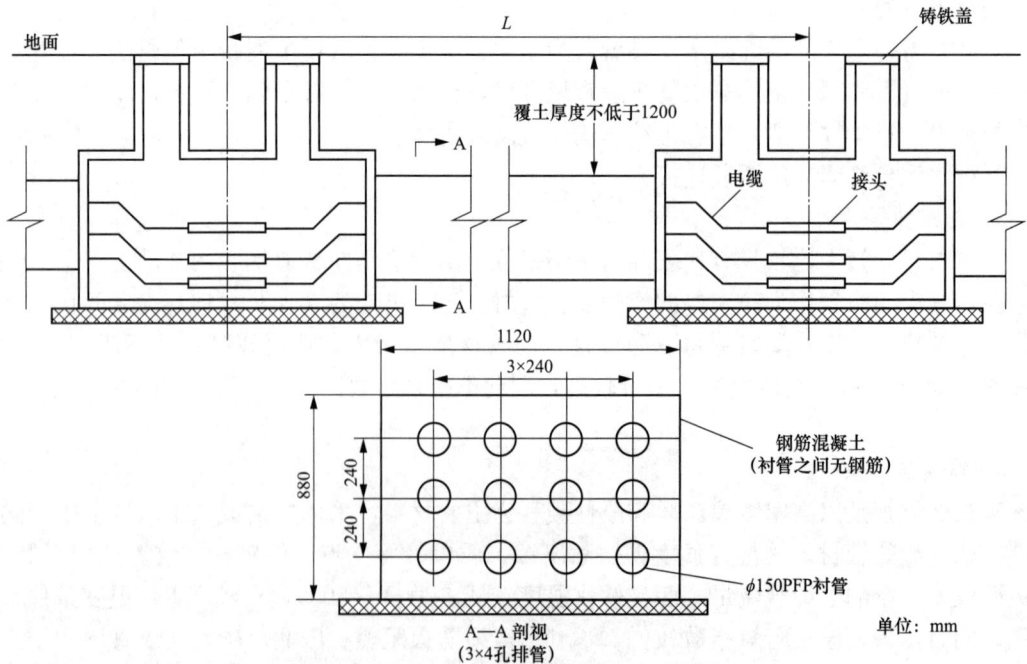

图 4-23 深埋式排管断面示意

注：1. 两个工井最大间距 L 按电缆允许牵引力和侧压力计算。

2. 深埋式排管适用于车行道下。

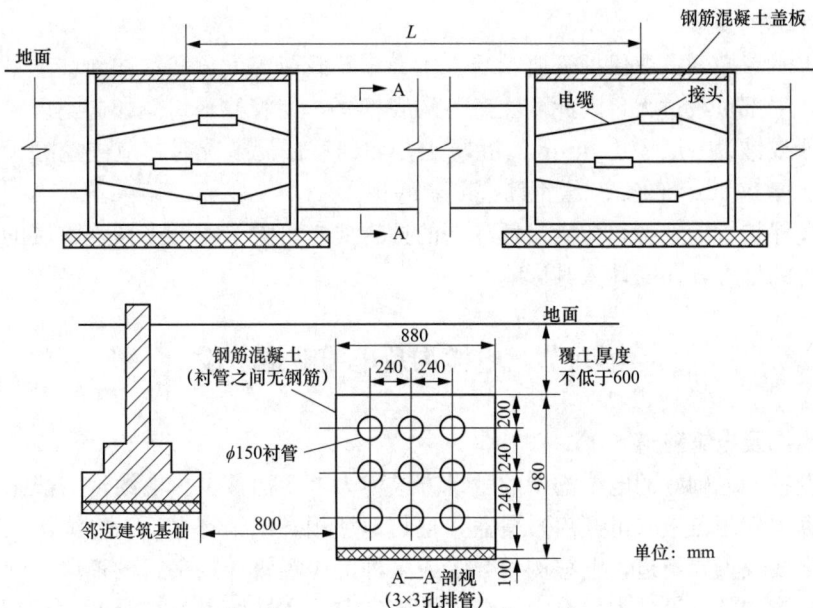

图 4-24　浅埋式排管断面示意

注：1. 两个工井最大间距 L 按电缆允许牵引力和侧压力计算。

　　2. 浅埋式排管适用于人行道下。

排管电缆的牵引程序，如图 4-25 所示。

1000mm 及以下截面的 220kV 及以下电缆线路可考虑采用电缆排管。用于敷设单芯电缆的排管管材，应选用非铁磁性材料，管材内壁应光滑无凸起的毛刺。使用排管时，管孔数宜预留适当备用孔供更新电缆用。排管应尽可能做成直线，如需避让障碍物时，可做成圆弧状排管，但圆弧半径不得小于12m；如使用硬质管，则在两管连接处的折角不得大于 2.5°。排管内径一般不宜小于电缆外径的 1.5 倍，局部拥挤地段排管内径可采用电缆外径的 1.2～1.3 倍。

采用穿管敷设时，由于空间有限电缆无法采用蛇形敷设，在热机械力的作用下电缆将产生弯曲变形，随着负荷电流及温度的不断变化，这种弯曲变形可能反复出现，使电缆金属护套产生疲劳应变。为阻止电缆产生发热弯曲变形，可以向敷电缆的排管内填充膨润土。在终端头或接头附近以及电缆的转

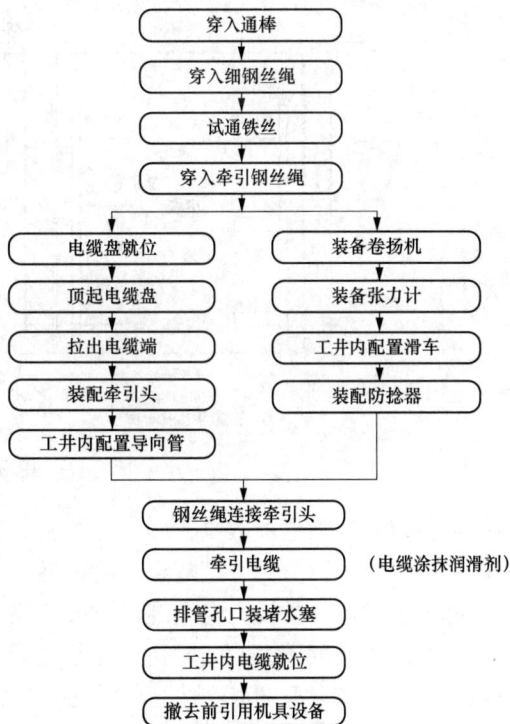

图 4-25　排管电缆牵引程序

变处可将电缆敷设成波浪形以留出一定的裕度，尽量减少线芯的热胀冷缩对终端头或接头处的推力。在工井的出口处做挠性固定，电缆接头的两侧及电缆终端处需做刚性固定，以保护

电缆接头和终端的安全。

　　地基施工时考虑到电缆保护管要承受土压、车轮载荷等大负载，如地基不平稳，易使导管产生弯曲，局部负载过大，因此要注意将沟底挖平，使管枕平坦。如遇土质松软情况，可在导管下铺沙或铺设一层厚 100mm 的混凝土；如遇有淤泥情况时，应先挖除淤泥，并在导管底铺设一层厚 200mm 的 C20 级钢筋混凝土底板。

　　地中电缆保护管的选择，应满足埋深下的抗压要求。除了需考虑覆盖土层的质量，在可能有汽车通行的地方，还需计入其影响。

第六节　电缆沟及电缆隧道敷设

一、电缆沟及电缆隧道

　　电缆敷设在预先砌好的电缆沟中的敷设方式称为电缆沟敷设。电缆沟一般采用混凝土或砖砌结构，砌顶部用盖板（可开启）覆盖，且与地坪相齐或稍有上下。电缆沟敷设适用于变电站（所）出线及重要街道，电缆沟条数多或多种电压等级线路平行的地段，穿越公路、铁路等地段。电缆沟敷设设计和某电力电缆建设施工敷设实景如图 4-26 所示。根据敷设电缆的数量，可在电缆沟的双侧或单侧装置支架，电缆应固定在支架上。在支架之间或支架与沟壁之间留有一定的通道。

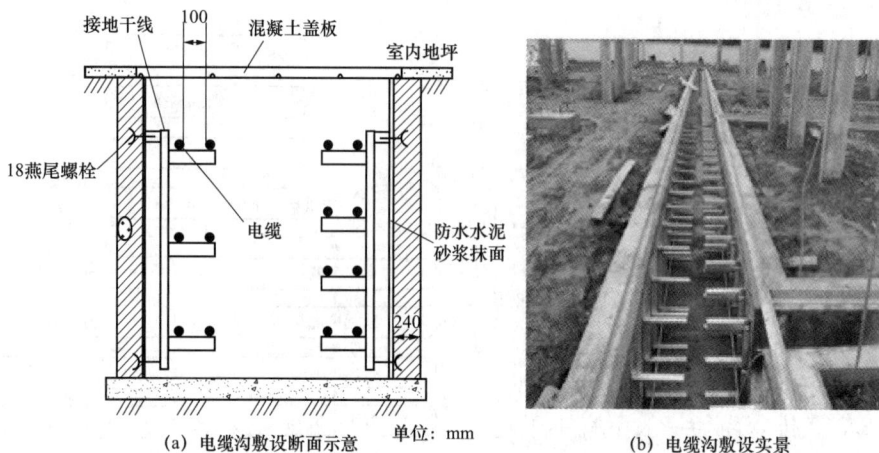

(a) 电缆沟敷设断面示意　　单位：mm　　　　(b) 电缆沟敷设实景

图 4-26　电缆沟敷设结构

　　电缆隧道是容纳电缆数量较多，有供安装和巡视的通道，有通风、排水、照明等附属设施的电缆构筑物，可分为明挖隧道、暗挖隧道、顶管隧道、盾构隧道。将电缆敷设在地下隧道内，称为电缆隧道敷设。电缆隧道敷设适用于电缆线路高度密集的地段，如发电厂和大型变电站；或路径难度较大的区段，如穿越机场跑道和江底，位于有腐蚀性液体或经常有地面水流溢的场所；或含有 35kV 以上高压电缆等场所。如图 4-27 所示为某电缆线路隧道敷设电缆实景。

　　电缆沟及电缆隧道敷设，由于其检修、维护方便的优点，被广泛使用。500(330)kV 电缆线路、6 回及以上 220kV 电缆线路一般采用电缆沟或者电缆隧道敷设。重要变电站进出线、回路几种区域、电缆数量在 18 根及以上或局部电力走廊紧张的情况宜采用隧道敷设。

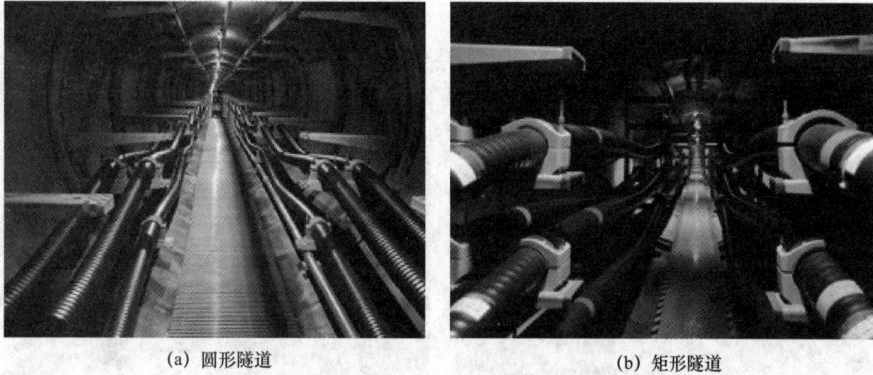

(a) 圆形隧道　　　　　　　　　　　　　(b) 矩形隧道

图 4-27　某电缆线路隧道敷设电缆实景

在隧道内采用支架敷设时,一般情况下宜按照电压等级的由高至低、从上而下排列,分层敷设在电缆支架上,但如果同道中存在 35kV 及以上高压电缆时,宜按照电压等级的由高至低、从下而上排列。最上层支架距构筑物顶板的净距允许最小值,应满足电缆引接至上侧设备时的允许弯曲半径要求,且不宜小于表 4-11 中所列数再加 80～150mm 的和值。

表 4-11　　　　　　　　　　　　　　最下层支架距离底部的最小净距

电缆敷设场所及其特征		垂直净距/mm
电缆沟		50
隧道		100
电缆夹层	非通道处	200
	至少在一侧不小于 800mm 宽通道处	1400
公共廊道中电缆支架无围栏防护		1500
厂房内		2000
厂房外	无车辆通过	2500
	有车辆通过	4500

在支架上敷设时,水平允许跨距为 1500mm;垂直敷设时允许跨距为 3000mm。电缆支架的层间距离应满足能方便地敷设电缆及其固定、安置接头的要求,且在多根电缆同置一层的情况下,可更换或增设任一根电缆及其接头。在采用电缆截面或接头外径不是很大的情况下,符合上述要求的电缆支架、梯架或托盘的层间间距的最小值,可取表 4-12 所列值。

表 4-12　　　　　　　　　　　　电缆支架、梯架或托盘的层间间距的最小值

电缆电压等级	普通支架、吊架/mm	桥梁/mm
110～220kV、每层 1 根以上	300	350
330、500kV	350	400

二、电缆在构筑物中的敷设方式

110kV 及以上电压等级的电缆在电缆沟或者电缆隧道中进行敷设时,电缆可采用直线敷设、蛇形敷设和水平悬吊式敷设这 3 种形式。

1. 直线敷设

直线敷设方式主要适用于小截面的电缆回路，一般采用密集排列的电缆夹具将电缆固定在支架上做刚性固定使电缆不产生弯曲，如图 4-28 所示。

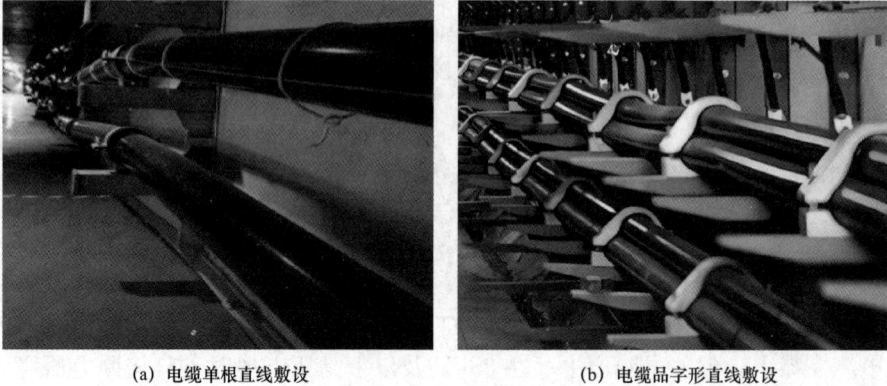

(a) 电缆单根直线敷设　　　　　　　　　(b) 电缆品字形直线敷设

图 4-28　电缆直线敷设实景

在此情况下电缆的径向膨胀被阻止，转变为内部的压缩应力。电缆夹具之间的电缆在不发生横向位移的情况下能承受的最大推力计算见下式：

$$F = k\alpha\Delta\theta EA \tag{3-21}$$

式中　k——导体的松弛因数，一般取 0.75；

　　　α——金属护套的线膨胀系数，1/℃；

　　　$\Delta\theta$——金属护套的温升，℃；

　　　E——导体的弹性模量，N/mm^2；

　　　A——导体的截面积，cm^2。

相邻夹具的间距可按下式确定：

$$L < \frac{\pi}{\mu}\sqrt{\frac{EJ}{F}} = \frac{\pi}{\mu}\sqrt{\frac{S}{F}} \tag{3-22}$$

式中　L——相邻夹具之间的距离，mm；

　　　μ——长度因数，铝护套取 1，铅护套取 0.7；

　　　E——导体的弹性模量，N/mm^2；

　　　J——导体的惯性矩，mm^2；

　　　S——电缆的弯曲刚度，N·mm^2。

式（3-22）适用于线路的直线段，在弯曲部分应按直线段间距的计算值减半使用，同时需注意在电缆接头和终端处留有一定的伸缩弧，以避免导体纵向推力对电缆接头和终端的破坏。

2. 蛇形敷设

大截面电缆的负荷电流变化时，由于温度的改变引起电缆热膨胀会产生很大的轴向推力。当电缆以直线状敷设时，巨大的推力将会使电缆线路在某一部位发生横向位移，从而产生较大的弯曲度，如果这种弯曲度过大将会导致电缆损坏。蛇形敷设是为了吸收电缆的热膨胀而将电缆布置成波浪形的一种电缆敷设方式，人为设置的波形宽度能有效地吸收电缆的热膨胀，避免电缆的热膨胀集中在线路的某一局部，从而使电缆的热膨胀弯曲得到控制。

　　蛇形敷设形式可选择水平蛇形敷设和垂直蛇形敷设两种方式，如图 4-29 所示。这两种敷设方式均能满足电缆热膨胀的要求，依据实际积累的运行经验，电缆线路蛇形长度为 6～12m，蛇形弧幅取值为 $1D$～$1.5D$（D 为电缆外径）。垂直蛇形敷设不像水平蛇形敷设要占据横向宽度，特别适用于隧道内的电缆安装，能够最大限度地节省敷设空间，但施工时准确控制波幅比较困难。另外，采用垂直蛇形敷设时，电缆支架可设置在波峰处，支架间距一般比较大（大于等于 3m 时，采用水平蛇形敷设时支架间距一般不大于 1.5m），在设计支架时需考虑电缆自重和短路时电动力对支架强度的要求。由于支架间距较大，在振动环境下，可能由于谐振造成电缆护套损坏，因此在存在振动的场所应尽量避免采用垂直蛇形敷设方式。采用水平蛇形敷设方式虽占据空间较多，但施工相对容易。

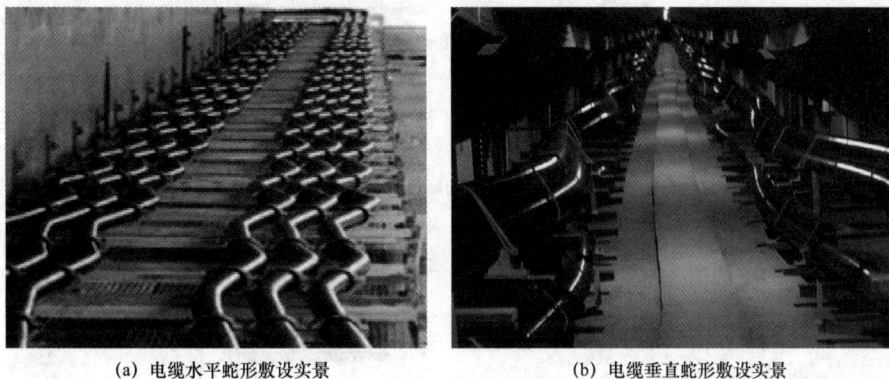

(a) 电缆水平蛇形敷设实景　　　　　　　(b) 电缆垂直蛇形敷设实景

图 4-29　电缆蛇形敷设实景

　　蛇形敷设的电缆线路蛇形长度越长，轴向伸缩推力越大。一旦确定蛇形长度，增加弧幅可减小轴向伸缩推力和蛇形弧横向滑移量。采用蛇形敷设方式时，电缆支架的间距取决于蛇形长度，蛇形长度越长，所需要的电缆支架数量就越少，但电缆所占据的空间相应越大。

　　3. 水平悬吊式敷设

　　当电缆质量小于 20kg/m 时，可用尼龙带具（或其他非磁性合成材料的带具）将三相电缆捆绑在一起，用金属吊具将电缆悬吊在构筑物的墙壁上。每侧墙壁上用悬臂钢梁悬吊敷设 2～3 回电缆，按上、中、下排列，悬臂梁间的上下净距为 500～600mm。沿电缆轴向悬吊点的间距为 2500～3000mm，两悬吊点中间装一个捆绑电缆的尼龙带具。悬吊点间电缆中点的挠度取 50～100mm（或按制造厂的要求）。在电缆两端按制造厂的要求用固定支架和固定夹具固定电缆。

　　由于水平悬吊式敷设方式较为简陋，因此当前实际工程中很少采用这种方式。

　　三、电缆沟及电缆隧道敷设的施工技术

　　电缆沟的施工开挖深度比隧道开挖深度浅得多，而且在沟内除排水装置外无其他附属设施，因此建设工期短、投资省，但一般仅限于建设在发电厂或变电站的场地内。电缆沟的深度和宽度取决于规划敷设电缆的根数。

　　电缆隧道断面有矩形和圆形之分，明挖施工宜采用矩形断面，暗挖（顶管或盾构）施工则采用圆形断面。隧道埋设深度取决于与电缆其他管线的交叉间距，无其他管线交叉时，明挖隧道取 1.0～1.5m、暗挖隧道取 2.0m 以上。隧道内除电缆外还要装设换气通风、排水、照明和防火等附属设备，因此建设工期长、造价高昂，但建成后对日后的添设线路、电缆更新和事故抢修作业都十分方便，而且在隧道内的电缆的允许载流量比直埋或排管敷设的电缆大。

图 4-30 为 2 回 220kV 电缆线路、4 回 110kV 电缆线路明挖、暗挖隧道敷设典型断面示意，此断面示意图预留了扩建条件。

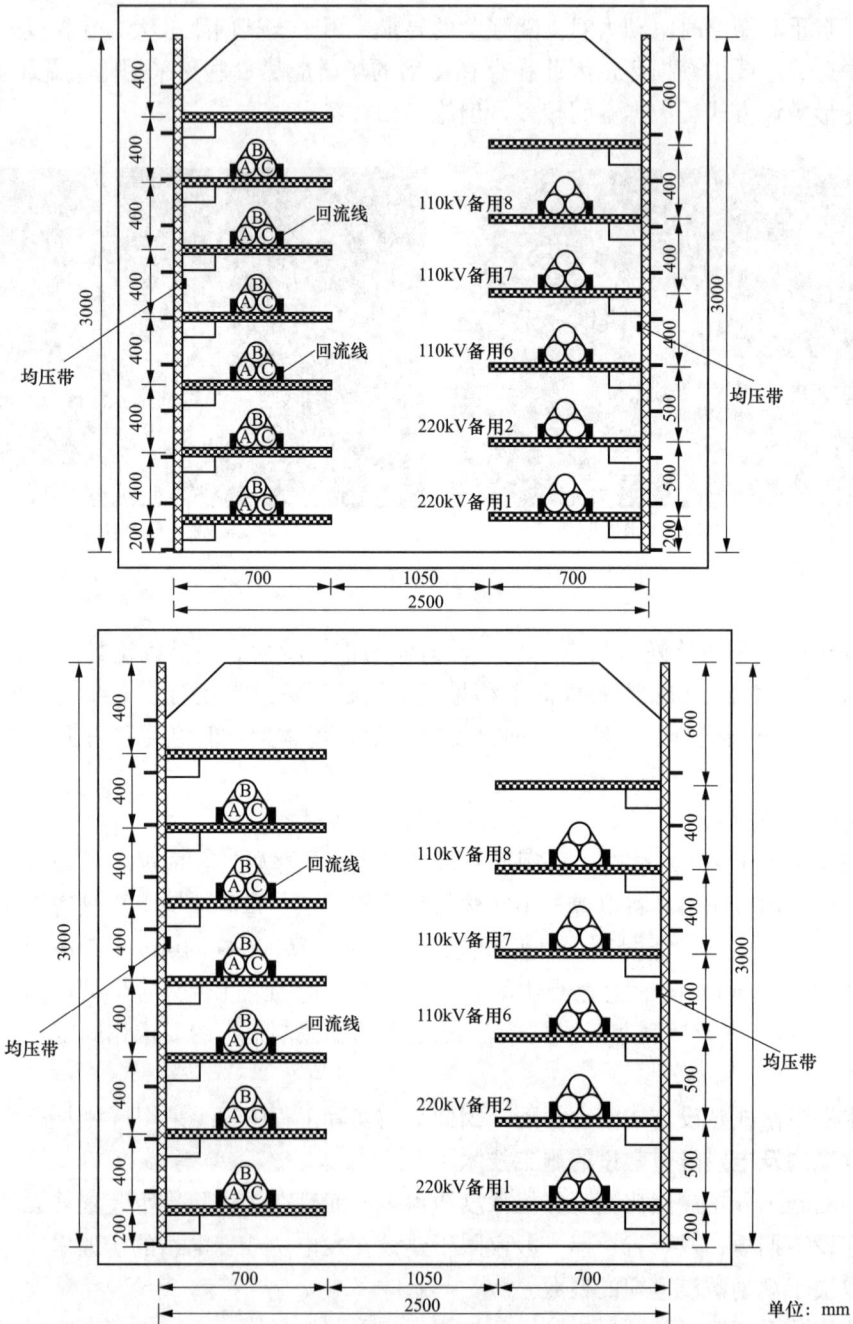

图 4-30 明挖、暗挖隧道敷设典型断面示意

顶管隧道、盾构隧道断面多为圆形。常用圆形断面的隧道直径为2.4、2.7、3.0、3.5、5.4这5种形式，分别如图4-31～图4-35所示，其中，隧道直径2.7、3.0、3.5、5.4m的形式通常用于500kV电缆隧道圆形截面。从当前机械设备配置来看，这五种截面形式在市场上均有机械设备可供选择。

电缆隧道或电缆沟敷设作业顺序如图4-36所示。

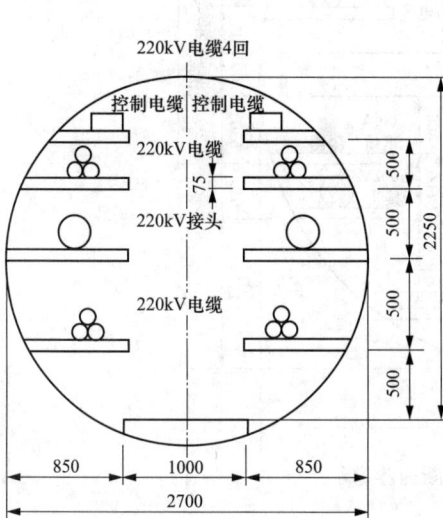

图 4-31　直径 2.4m 圆形断面隧道示意

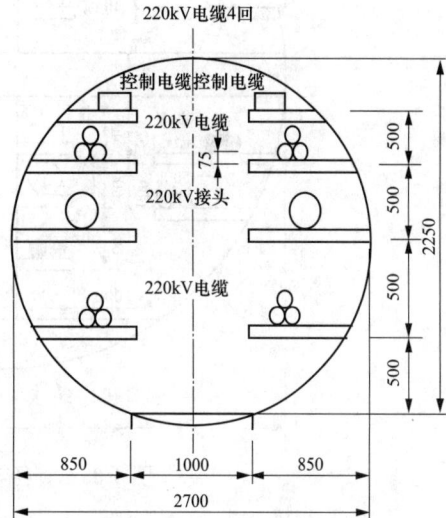

图 4-32　直径 2.7m 圆形断面隧道示意

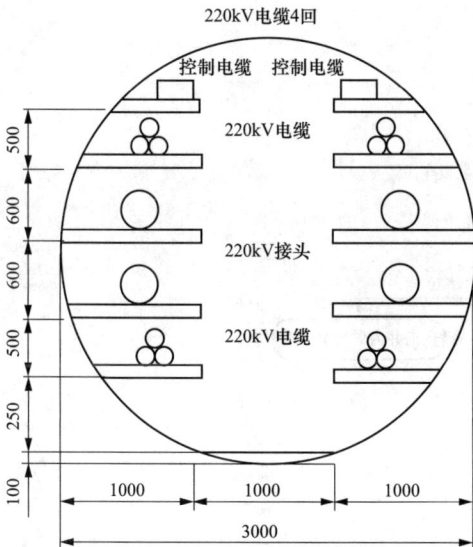

图 4-33　直径 3.0m 圆形断面隧道示意

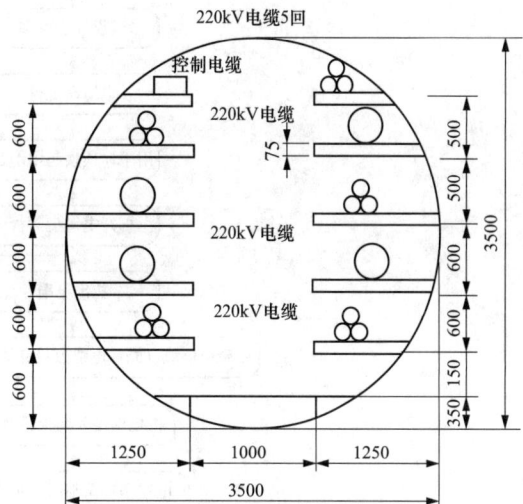

图 4-34　直径 3.5m 圆形断面隧道示意

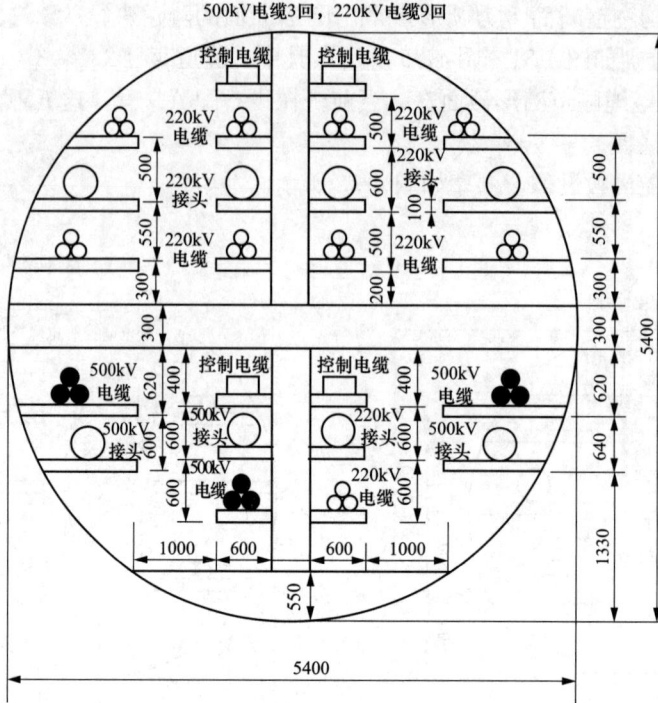

图 4-35　直径 5.4m 圆形断面隧道示意

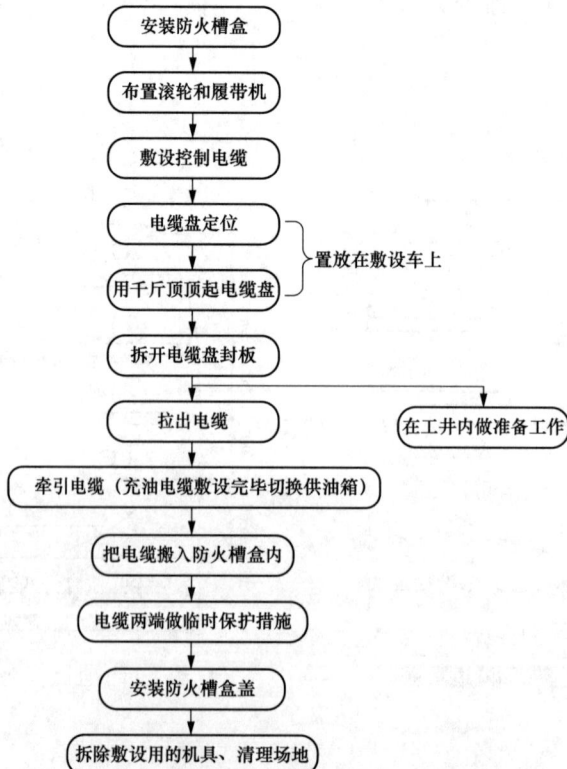

图 4-36　电缆隧道或电缆沟敷设作业顺序

　　敷设在隧道中的电缆，不同于直埋或排管方式的特点之一是电缆和电缆之间设有隔离层。当一根电缆被击穿而着火时，引起的火焰就会蔓延到全部隧道中的电缆。为预防出现这种情况，可按不同防火要求，将电缆按需要分装在氧指数较高的防火槽内或者置于填砂的槽内；邻近电缆接头两侧的电缆外皮 2～3m 内包阻燃带，接头的周围用石棉板和邻近电缆隔离，并添备灭火设备和监视装置。

　　城市综合管廊一般要容纳自来水、污水管道、热力管道、通信、电力、燃气管道等市政公用管道。从布局上看，天然气管道应在独立舱室内敷设；热力管道不应与电力电缆同舱敷设，当热力管道采用蒸汽介质时也应在独立舱室内敷设；110kV 以上电缆不应与通信电缆同侧布置。

　　综合管廊与相邻地下管线及地下构筑物的最小净距应根据地质条件和相邻构筑物性质确定，且不得小于表 4-13 的规定。

表 4-13　　　　　　　　　　　　地质条件和相邻构筑物性质确定

相邻情况 施工方法	综合管廊与地下构 筑物水平净距/m	综合管廊与地下 管线水平净距/m	综合管廊与地下管线 交叉垂直净距/m
明挖施工	1.0	1.0	0.5
顶管、盾构施工	综合管廊外径	综合管廊外径	1.0m

　　综合管廊通道净宽应满足管道、配件和设备运输的要求。综合管廊内两侧设置支架或管道时，检修通道净宽不宜小于 1.0m；单侧设置支架或管道时，检修通道净宽不宜小于 0.9m；配合检修车的综合管廊检修通道宽度不宜小于 2.2m。

　　2010 年，某地建设了全长 33.4km 的环岛综合管廊，管廊断面高 3.2m，宽 8.3m，断面面积 25.56m^2，分水信舱、中水能源垃圾舱和电力舱共 3 个舱室，如图 4-37 所示。

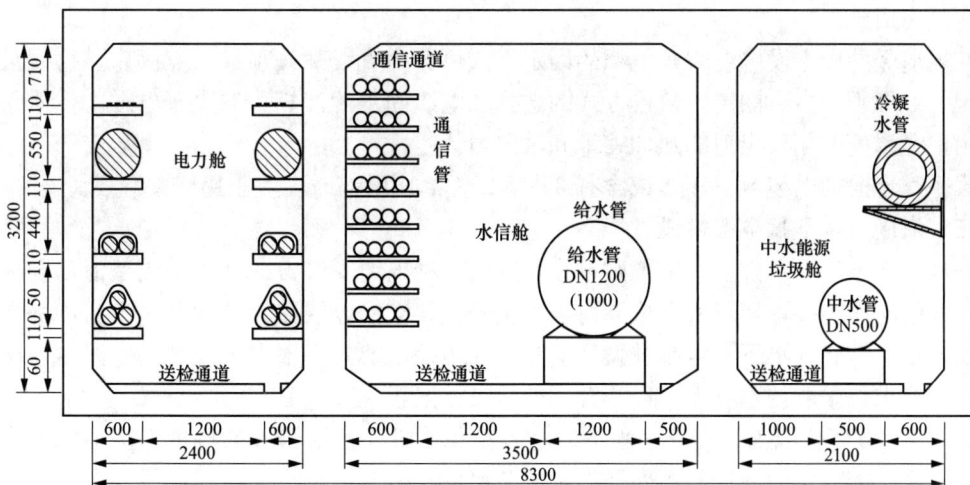

图 4-37　城市综合管廊典型断面示意

第七节 电缆的其他敷设方式

一、电缆架空桥架敷设

电缆线路的敷设一般选择地下敷设方式，但当地下敷设条件不满足时，如穿越河涌、深坑，或者地下管线非常复杂时，可采用架空桥架敷设。电缆桥架敷设是将电缆敷设在专用电缆桥架上的一种敷设方式。其优点是简化了地下设施，避免了与地下管道交叉碰撞；易定型生产，外观整齐美观，可密集敷设大量电缆，能够有效利用空间；同时还具有防火、防爆和防干燥的特点。其缺点是施工、检修较困难，与架空管道易交叉；投资较大，设备需要配套使用。

露天敷设电缆应避免太阳直接照射，必要时可以加装遮阳装置，以避免电缆过热老化。使用裸露铠装电缆时还应涂防腐涂料，以防生锈。在桥的两端靠近平地处和桥伸缩处应留有电缆松弛部分，以防电缆由于桥结构胀缩而受到损坏。木桥上的电缆应穿在铁管中，在其他材料结构的桥上敷设电缆时，应敷设在人行道下的电缆沟中或耐火材料制成的导管中。在大跨度桥梁上，还要采取特殊措施来防止由于桥梁的热伸缩、挠曲和振动而加速电缆金属护套疲劳。

电缆桥架的组成结构，应满足强度、刚度和稳定性要求。桥架的承载力不得超过使桥架最初产生永久变形时的最大荷载除以安全系数为 1.5 的数值。钢制的梯架、托盘在允许布承载作用下，相对扰度值不宜大于 1/200 跨距；铝合金制的梯架、托盘在允许布承载作用下，不宜大于 1/300 跨距。

二、电缆竖井敷设

电缆竖井敷设是将电缆敷设在竖井中的一种敷设方式，主要用于高层建筑水电站及高层室内变电站作为输电线路的竖井中，或者用在较深层电缆隧道的出口竖井。其优点是节省了土建的大量投资，以利于电缆敷设；缺点是若发生火灾，易扩大事态，需采取限制油浸电缆静油压过高措施。

在电缆竖井中敷设电缆时，电缆的固定方式可分为直线敷设顶部一点固定、直线敷设多点固定、蛇形敷设多点固定。敷设方式的选择和电缆固定的计算，取决于电缆本体质量及投运后由电缆温度变化所出现的热伸缩量和轴向力。

当垂直走向的电缆数量较多或含有 35kV 以上高压电缆时，应采用竖井敷设。

三、海底（水下）电缆敷设

海底（水下）电缆敷设是电缆敷设在水底的一种电缆安装方式。主要用于海岛与大陆或海岛之间的电网连接，横跨大河或港湾以连接陆上架空输电线路，陆地与海上石油平台之间的相互连接。海底（水下）电缆敷设环境和条件错综复杂，应根据电缆特性、路由情况、施工和运行要求，采取技术可靠、经济合理的敷设方案。

20 世纪 80 年代以前，海底（水下）电缆除登陆段外不采取外部机械保护措施电缆直接放置于水底。随着船舶数量的不断增加和捕鱼机械不断向重型发展，船锚及渔具对海底（水下）电缆的威胁逐渐加大，电缆多次被船锚及拖网损坏。为提高海底电缆抵御外部风险的能力，如今的海底（水下）电缆均采用了掩埋保护、套管保护和加盖保护等方式。

在海底电缆存在程度较轻的落物、磨损等风险时，宜优先采用套管保护。在海底电缆存在重物下落、拖曳、移动等风险时，宜优先采用掩埋保护，其次采用压覆物加盖保护或二者结合措施。海床坚硬、掩埋保护施工困难的区段宜采用盖板、抛石、混凝土袋或沙袋等加盖保护方式。

抛石保护是典型的覆盖保护方式，如图 4-38 所示。通常采用专用的船舶装载岩石至敷设的电缆上，采用柔性落石导管延伸至海底电缆上方 1～2m 位置进行抛石，避免对海底电缆产生较大的冲击力。抛石过程中采用水下机器人进行监测，如发现悬空部分则补充抛石。

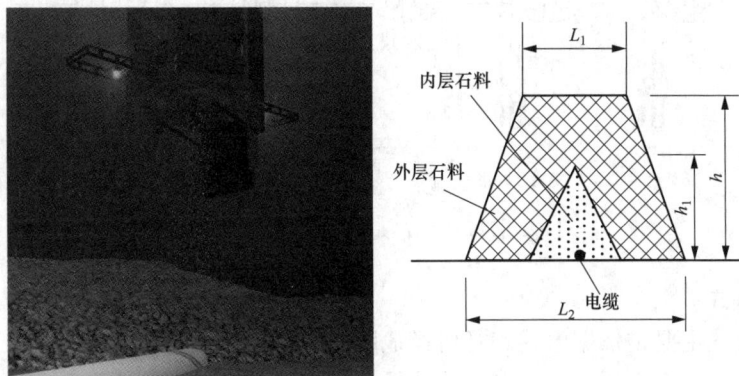

图 4-38 抛石保护

海底电缆的敷设应在小潮汛、风浪小、洋流较缓慢时进行，视线不清晰、风力大于 6 级、波高大于 3m、海洋流速超过 3m/s 的情况下不应进行海底电缆的敷设。海底电缆敷设完毕应放在河床上，不得悬空。电缆悬空后长期受水流冲刷会磨损电缆，悬空距离过大也会增加悬点的电缆侧应力、加剧电缆振动。

海底电缆平行敷设时相互间严禁交叉重叠，电缆间距应由施工机具、水流流速及施工技术决定并综合考虑后期海底电缆修复所需的空间。海底电缆平行敷设的间距不宜小于最高水位水深的 1.5～2 倍，引至岸边时，间距可适当缩小。在非通航的流速不超过 1m/s 的水域，同回路单芯电缆间距不得小于 0.5m，不同回路电缆间距不得小于 5m。

第八节 电缆线路敷设案例

一、规模和范围

某工程从某 220kV 变电站新建 1 回 110kV 出线，T 引接至某 110kV 变电站。线路起点为新建 220kV 变电站，终点为 110kV 变电站内的电缆终端头，新建单回电缆线路长 3.231km。其中，站内电缆夹层敷设长 60m，明挖隧道敷设长 136m，顶管隧道敷设长 410m，单回路非开挖铺管敷设长 759m，单回路排管敷设长 816m，单回路电缆沟敷设长 967m，出入隧道工井长 30m，电缆上终端支架长 3m。

二、分段和接地方式

电缆型号为 YJLW02-Z64/110 1×1200，电缆线路全线分为 6 段。全线分为 2 个交叉互联循环段，每个交叉互联循环段又分为三小段，所有分段之间均通过绝缘接头连接。电缆金属护层接地方式示意如图 4-39 所示。

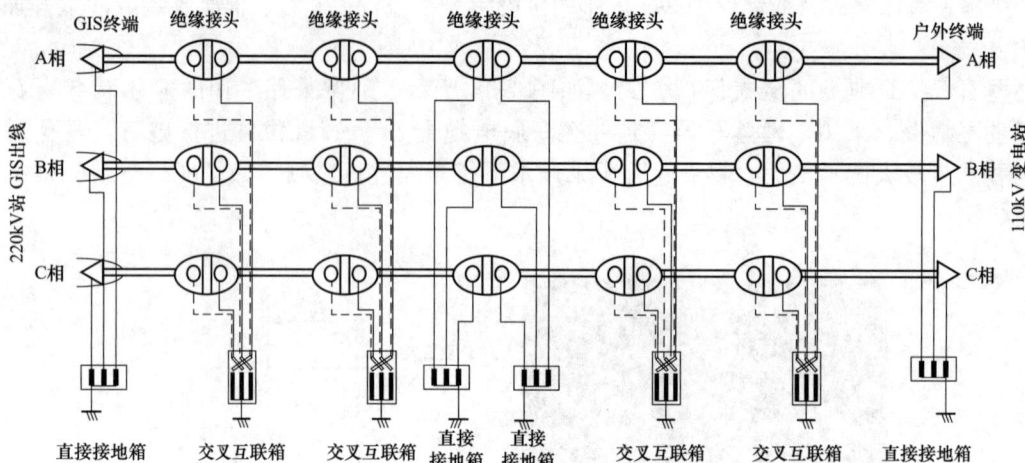

图 4-39　金属护层接地方式示意

三、敷设方式

电缆敷设方式主要是依据电缆路径所经地段的地理环境、市政管线及施工、运行维护等方面的因素来选择。本工程主要选取如下几种敷设方式。

（1）站内敷设。在某 220kV 变电站内，电缆从 110kV 的 GIS 出线起，沿站内预留电缆竖井敷设至站内电缆层，然后进入电缆隧道工作井。

（2）电缆隧道。由于该变电站向南出线较多，路径走廊拥挤，本线路以电缆隧道出线，一共可敷设 9 回 110kV 电缆和 2 回 220kV 电缆，包括本期 110kV 出线 6 回、远期往南备用的 3 回 110kV 电缆和往西南备用的 2 回 220kV 电缆。明挖隧道，矩形截面，内空尺寸为 2.50m（宽）×3.00m（高）；J 顶管隧道，圆形断面，内径为 $\phi3.5m$。本期 110kV 电缆出线均敷设在新建电力隧道的支架上，每回电缆采用品字形排列，按水平蛇形放置在电缆支架上。

（3）电缆沟。本工程单回电缆从电缆隧道引出后在人行道敷设采用单回路电缆沟。电缆在沟内施放完后，填满细河沙，并盖上盖板。电缆沟每隔约 30m 设置一处检查人孔。

（4）排管。本线路穿越若干道路路口、公路、路径受限和管线交叉较多的区段采用单回电缆排管。电缆导管采用外径 222mm、壁厚 10mm 的 CPVC 管，光缆导管采用外径 110mm、壁厚 5mm 的 CPVC 管。

（5）非开挖铺管。本线路穿越石化路、高速公路铁路等重要道路路口，以及路径受限的管线密集区采用单回路非开挖铺管。电缆导管采用外径 225mm、壁厚 15mm 的 MPP 管，光缆导管和探测管采用外径 110mm 壁厚 8mm 的 MPP 管。

（6）电缆登终端支架。终点 110kV 变电站内新建电缆终端头安装在终端支架上，电缆通过夹具在终端支架上固定并引上至终端头。

练 习 题

（1）请简述 35kV 及以上电缆线路敷设有哪些要求。

（2）根据敷设的位置，电缆的敷设技术主要分为哪几种？

（3）电缆地下直埋敷设的优点有哪些？

（4）排管从材质上主要分为哪几类？

（5）电缆在电缆沟或者电缆隧道中进行敷设时，可采用哪几种敷设形式？

第五章 电缆的防火设计

第一节 电缆火灾的起因

电缆火灾发生的原因总结起来有两类，分别是电缆本身故障引起电缆着火、电缆外部着火引燃电缆导致火灾。有资料显示，电缆本身故障引起电缆着火占整个电缆火灾事故的30%左右，绝大多数电力火灾都是由于电缆外部着火从而引燃电缆导致的事故。

由于火灾温度一般在800～1000℃，在火灾发生的情况下，电缆会很快失去绝缘能力，进而引发短路等次生电气事故，造成更大的损失，且一旦发生火灾，会有蔓延快、扑救难、产生二次危害、恢复时间长等特点。

一、自容式充油电缆火灾原因及特点

自容式充油电缆是用低黏度的绝缘油充入电缆绝缘内部，并由供油设备供给一定的压力以消除绝缘内部产生气隙。自容式充油电缆有单芯和三芯两种结构，单芯电缆的电压等级为110～750kV，三芯电缆的电压等级一般为35～110kV。单芯自容式充油电缆的导线一般为中空的，中空部分作为油道。自容式充油电缆线芯的长期允许工作温度为85℃；电缆允许最高工作电压为（110～220kV）+15%U_N，275kV及以上+10%U_N；电缆内长期工作油压大于0.02MPa，按电缆加强层结构不同，允许最高稳态油压为0.4MPa和0.8MPa。

目前国内外自容式充油电缆火灾事故并不多见，但正是由于自容式充油电缆采用可燃性的油和纸作为绝缘介质，容易燃烧，一旦着火，火势凶猛，延燃迅速，容易造成恶性事故。每起火灾事故发生造成的损失均极为严重。

已发生的自容式充油电缆火灾事故有如下几种情况：

（1）电缆失火，使其他回路电缆及发电机全部停运，火灾廊道的电缆被烧毁约几百米。事故发生后查明原因，电缆起火的原因是由于电缆单相接地引起，而电缆廊道内无报警装置和灭火设备，从而造成了严重的损失。

（2）电缆在离终端30m处铅包纵向裂开漏油。在检修处理漏油时，未准备防火器材及采取任何安全措施，处理人员一边用喷灯烘烤电缆，一边用浸汽油回填丝擦拭电缆铅包，不慎将回填丝起燃落入井内。由于已发生漏油，因此起燃后的回填丝引起沟内电缆油起火，并沿沟道及电缆延伸引起主变压器洞内变压器冷却器燃烧，导致电缆及油开关套管爆炸，而电缆廊道内又无消防设施，造成了严重的火灾事故。

（3）电流互感器击穿瓷套爆炸并起燃，破碎瓷片将邻近电缆终端接头瓷套炸裂，导致大量漏油，火势迅速蔓延，使得所有电气设备及电缆均发生燃烧。

（4）敷设充油电缆时违反操作规程。在地面未清理干净就进行电焊操作，电焊渣引燃了压力箱房的草包，将临时接在压力箱室的尼龙油管烧断，导致油大量流失，而充油电缆敷设此时尚未投运，火上加油，因此造成了严重的火灾事故。

由此，可分析得到自容式充油电缆火灾事故的主要原因如下。

（1）电缆质量问题为电缆铅包漏油。自容式充油电缆采用非连续式的压铅工艺，在压铅过程中容易混入铅的氧化物或杂质，造成接缝缺陷；或者对压铅工艺控制不严，造成接缝压铅质量不稳定；在电缆敷设过程中处理措施不当，使电缆某处弯曲半径太小或受力过大，铅包受损导致漏油发生事故。

（2）其他电气设备击穿爆炸。电缆终端设备被击碎而出现漏油，从而发生火灾事故。

（3）无有效的报警器或防火措施。报警器或防火措施虽然不能阻止火灾发生，但可以将火灾控制在最小范围内。当火灾发生时，各种防火措施可以及时填堵隧道或沟道内的分段出口，阻止火灾蔓延。

（4）良好的通风环境。由于敷设自容式充油电缆的坑道、隧道或竖井具有一定的自然抽风功能，或者为了提高电缆散热能力还安装了人工通风设备，都给火灾蔓延提供了有利的条件。

（5）敷设落差过大。自容式充油电缆若敷设落差过大，就有可能发生电缆淌油现象。上部电缆由于油的流失而使热阻增加，导致纸绝缘老化发生击穿损坏；同时电缆头处产生负压力，增加了电缆吸入潮湿空气的概率，而使端部受潮，下部电缆由于油的积聚而产生很大的静压力，促使电缆头漏油，从而增加了发生故障或造成火灾的概率。

（6）绝缘油的闪点低。一般低黏度的油闪点在 140℃ 以下，施工压力箱和油管等设施需要使用喷灯等明火器具，稍不注意便会引燃起火，这样就极大地增加了电缆敷设施工的难度和复杂度。

二、交联聚乙烯电缆火灾原因及特点

交联聚乙烯电缆是用交联聚乙烯制造的。聚乙烯树脂本身是一种用辐照或化学方法对聚乙烯进行交联处理的绝缘材料。交联处理使其分子由原本的线型结构变成网状立体结构，从而改善了材料在高温下的电气性能和机械性能，也大幅度改善了聚乙烯的遇热软化性，在 10V～500kV 的电压范围内得到广泛应用。

交联聚乙烯电缆虽然由于诸多优点而得到普遍应用，但也存在着一些不足的方面。电缆的绝缘材料和保护层大都采用可燃性有机物，如聚乙烯在 300～400℃ 即能引燃，且燃烧时发热量比同等质量的煤炭还要大，因此交联聚乙烯电缆一旦着火不能自熄反而会延燃，特别是在多根电缆大规模群体敷设的情况下，直接导致电缆火灾事故蔓延扩大、造成电力系统发生事故。

对交联聚乙烯电缆火灾引发的原因进行分析，可以分为由电缆本身因素导致的和外部因素影响导致的两种。

由于电缆本身因素导致的电缆着火延燃，其主要原因有以下几类。

（1）电缆与电缆接头连接工艺不良，发生短路起火。剥电缆时划伤电缆绝缘层，而接地线与电缆屏蔽层没有进行焊接，在长时间的磨损使用之后，电缆的主绝缘层被烧坏；或者在制作电缆时，电缆结构没有密封严，造成雨水或潮气进入电缆头从而发生短路。

（2）电缆头制作质量不佳，导致爆炸起火。电缆头的质量不合格，运行时应力锥处电场不均匀，经过长时间的运行，局部会因为热量过高而导致压力上升从而击穿电缆头，引发电缆头爆炸起火。

（3）绝缘老化击穿短路起火。由于电缆介质内部存在渣质或气隙，在电场作用下产生游离或水解，或者电缆长时间过负荷运行、超时限使用，或电缆沟通风不佳等因素，造成电缆局部过热绝缘老化，引起电缆耐压下降而产生故障。

（4）电缆受外力机械损伤，绝缘被破坏造成短路起火。

（5）电缆敷设条件恶劣，如高温或受潮等，致使绝缘性能下降造成短路起火。

（6）电缆长期过负荷运行或保护（开关）装置不能及时切除负载短路电流，致使绝缘过热损坏，造成电缆短路起火。由于交联电缆的外护套、充填物及相间绝缘均为易燃物，特别是充填物更易燃烧，当电缆发生短路故障时，高温电弧很容易造成故障电缆本身燃烧，又可能导致相邻电缆发生燃烧，从而产生火灾。

（7）电缆本身质量不符合标准引起电缆着火。绝缘强度达不到要求，制造电缆时护层上留下缺陷，在包缠绝缘层过程中纸绝缘层上出现褶皱、裂痕、破口或重叠间隙等缺陷，内部绝缘层制造缺陷等，对绝缘材料的维护管理措施不到位，造成电缆绝缘层受潮、脏污或发生老化，或利用旧电缆以旧充新。

（8）电力谐波畸变引起电缆热老化引发起火。电力系统中由于非线性负载的增加，电流谐波畸变严重，极易造成线路谐波电流放大与过电压等，造成线路电流负荷增加，线路损耗增大。电缆在投入运行后，绝缘层受到电、热等众多因素的影响下逐渐变质老化。在线路谐波电流放大与电缆线路热效应的作用下，电缆温升加剧，当超过电缆绝缘热承受力时，发生热老化现象，致使绝缘烧焦引发火灾事故。

由于外界因素引起电缆着火延燃，其主要原因有以下几类：

（1）电、气焊切割的金属熔渣引燃电缆。

（2）电气设备故障起火导致电缆着火。

（3）其他杂物起火导致电缆着火。

（4）导电性垃圾，如锡箔纸等，被风刮在室外架空电缆头间，导致电缆短路着火。

（5）由于相间距离或相对距离不足，电缆在过电压作用下产生弧光从而着火。

第二节　电缆防火的规定及措施

一、电缆防火的一般性规定

对于可能发生电缆着火蔓延导致严重事故的回路、易受外部影响波及火灾的电缆密集场所应进行适当的阻火分隔，并按工程的重要性、火灾概率及其特点和经济合理性等因素，可以采取实施阻燃防护、耐火防护、防火构造或阻止延燃等措施，选用具有难燃性的电缆或具有耐火性的电缆，以及增设自动报警与专用消防装置等安全措施进行防火。

阻火分隔包括设置防火门、防火墙、耐火隔板与封闭式耐火槽。防火门、防火墙用于电缆隧道、电缆沟、电缆桥架及上述通道分支处和出入口。耐火隔板则用于电缆竖井和电缆层中电缆的分隔。阻火分隔和防火墙宜采用阻火包、矿棉块等软质材料或防火堵料等，这些材料和隔板要求便于增添或更换电缆时不致损伤其他电缆，且在经受积水浸泡或鼠害作用下具有稳固性。如果在楼板竖井孔处设置阻火隔层，则应能承受巡视人员的荷载。

对非难燃性电缆用于明敷情况，为增强防火安全措施，在易受外因波及着火的场所，建议对相关范围内的电缆实施阻燃防护。对重要电缆回路，可在电缆适当部位上施加防火涂料、包带，以设置阻火段的方式阻止延燃。在接头两侧电缆各约 3m 区段和该范围并列邻近的其他电缆上，也建议用防火包带实施阻止延燃。在火灾概率较高、灾害影响较大的场所，明敷方式下电缆的选择应采用具有难燃性或低烟、低毒难燃性的电缆。同一通道中，不宜把非难燃电缆与难燃性电缆并列配置。

在阻火分割方式的选择方面，可在隧道或重要回路的电缆沟中相应的位置，如公用主沟道的分支处、多段配电装置对应的沟道适当分段处、长距离沟道中相隔约 200m 或通风区段处，以及在竖井中每隔约 7m 设置防火墙或者阻火隔层。电缆隧道、电缆沟和竖井中，在电缆竖井穿越楼板处、竖井和隧道或电缆沟（桥架）接口处，应采用防火包等材料封堵。封闭式耐火槽盒的接缝处和两端，也应用防火包和防火堵料密封。

隧道中按通风区段分隔的防火墙部位应设防火门，其他情况下，有防止窜燃措施时可不设防火门。为防止窜燃，可在紧靠防火墙两侧不少于 1m 区段内的所有电缆上施加防火涂料、包带，或设置挡火板等。

防火墙、耐火隔板和封堵的构成方式，均应满足在等效工程条件下标准试验的耐火极限不低于 1h。防火墙和耐火隔板的间距应符合表 5-1 的规定。

表 5-1　　　　　　　　　　　　**阻 火 分 隔 的 间 距**　　　　　　　　　　　单位：m

类别	地点		间隔
防火墙	电缆隧道	电厂、变电站内	100
	电缆隧道	电厂、变电站外	200
	电缆沟、电缆桥架	电厂、变电站内	100
耐火隔板	竖井	上、下层间距	7

二、常用电缆防火封堵材料

常用的防火封堵材料包括有机防火堵料、无机防火堵料、阻火包、防火隔板、耐火槽盒和防火涂料。

有机防火堵料是以有机合成树脂为黏结剂，添加防火剂、填料等经碾压而成的，具有良好的可塑性、优良的防火性能、耐火时间长、发烟量低，能有效地阻止火灾蔓延与烟气的传播。这种堵料长久不固化，可塑性很好，可以任意地进行封堵，主要应用在建筑管道和电线电缆贯穿孔洞的防火封堵工程中，特别适用于成束的电缆或电缆密集区域与电缆间、电缆与其他物体间缝隙的阻火封堵，并与无机防火堵料、阻火包配合使用。

无机防火堵料，也称速固型防火堵料，以快干胶黏剂为基料，添加防火剂、耐火材料等经研磨、混合均匀而成。该堵料具有较高的耐火极限及机械强度，能有效地阻止火焰穿透延燃，属于速固型不燃材料，可与有机堵料组合使用构筑防火墙、阻火段等。无机防火堵料对管道或电线电缆贯穿孔洞，尤其是较大的孔洞、楼层间孔洞的封堵效果较好，不仅达到所需的耐火极限，而且还具备较高的机械强度，与楼层水泥板的硬度相差无几。

阻火包是用不燃或阻燃性的纤维布把耐火材料固定成各种规格的包状体，在高温下膨胀和凝固，形成一种隔热、隔烟且严密的封堵层，耐火极限可达 3h 以上。阻火包主要应用于电缆隧道和竖井的防火隔墙和隔离层，以及贯穿大孔洞的封堵，其堆砌或撤换均十分方便。施工时，需要和有机防火堵料配合使用，可堆砌成各种形态的墙体，也可对大的孔洞进行封堵，制作或撤换均十分方便。在封堵电缆贯穿孔洞时，需先将孔洞中的电缆做必要的整理和排列，然后将阻火包平铺嵌入电缆与电缆、电缆与堵料或楼板间的空隙中，可采用交错放置的方式，尽量填充密实。在电缆竖井孔处使用时，需先在竖井孔下端安装抗火支架，在支架上放置一块与洞口大小相同的防火隔板，以承托阻火包。

防火隔板和耐火槽盒具有不燃、耐腐蚀、耐油、质轻、强度大、安装简便等特点，可与堵料配合使用，对于重要回路的电缆可起到防火分隔的作用。

电缆防火涂料涂覆与电缆表面，遇热膨胀形成致密的蜂窝隔热层，有良好的隔热防火效果，并具有耐水、耐火、耐油、耐盐等特点，适用于各种规格的电缆防火保护，能有效地防止火焰沿电缆蔓延。

有机防火堵料、无机防火堵料、阻火包三种防火封堵材料的比较见表 5-2。

表 5-2 　　　　　有机防火堵料、无机防火堵料、阻火包三种防火封堵材料的比较

项目名称	有机防火堵料	无机防火堵料	阻火包
主要成分	树脂、防火剂、填料	快干水泥，防火剂，耐火材料	玻璃纤维，耐火材料，防火剂
可塑性	好	固化结构	包状，可堆砌
受火膨胀性	受火膨胀	受火不膨胀	受火膨胀
实用性	建筑管道及电缆贯穿空洞封堵	较大空洞，楼层间空洞封堵	防火墙、隔层、贯穿打孔的封堵
主要特点	可拆、可塑性好	具和易性，可流动，短时间固化	可拆、可堆砌
密度/(kg/m^3)	$\leqslant 2.0 \times 10^3$	$\leqslant 2.5 \times 10^3$	$\leqslant 1.2 \times 10^3$
耐水性/d	$\geqslant 3$	$\geqslant 3$	$\geqslant 3$
耐油性/d	$\geqslant 3$	$\geqslant 3$	$\geqslant 3$
耐火极限/min	$\geqslant 180$	$\geqslant 180$	$\geqslant 180$

三、电缆防火的一般性措施

电缆的防火措施可分为主动型防火与被动型防火两种。主动型防火从电缆材质、截面选择、运行方式等方面采取措施；被动型防火从火灾报警、防火隔断、电缆口封堵等方面采取措施。

1. 主动型防火措施

在需要进行电缆防火设计时，首先应考虑电缆通道的选择问题。在电缆构筑物内，同一回路工作电源电缆预备用电源电缆，宜布置在不同的层次；当电缆在架空桥架内敷设时，架空桥架的通道应避免通过高温、易爆、易燃和有害气体的地段。

然后，优先选择防火电缆。防火电缆是具有防火性能电缆的总称，包括阻燃电缆和耐火电缆两类。阻燃电缆可以阻滞、延缓火焰沿其表面蔓延的电缆，一般用型号 Z 表示；耐火电缆是在受到外部火焰以一定高温和时间作用的情况下，施加额定电压时依然可以维持通电运行的电缆，一般用型号 N 表示。

其次，可从电缆材质考虑防火措施。在绝缘材料选型方面，交联聚乙烯绝缘与充油电缆相比，具有较高的允许工作温度、较小的弯曲半径、质量轻、附件少等优点，同时没有发生油料渗漏的隐患，防火防爆性能相对较好。在金属保护套选型方面，优先选用铅合金护套或皱纹铝护套。这两种护套各有特点，铅合金护套较皱纹铝护套具有更好的耐腐蚀性能和较小的弯曲半径，但铅合金护套比重大，机械性能不如皱纹铝护套，施工难度较大；而皱纹铝护套较铅合金护套的导电性能好，能耐受较大的短路电流。同时，金属保护套具体选型应结合供电容量实际，在运行条件良好、输送电力容量大的工程中，选择皱纹铝护套比较合适。在外护套选型方面，由于聚氯乙烯耐环境应力开裂性能比聚乙烯好，在燃烧时分解的氯气有利

于阻燃，但聚氯乙烯在燃烧时将分解出含有氯化氢等的有毒气体，而聚乙烯外护套则不存在这个问题，因此针对敷设在人行、车行隧道内的电缆，为考虑人员的安全，应选择低烟无毒的聚乙烯外护套。

在选择电缆截面时，涉及多方面的因素，主要包括电缆敷设情况、电缆隧道通风情况等。在输送电力容量确定的情况下，可采取减少每根电缆的输送容量；同时考虑在最不利条件下，如当电缆隧道发生通风故障时，电缆是否还能有效承受电力输送的设计容量要求，以确保不因电缆线路过电流发热而引起火灾事故。

在电缆附件的选型方面，由于中间接头为电缆主要附件，因此在做防火设计时主要考虑中间接头的选型问题。此时，建议采用预制式中间接头，该接头可避免因安装工技术水平及安装地点环境条件复杂而降低接头质量、引发电缆火灾事故的隐患。

在电缆敷设设计时，需要注意对弱电及控制电缆进行穿管保护。在电缆数量众多的电缆沟道中，低、中、高压电缆混杂，低压电力系统较多采用中性点不接地系统，出现故障频率高，常因电缆过热着火而引起中、高压电缆燃烧事故，因此弱电及控制电缆可穿入镀锌铁管内，以提高线路运行水平。同时，电缆隧道一般都独立设置在地下或穿越山脉，因此有必要采取防鼠咬措施，如在外护套外添加防鼠金属铠装或采取硬质护套等。

最后，提高线路运行水平也可有效保障电缆防火。当设备发生故障时，应尽可能保证电力系统的安全运行、降低故障设备的损坏程度，从而在最短的时限、最小的区间内将故障设备从电网中断开，限制故障进一步扩大。

2. 被动型防火措施

为进一步提高电缆线路的防火水平，在设计电缆线路时，需配套相应的火灾监测和阻火灭火设施。

配置网络式智能火灾报警系统，将电缆隧道分成若干区域，每个区域设置区域控制盘和电缆隧道外的报警系统主控制盘通过光纤组成环形网络。网络内设置线路监视器，可以诊断网络的开路、短路、通信等各方面的故障，并能以声光信号和文字信号予以明确的报警和显示。在网络系统均断路的情况下，各控制盘仍能独立运行和操作，提高了系统的可靠性。

配置由光纤测温电缆、激光光源控制器、多路光转换开关、节点输出单元和上位机等组成的光纤测温系统。光纤测温系统可实时显示电缆线路上的温度分布曲线和各点温度随时间变化的曲线，反应灵敏、维护简单。每根光纤测温电缆可以在长度上进行分区，可以根据温度限值、升温速度、与平均温度差值独立报警。当电缆隧道内的环境温度超过预设温度时，自动启动相应分区的轴流风机；当环境温度继续升高时，启动相应分区的声光报警器，提醒值班人员注意并采取相应的措施。

增设电缆隧道自动灭火装置。自动灭火装置可区分为湿式自动喷水灭火系统、水喷雾灭火系统和气体灭火系统三种类型。湿式自动喷水灭火系统、水喷雾灭火系统均需布设管道，在较长的电力电缆通道内安装困难、成本高、系统反应速度慢。气体灭火系统在电缆隧道中应用更为广泛，采用的气溶胶类灭火剂可根据通道的分隔灵活布置，安装简便。在实施灭火时，气溶胶类灭火剂喷放相对缓慢，不会造成防护区内压力急剧上升，且不需布设管道，成本低。

增设防火门。将隧道划分成若干个区域，在每个区域的交接处要设置防火门。应采用甲级防火门，保证其耐火极限达到 1.2h。在正常情况下，防火门不关闭以保持通风；发生火灾时，防火门体系通过与电缆区域温度报警系统的联动或人工控制，实现远距离遥控电缆隧道防火门的自动关闭。一旦电缆火情出现必然会带来电缆温度的上升,当达到一定危险阈值时通过电缆温度报警系统的监测,可迅速联动系统实现防火门的遥控闭合,给灭火工作提供充足的早期补救时间,有效避免火灾危害的发生。

设置防火墙。电缆隧道内宜每隔一段距离划分防火隔断,设置防火隔墙,在隔墙的端面,可加装防火板,这种工艺起到强化防火时效,提高防火等级的作用,确保整个隔墙的封堵充实、严密,满足 3h 以上的阻燃效果。

四、直埋敷设电缆的防火措施

电缆采用直埋敷设方式,敷设电缆的壕沟中沿电缆全长的上、下紧邻侧需铺以厚度不小于 100mm 的软土或砂层,沿电缆全长覆盖有宽度不小于电缆两侧各 50mm 的混凝土保护板;且电缆敷设时大都埋入冻土层以下,或在土壤排水性好的干燥冻土层或回填土中,因此电缆基本上是隔绝空气的,不会起火。

电缆采取直埋敷设时,也不允许平行敷设于供水、热、气等管道的上方或下方,也就杜绝了因外部因素着火从而引燃电缆的可能,所以直埋敷设电缆可不采取防火措施。

五、电缆沟敷设电缆的防火措施

在电缆沟内,由于多层电缆交叉叠放,一旦某一根电缆爆燃起火燃烧,火势顺着电缆呈线形燃烧,在电缆沟内形成立体燃烧。此时即使断电,火势也很难控制,而且电缆沟内空间狭小,电缆起火后电缆沟内无排烟系统,电缆温度急剧上升,烟火交叉混合,加速了火势的蔓延。同时,沟道在大火猛烈燃烧时温度可达 600～800℃,可造成电缆钢支架烧熔,电缆线芯熔化成珠状。另外,由于沟道内通道窄,电缆烟气不仅破坏电气设备,还会导致相关电气设备发生短路,直接威胁灭火人员的生命安全。因此,在做电缆沟敷设设计时防火设计极为重要。

电缆沟内的防火设计要求在公用主沟道分支出口处、长距离沟道中相隔 200m 或者通风区段处进行防火封堵。封堵时可以采用无机堵料与有机堵料组合封堵或者阻火隔墙封堵的方式。

对于需要经常拆卸封堵材料进行施工的电缆沟,可以采用无机堵料与有机堵料组合封堵。由于有机堵料较为柔软,定型较差,施工中需与无机堵料匹配使用。对于不需经常拆卸的电缆沟,可以采用防火隔墙封堵。

防火隔墙修建示意及封堵实例如图 5-1 和图 5-2 所示。

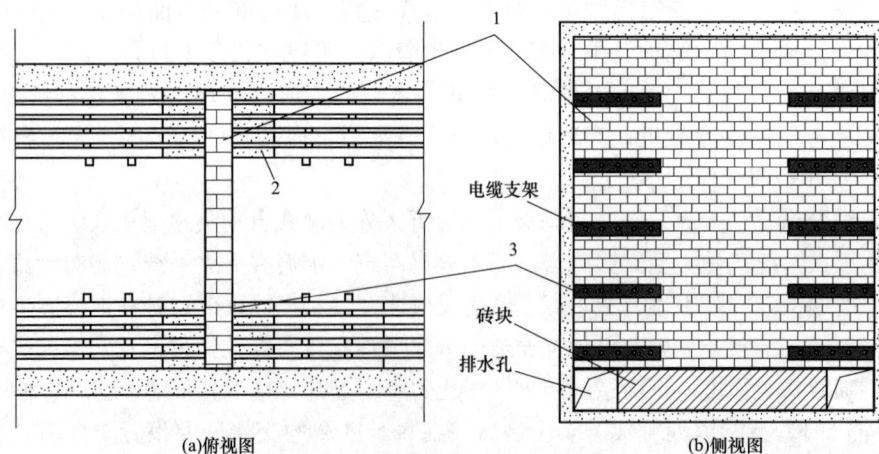

(a)俯视图　　　　　　　　　　　　　　　(b)侧视图

图 5-1　防火隔墙修建示意

1—防火隔墙;2—涂刷电缆防火材料;3—防火隔墙缝隙处使用防火灰浆进行勾勒

图 5-2 防火隔墙封堵实例图

六、隧道敷设电缆的防火措施

电缆隧道是容纳电缆数量较多、有供安装和巡视的通道，全封闭型的电缆构筑物。电缆隧道适用于多回路电缆长距离传输，当某根电缆着火后，火势顺着电缆呈线性燃烧，当隧道内有多层电缆或电缆交叉叠放时，就会引起多根电缆立体燃烧。此时，由于隧道内为狭长封闭场所，发生火灾时，热量不易散发，易形成烟囱效应，隧道内温度骤升，火势迅猛；同时隧道内通风较差，大量烟气难以排出，灭火人员难以接近，火灾扑救困难。

因此隧道电力电缆通道的防火设计需结合电缆火灾特点，开展防火防爆设计，降低因电力设备原因引起故障的概率；在建筑构造上尽量做到与其他建筑相对独立，当火情发生时能控制在一定的范围内，避免蔓延；最后，应采取辅助措施，在火灾发生时早发现、早处理。

类似于电缆沟设置防火墙的办法，电缆隧道中也应设置防火墙和防火门。防火墙的厚度不宜小于 240mm，防火墙两侧不小于 1.5m 的电缆宜缠绕自黏性防火包带、涂防火涂料，或采取防火隔板分隔。涂层长度不小于 1.5m，厚度为 1mm。

电缆隧道封堵示意及现场实例图如图 5-3 和图 5-4 所示。

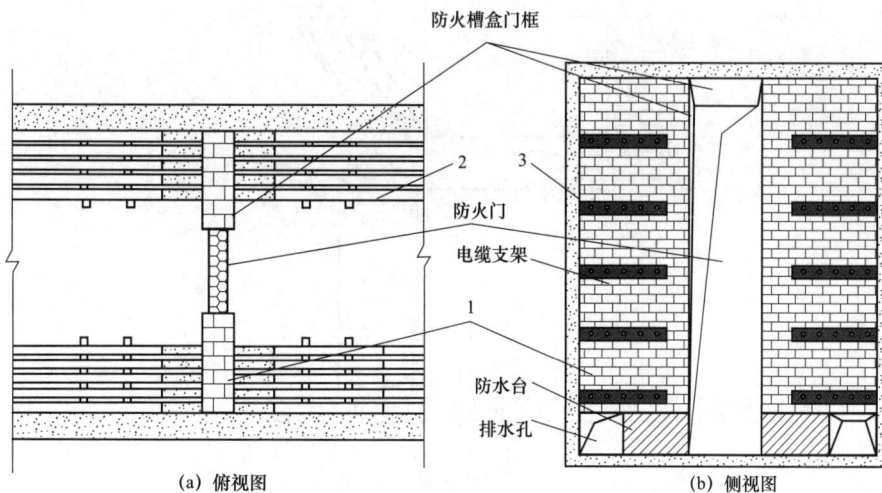

图 5-3 电缆隧道封堵示意

1—防火墙；2—电缆；3—隔墙两侧电缆涂防火涂料

图 5-4　电缆隧道防火门及防火墙封堵实例图

七、竖井敷设电缆的防火措施

竖井中有效的防火措施也是封堵。选择封堵方案时，首先应考虑安全可靠，其次才考虑经济性，并兼顾后期增减电缆是否方便。大型竖井的防火分隔可采用防火隔板、阻火包、有机和无机堵料封堵；中间通道可采用防火隔板；一般竖井若电缆排列整齐可采用防火隔板、有机和无机防火堵料、阻火包封堵。

竖井中每隔约 7m 设置阻火隔层。阻火隔层用角钢做防火支架，并涂刷防火涂料。施工时，用膨胀螺栓将防火支架固定在竖井壁上，然后在固定支架上平铺一层防火板，再在防火板上堆砌无机堵料，无机堵料与电缆周边用有机堵料严密封堵。整个支架安装完备后应保证每平方米面积承重不小于 980N。

在使用无机堵料不便时可选择阻火包，但其价格较高，如条件允许，尽量使用无机堵料与有机堵料进行封堵，电缆竖井封堵示意如图 5-5 所示。

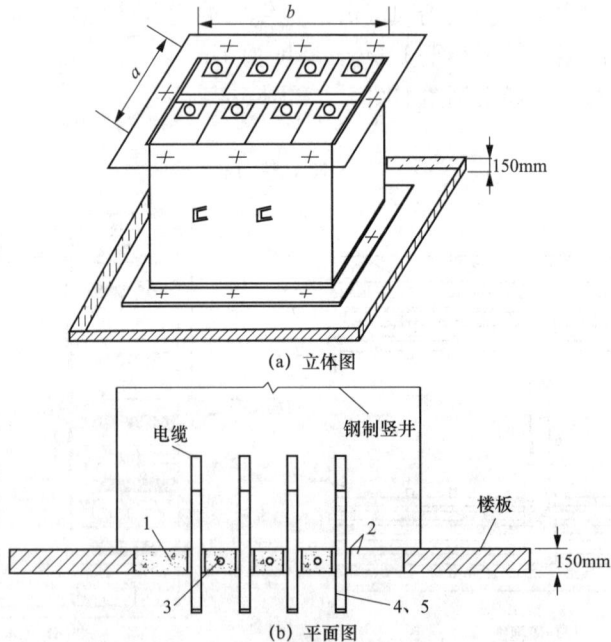

(a) 立体图

(b) 平面图

图 5-5　电缆竖井封堵示意

1—无机防火堵料；2—有机防火堵料，占无机防火堵料的 25%；3—圆钢，$\phi 8$；4—防火包带，膨胀型防火屏障（Pressure Fire Barrier Device, PFBD），$\delta \geqslant 0.05$mm；5—防火涂料

八、桥架敷设电缆的防火措施

钢制电缆桥架需设置防火分隔，可在桥架顶部与底部设置防火板，防火板两侧可涂刷防火涂料，并增加难燃槽盒或加难燃隔板。需要对一段需要防火处理时，可采用钢制耐火桥架及耐火槽盒。

施工时，电缆桥架上可在电缆与防火膨胀模块接触的长度内先用有机堵料封堵密实，然后用防火膨胀模块进行封堵。防火环保膨胀模块与桥架的局部间隙之间用有机堵料封堵密实。防火隔墙上顶部位应与桥架紧接，不能留有缝隙，防火隔墙厚度为240mm，耐火时间要求大于3h。防火隔墙两侧电缆须涂防火涂料，涂层长度应大于1m，厚度为1mm。

电缆桥架封堵示意如图5-6所示，其实例图如图5-7所示。

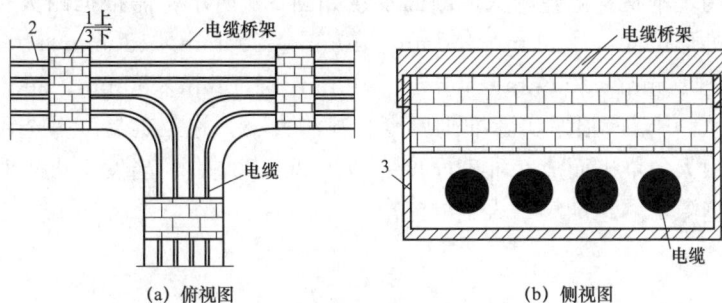

图 5-6　电缆桥架封堵示意

1—防火隔墙；2—防火涂料；3—有机堵料

图 5-7　电缆桥架封堵实例图

第三节　电缆防火设施的设计

电缆起火的原因多种多样，包括短路、过载、击穿、电缆头烧毁和外部火源等，这些情况通常会导致电缆的绝缘层发生破坏，进而引起电缆短路而着火。特别是在长时间过负载的情况下，电缆会严重发热，很容易发生断线并引起火灾；除此之外，如果电缆头的表面潮湿或脏污，也容易产生飞弧而着火。设计电缆时，要求在隧道、电缆沟、变电站夹层和进出线等电缆密集区域，采用阻燃电缆或采取防火措施。在电缆穿过竖井、变电站夹层、墙壁、楼板或进入电气盘、柜的孔洞处，应做防火封堵。在重要电缆沟和隧道中有非阻燃电缆时，宜分段或用软质耐火材料设置阻火隔离，电缆接头两侧及相邻电缆 2～3m 长的区段应采取涂刷防火涂料、缠绕防火包带等措施。

一、防火墙的设计

防火墙耐火极限一般要求不低于 1h，可使用无机堵料或者耐火包为基本材料进行修建。

使用无机堵料为基本材料修建防火墙时，可先按照中空尺寸 30cm×10cm×10cm，进行长方体模具设计。然后将无机堵料调制成粥状，浇灌于模具中，让其自然干燥并养护至足够时间。打开模具，取出已制成的无机堵料固化块备用。在实际应用时，即可根据实际面积、尺寸、形状（见图 5-8），像砌砖一样用无机堵料固化块堆砌成墙，并用新调制的无机堵料作黏结剂，堵塞缝隙，并抹平表面，使之达到平整、美观的效果。

使用耐火包为基本材料修建防火墙断面示意如图 5-9 所示，需根据耐火包堆积厚度，一般常用如下 6 种外形尺寸：125mm×100mm×40mm、200mm×180mm×40mm、300mm×130mm×40mm、120mm×100mm×50mm、240mm×150mm×50mm、360mm×200mm×50mm。在实际施工中，应根据实际堆砌厚度、孔洞大小、施工难易度等选用。施工时应避开通水沟道，用耐火包堆砌而成，堆砌厚度一般需 30cm 左右。当发生火灾时，耐火包受热膨胀，迅速堵塞缝隙，隔绝烟气、火焰的流窜。

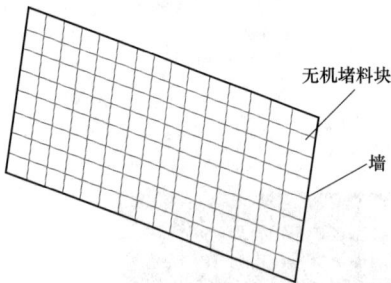

图 5-8 防火墙——以无机堵料固化块堆积

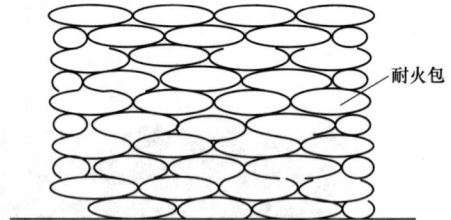

图 5-9 防火墙——以耐火包堆积断面示意

使用耐火包与有机堵料组合修建防火墙断面示意如图 5-10 所示，在火灾初期，由于耐火包尚未达到膨胀，会有少量烟气流窜，为有效阻隔烟气的流窜，可采用耐火包、有机堵料组合封堵，首先堆砌一层耐火包，然后在耐火包上敷设有机堵料，把包与包之间的缝隙封堵严实，再堆砌一层耐火包，最后敷有机堵料；如此重复，直至达到所需的高度。

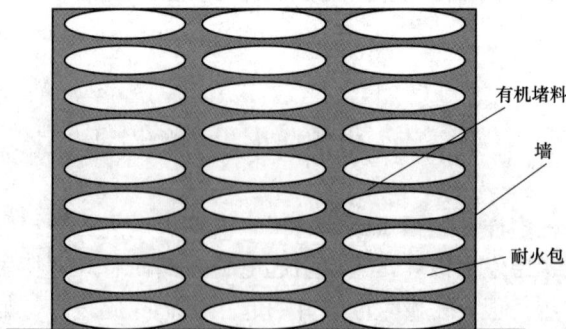

图 5-10 防火墙——耐火包＋有机堵料堆积断面示意

相比于以上三种制作方式的防火墙，以无机堵料固化堆积制作的防火墙目前较为常用，使用时，将无机堵料固化堆积成防火模块，用成品的防火模块制作防火墙（见图 5-11），这种方法施工简单、方便，由于采用少量胶联材料，且制作防火模块时可以将防火模块制作成特有的凹凸自锁形状，使得封堵墙面机械强度大，不易坍塌，特别适合标准电缆沟等大型孔洞的封堵。

图 5-11　采用防火模块制作的防火墙

二、防火槽盒的设计

防火槽盒有良好的隔热、不燃、不爆、耐水、耐油、耐化学腐蚀、无毒及机械强度大、质量小、承载力大和安全可靠的特点。防火槽盒使用后，若防火槽盒内电缆起火可因其自身结构的封闭性导致缺氧自熄，若外部起火也因其槽盒材料不燃性而不会殃及防火槽盒内电缆。防火槽盒安全可靠、安装方便，能进行锯、钻、刨等机械加工，适用于电缆敷设时的耐火分隔，是有效防止电缆着火时火焰延燃的理想材料。

对于不同使用场合，防火槽盒可分为耐火型全封闭槽盒、耐火型半封闭槽盒、电缆隧道用耐火槽盒和耐火型无机槽盒。

耐火型全封闭槽盒适用于 10kV 以下电力电缆，以及控制电缆、照明配线等室内室外架空电缆沟、隧道的敷设。耐火型半封闭槽盒能够经受火焰熏烤，槽内温度可以限制在电缆安全运行允许值内；盒盖为双层盖板，在遇高温时可自动下落，盖住散热孔，隔绝空气。电缆隧道用耐火槽盒可广泛用于隧道、地下公共设施等场合，具有良好的通风透气性。当槽盒着火或电缆过热时，由于火焰作用使原来开启的浸有特种防火涂料的通风网孔堵塞，并膨胀成厚的碳化层包覆电缆；同时，网上小盖自动下落，盖住网面，使燃烧介质缺氧自熄。耐火型无机槽盒用无机材料与增强玻璃纤维构成，其耐火结构为全封闭式，有效防止电缆自燃及外部火种的危害；另外，由于选用无机材料，特别适用于酸、碱腐蚀严重的场合。

在一个区段内全部使用防火槽盒时，其宽度不宜达 1000m，并在槽盒内设置专用接地线。

三、阻火夹层、阻火段及耐火隔板设施设计

电缆夹层是供敷设进入控制室和电子设备间内，仪表、控制装置、盘、台、柜电缆的结构层，是电缆敷设较密集的地方之一。电缆夹层一旦发生火灾，后果不堪设想，因此需要将电缆夹层设计成可阻火形式，以最大限度地减少火灾损失。

阻火夹层除在电缆穿越楼板和墙壁孔洞进行阻火封堵外，还将夹层中的电缆全部涂刷防

火涂料。这种做法工程造价低，但施工工作量大，对施工工艺要求较高。而且电缆防火涂料主要是有机溶剂型，使用后有机溶剂会大量挥发，影响生产人员和施工人员的身体健康，污染环境。为此，可在夹层中电缆沿水平方向每一直线段两端安装 2m 长防火槽盒，防火槽盒的两端用耐火柔性堵料严密封堵，如图 5-12 所示，作为阻火区段，以保证电缆沿水平走向的阻火延燃。采用防火槽盒作为阻火段的工程造价较涂刷防火涂料形成阻火夹层价格高，但胜在工作量小，对施工工艺要求低，而且防火槽盒的使用寿命长，一般在 10 年以上。但这种方法的弊端是没有考虑电缆夹层垂直方向的阻燃问题。

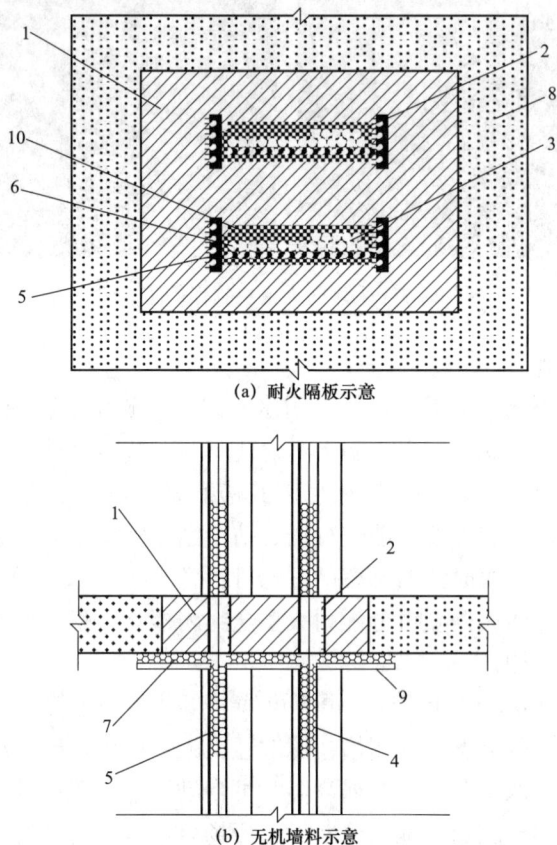

(a) 耐火隔板示意

(b) 无机墙料示意

图 5-12　电缆穿楼板采用耐火隔板和无机堵料封堵示意

1—无机堵料；2—柔性有机堵料；3—柔性有机堵料或防火密封胶；4—防火涂料；
5—电缆架桥；6—电缆；7—耐火隔板；8—楼板；9—支架；10—备用电缆通道

四、隧道电缆消防设施设计

隧道电缆消防可采用分布式光纤测温系统、火灾自动报警系统、重点区域自动灭火等设施。

1. 分布式光纤测温系统

分布式光纤测温系统可实时快速多点测温和测量空间温度场分布，是一种分布式的、连续的、功能型光纤温度测量系统，即在系统中，光纤不仅起感光作用，而且起导光作用。其利用光纤后像拉曼散射的温度效应，可以对光纤所在的温度场进行实时测量，利用光时域反射仪（Optical Time Domain Reflectometer，OTDR）可以对测量点进行精确定位。在电力系统中，分布式光纤测温系统可以通过对电力电缆的运行状态进行在线监测，实时掌握整条线路的运行状态，有效监测电缆在不同负载下的发热状态，提高对电缆的管理水平；可以对隧道的火情进行监测与报警，识别电力电缆的局部过热点，提前发现电缆故障并预警。

2. 火灾自动报警系统

火灾自动报警系统由火灾报警控制器、线形火灾探测器、手动火灾报警按钮、声光报警器、消防模块、消防电话、防火门监控系统、现场联动电源等设备组成。火灾报警控制器之间通过单模光纤连接组网，实现信息互通，与设置的隧道中的综合监控系统进行通信和联动，同时通过设置的火灾图形显示装置，监控整个工程电缆隧道的火灾信息状态和联动设备状态。线型火灾探测器在电缆隧道内每层电缆桥架上敷设一根感温电缆，监测高压电缆温度。手动报警按钮及声光报警器可在电缆隧道内每隔 50m 设置一个，将报警信息传送至消防模块上。现场联动电源可在火灾自动报警系统在确认火灾后，切断有关部位的非消防电源，并接通警报装置及火灾应急照明灯和疏散标志灯，自动停止相关区段风机并接收其反馈信号，在火灾扑灭确认后应能手动启动风机并接收其反馈信号。

3. 重点区域自动灭火

重点区域自动灭火可采用超细干粉自动灭火装置，当隧道内发生火灾事故时，超细干粉自动灭火装置启动进行喷洒灭火。超细干粉自动灭火装置不需要设置专门的储瓶间，占地面积小，无须电源和复杂的电控设备及管线，无须专门的烟、温感探测器，避免了误动作的可能，系统施工简单、可靠性高。超细干粉自动灭火装置可在隧道内采用悬挂安装垂直喷射方式或壁挂安装水平喷射方式。

练 习 题

（1）自容式充油电缆和交联聚乙烯电缆火灾原因及特点是什么？
（2）电缆防火措施主要包括哪些部分？
（3）常用电缆防火封堵材料有哪些？
（4）主动型防火措施包括哪些？
（5）竖井敷设电缆的防火措施包括哪些？

第六章　电缆的路径选择

电缆路径也称电缆路由，其选择的目的是在电力系统规划的线路起讫点之间选择一条全面符合国家各项建设方针政策、适应地区城乡规划和电力系统发展的电缆路径。在选择电缆路径时，应遵照各项方针政策，本着技术可行、安全适用、环境友好、经济合理的原则，综合考虑路径长度、建设施工、运行维护等因素，进行经济技术比较，确定最优方案。

选择电缆路径时通常分为图上预选线、可研选线、初勘选线、终勘选线等阶段，各阶段应根据设计深度要求收集必要的输入资料，并取得政府有关部门和利益相关方对拟定电缆路径的书面意见。

第一节　电缆路径收资及协议

一、收资方案的确定

电缆线路建设环境复杂，不仅要满足电力系统和城乡规划要求，还应与通信、交通、矿产等已建及拟建的设施协调，在城镇区域还应考虑与其他市政设施统一规划。线路路径的确定必须要搜集翔实的约束资料，并取得相关管理机构和利益相关方的书面意见，作为路径选择的边界条件。为此，应首先开展室内图上预选线工作，确定收资的范围。

进行图上预选线时，首先需要根据系统规划资料，明确线路起讫点及中途必经点的位置、电压等级、输送容量、回路数等设计条件。然后，查阅附近区域的既往工程资料、地方年鉴，地方政府发布的城乡规划、矿产资源、交通网络、市政设施等信息，结合地形图及卫星图片，初步了解电缆路径的制约因素。最后，以 1：500～1：10000 地形图为基础，在图上标示出线路起讫点、必经点位置，以及预先了解到的有关城市规划、市政设施、军事设施、地下埋藏资源范围等制约因素，再按起讫点间路径最短原则，避开上述障碍物影响范围，选择 1～3 个方案作为收资方案。

二、收资及协议的范围和内容

电缆路径选择的收资工作是指向地方政府、规划等相关部门了解线路建设的相关政策，了解线路附近的生态红线、禁止建设和限制建设区域的分布，了解城乡规划、市政设施现状及建设规划；向可能与电缆线路产生相互影响的设施的权属或管理单位收集相关的设施分布情况、发展规划，了解与相关规划、设施协调共存的政策和技术要求，为电缆路径选择提供全面的、可靠的边界条件。

资料阶段需调查了解的单位一般包括途经地区的规划、国土、矿产、林业、文物、军事、环保、交通、水利等政府部门，以及通信、油气、供水、电力、矿务等相关企业。该阶段应收集相关单位现有设施及发展规划，以及对线路的技术要求，充分阐释拟建电力电缆线路的情况，取得相关单位同意电缆路径的书面文件。在各设计阶段，电缆线路应根据不同设计深度要求收集满足设计需求的资料。收资单位与收资内容可根据具体工程情况参照表 6-1 确定。

表 6-1 收资单位及内容概况

序号	收货单位	主要收资内容	备注
1	规划建设部门	收集城乡建设、市政设施的现状和规划情况，了解城市规划管理技术规定	
2	国土、矿产管理部门	收集线路附近基本农田分布情况，收集与路径有关的矿产资源分布、属性及开采情况；了解采空区位置、范围及相关的技术要求。收集石油、煤层、气层分布，环境地质、灾害地质资料	
3	市政管理部门	收集市政管网及绿化带等情况	
4	油、气管线管理部门	收集线路附近的油气管线的走向、建设规划，了解相关技术要求	
5	水网管理部门	收集邻近的供水管网分布情况，了解相关的技术要求	
6	旅游管理部门	了解所辖范围内风景名胜区、旅游区范围、规划情况及避让要求	
7	环境保护部门	了解生态红线划定范围，水源保护地，自然保护区级别及分布情况，了解保护范围及相关的建设管理规定	
8	交通管理部门	收集了解沿线各等级公路的路网现状、航道现状及规划，了解相关的技术要求	
9	铁路管理部门	收集邻近的铁路走向和铁路网规划情况，了解线路附近电气化铁路的供电制式，了解铁路部门相关技术要求	
10	通信管理部门	收集邻近的埋地光缆、通信设施分布，了解相关的技术要求	
11	军事管理部门	了解线路附近军事设施相关及相关技术要求	
12	文物管理部门	了解线路附近已有文物保护单位、地下文物资源分布情况及文物保护范围	
13	林木管理部门	了解林地、宜林地范围，了解林业相关的自然保护区等级、范围	
14	水利管理部门	了解当地的河流、水库分布，河道及行洪要求	
15	水文气象部门	收集当地水文气象资料，包括气温、雨雪、日照、风速、雷暴日、土壤冻结深度、覆冰厚度、土壤热阻系数等统计资料	
16	地震局	收集地震台、地磁台位置，了解地震设防烈度	
17	电力部门	收集电网现状及规划：了解变电站、电缆终端站的电缆进出线位置、方向，新建电缆通道与已有、拟建电缆通道相互关系	

三、可行性研究阶段收资及协议深度

1. 收资

可行性研究阶段的收资内容包括电缆路径基本信息、沿线各路径方案资料、地质资料、水文气象资料和主要气象灾害资料。

电缆路径基本信息包括变电站、电缆终端站的电缆进出线位置、方向，新建电缆通道与已有、拟建电缆通道相互关系，远近期过渡方案。

沿线各路径方案资料包括沿线各路径方案地形、地质、水文、林区、主要河流、铁路、地铁、二级以上公路、城镇规划、环境特点、特殊障碍物等。

地质资料包括区域地质调查资料，矿产地质资料，石油、天然气、煤层气地质资料，水文地质、工程地质资料，环境地质、灾害地质资料，物探、化探和遥感地质资料，地质、矿产科学研究成果及综合分析资料，专项研究地质资料，土壤特性（酸碱性和腐蚀程度）等。

水文气象资料涵盖气象资料的来源、气象条件资料、水文条件资料等。具体包括四季特

征，气温（最高气温、最低气温、年平均气温、最热月、最冷月等），降水量（历年平均降水量、最多年降水量、最少年降水量、一日最大降水量等），湿度（历年平均相对湿度、年最大相对湿度、年最小相对湿度、日最小相对湿度、日最大相对湿度等），日照（历年平均日照时数、最多年日照时数、最少年日照时数、年最大日照时数月、年最小日照时数月等），风速（历年平均风速、2分钟平均最大风速），雷暴日（历年平均雷暴日数、年最大雷暴日数、年最小雷暴日数、最大雷暴日数月等），霜、雪、土壤冻结深度，覆冰厚度，地下水等资料。

主要气象灾害资料包括雨涝、高温、干旱、连阴雨、热带风暴（台风、龙卷风）、强对流天气、寒潮、倒春寒、冻害等。

2. 协议

可研阶段应取得沿线规划、国土、林业、环保、文物、公路、水利等政府部门和军事机构，铁路、民航、油气等相关企业同意电缆路径方案的原则性协议文件。设计应对所取得协议中的附加要求进行梳理，分析对工程的影响，并提出应对措施，确保电缆线路与城乡规划、城镇建设协调，确保方案切实可行。

四、初步设计阶段收资及协议深度

1. 收资

初步设计阶段应详细收集沿线规划、国土、矿产、林业、文物、军事、通信、交通、水利等与确定路径方案有关的资料。

对城镇建设、工业区等政府规划，应落实规划主管部门、级别、规划范围和面积、规划年限、现状、建设进度及相关要求。对于保护区、风景名胜区、旅游区等，应落实主管部门、设置级别、相关国家和地方政策、准确位置和边界范围。

对于矿产资源，应落实其准确位置和边界范围、政府主管部门、相关权益归属、储量、开采年限和矿产资源开发所处阶段，包括预查、普查、详查、探矿权和采矿权等。对于沿线已生产（经营）的厂矿、企业等障碍设施，应落实其法人（公有、私人、企业），性质（军用、民用），类型（建筑物、矿产、工厂、通信设施等），面积，年限（设立年限、矿权期限等），矿产资源的储量、开采深度、采厚比、开采方式等信息。

对于林木资源及宜林地等，应落实其主管或归属部门（个人）、分布范围、数量、种类、平均自然生长高度、砍伐赔偿标准等。

对于公路、铁路（地铁）、航空、水运等交通设施，落实主管部门、等级、规划、现状、跨越（避让）要求、净空要求等。对于水利、通信、地震等设施，落实位置和相关要求。对于输油、输气等设施，应落实归属、规划、现状、位置、分布和相关要求。对于民房、经济作物、水产等，落实数量、相关政策及赔偿标准。

对于军事设施，应落实其管理权归属、位置和控制范围，以及相关要求。

最后，应保留所收集的资料的纸质和电子文件（扫描件），同时留有相关收资单位的联系方式。

2. 协议

初步设计阶段应继承可研阶段协议文件和设计成果。同时，初步设计阶段应对可研协议进行复核。对于获取难度较大的协议，设计单位应及时与属地建设管理单位沟通设计方案，建设管理部门有义务进行协调。

设计单位应取得沿线规划、国土、林业、文物、军事、公路、铁路、民航、水利等单位同意路径方案的协议。对于规划区、保护区、风景区、旅游区、矿产资源范围、军事设施等涉及控制范围的协议，协议中应明确其准确控制边界。对于暂时无准确控制边界的，设计单位应根据所掌握的边界范围在路径图上标注并请相关协议部门签字盖章备案。

设计单位应对所取得协议中的附加要求进行梳理，分析对工程的影响并提出应对措施。

五、施工图设计阶段收资和协议深度

施工图设计阶段应进一步向沿线规划、国土、林业、文物、军事、公路、铁路、民航、水利等单位复核相关的设施和规划是否发生变化。当产生的变化影响到路径的选择时，应向相关部门协商，施工图设计阶段仅对初步设计阶段协议做必要的复核。

设计单位应对协议复核中存在的问题和各单位新提出的要求进行梳理，分析对工程的影响，并提出应对措施。在按政府及相关部门的意见完成电缆路径终勘后，还应将路径走向、埋深、通道尺寸等信息报送政府及相关部门备案，以便开展通道保护工作。

第二节 路径选择原则和技术要求

一、电缆路径的选择原则

电缆线路应保证安全运行，便于维修，并充分考虑地面环境、土壤环境和地面、地下各种设施的影响，电缆路径应综合路径长度、施工、运行和维护方便等因素，做到技术可行、安全适用、环境友好、经济合理。

具体要求包括：

（1）电缆路径选择要结合城市总体规划、电网远景规划，与各类管线和市政设施统一安排，并应征得城市规划建设部门的同意。电缆土建设施宜根据电网远期规划情况一次性建成，并留有适当的裕度。

（2）电缆路径应避开存放或制造易燃、易爆、易腐蚀等危险品的场所，宜避开土壤中酸、碱、氯化物、矿渣、石灰和有机腐朽物质等腐蚀区域和杂散电流分布区域，以减小电缆线路所受的化学腐蚀和电化学腐蚀。

（3）电缆路径不应和输送甲、乙、丙类液体管道、可燃性气体管道、热力管道敷设在同一管沟。

（4）电缆路径应避开震动剧烈区域，减小机械外力对电缆的影响，避免电缆金属护套因金属疲劳产生龟裂，引起电缆进潮发生绝缘击穿事故。

（5）电缆路径应减少与各种城市管道、铁路、其他电力电缆的交叉和穿越。供敷设电缆用的保护管、电缆沟或直埋敷设的电缆不应平行敷设于其他管线的正上方或正下方。

（6）电缆沿道路敷设时，不应与排水沟、煤气管、主输水管、弱电线路等敷设在同侧。

（7）电缆跨越河流宜利用城市交通桥梁、隧道等市政公共设施敷设，并应征得相关管理部门的同意。

（8）电缆路径宜选择沉积层或沙土层，不宜选择岩石、低洼存水地带、河滨复填地段。

（9）电缆路径选择应结合远景规划，尽可能避开规划中需要施工的处所。

（10）充油电缆线路经过起伏地区时，应保证供油装置合理配置。

（11）电缆路径在满足安全可靠的前提下应选择最短路径，以节省工程投资。

二、电缆路径选择的一般技术要求

电缆线路应根据相应工程条件、环境特点和电缆类型、数量等因素选择运行可靠、便于维护、经济合理的电缆敷设方式。电缆路径的选择应充分考虑不同敷设方式下的通道形式、尺寸和空间需求。

1. 电缆最小弯曲半径

电缆在任何敷设方式和全部路径条件下，其水平、垂直转向部位、电缆热伸缩部位和蛇形弧部位的弯曲半径应符合电缆绝缘及其构造特性的要求，一般不宜小于表 6-2 所规定的弯曲半径。对自容式铅包充油电缆，其允许弯曲半径可按电缆外径的 20 倍考虑，各型电缆容许弯曲半径可由相应的电缆制造标准查明或由供货方提供。

表 6-2 电缆线路允许的最小弯曲半径

项目	35kV 及以下电缆				66kV 及以上电缆
	单芯电缆		三芯电缆		
	无铠装	有铠装	无铠装	有铠装	
敷设时	20D	15D	15D	12D	20D
运行时	15D	12D	12D	10D	15D

注 D 为成品电缆的标称外径。

2. 同沟敷设电缆的层间距离

当较多数量的电缆统一规划、共用同一路径通道时，若在同一侧的多层支架上敷设，应按电压等级由高至低的电力电缆、强电至弱电的控制和信号电缆、通信电缆"由上而下"的顺序排列。当水平通道中含有 35kV 以上高压电缆时，为使引入柜盘的电缆符合允许弯曲半径要求，宜按"由下而上"的顺序排列。同一工程或电缆通道延伸于不同工程时，均应按工程相同的上下排列顺序配置。

支架层数受通道空间限制时，35kV 及以下的相邻电压等级电力电缆可排列于同一层支架上；1kV 及以下电力电缆也可与强电控制和信号电缆配置在同一层支架上。

同一重要回路的工作与备用电缆实行耐火分隔时，应配置在不同层的支架上。

实行顺序排列原则便于运行维护管理，有利于降低弱电电缆回路的电气干扰强度、实行防火分隔措施。

电缆支架的层间距离应便于电缆敷设和固定，同层敷设多根电缆时，电缆支架间的净距应考虑更换和增设任意电缆的可能，最小净距不宜小于表 6-3 的规定值。

表 6-3 电缆支架层间允许最小净距

电缆类型及敷设特质		层间最小净距/mm
控制电缆		120
电力电缆	每层多一根电力电缆	2d+50
	每层一根电力电缆	d+50
	三根电力电缆品字形布置	2d+50
	三根电力电缆品字形布置多于一层	3d+50
	电力电缆敷设于槽盒内	h+50

注 h 表示槽盒外壳高度；d 表示电缆最大外径。

3. 电缆支架与层板净距

在电缆沟内安装的电缆支架离地板和顶板的最下层垂直净距不小于 10mm，最上层垂直净距不小于 150mm。

在隧道或电缆夹层内安装的电缆支架离地板和顶板的最下层垂直净距不小于 10mm，最上层垂直净距不小于 100mm。

同时，当电缆采用垂直蛇形敷设时，最下层垂直净距应满足蛇形敷设的要求。

4. 电缆通道净宽

电缆浅沟内不设置支架时，不需要有通道。需要考虑通道时，电缆沟、隧道或工作井内通道净宽不小于表 6-4 的规定。同时，非封闭式工井要求参照电缆沟布置。

表 6-4　　　　　　　　电缆沟、隧道或工作井内通道净宽允许最小值　　　　　　单位：mm

电缆支架配置方式	电缆沟深			开挖式隧道或封闭式工井	非开挖式隧道
	≤600	600~1000	≥1000		
两侧	300	500	700	1000	800
单侧	300	150	600	900	800

三、可行性研究阶段选线的一般要求

可行性研究阶段的技术勘察工作是根据地形、地物、路网等参照物，找出图上预选线位置并沿线勘察，并视实际情况对关键的路径制约点进行初测。对石油、天然气等管道拥挤地带，与铁路、城市轨道交通、骨干公路、其他管网等交叉或邻近区域，或其他对路径选择影响较大的障碍物附近，应进行实地选线、定线，落实相关的技术要求，明确路径是否成立。勘察时，要求实地开展区域建设环境调查，了解所经地区土层构造、土壤腐蚀性、冻深、土壤热度、振动情况；了解基本风速、日照、冰厚等气象状况；收集沿线交通、污秽等信息。同时，在电缆途经的县、乡有关部门、企业补充收集沿线与影响的障碍、设施资料，并办理关于线路建设的协议文件。

可行性研究阶段选线是确定电缆路径是否成立的关键环节，应严格贯彻国家各项方针政策和电力系统要求。可行性研究阶段边线工作是按可行性研究阶段室内选定的线路路径到现场进行实地踏勘，进一步调查了解电缆线路建设的外部环境，以验证图上预选线方案是否符合现场实际，并对线路的多个方案进行比较，进一步优化和落实路径方案。

可行性研究阶段选线的一般流程如图 6-1 所示。

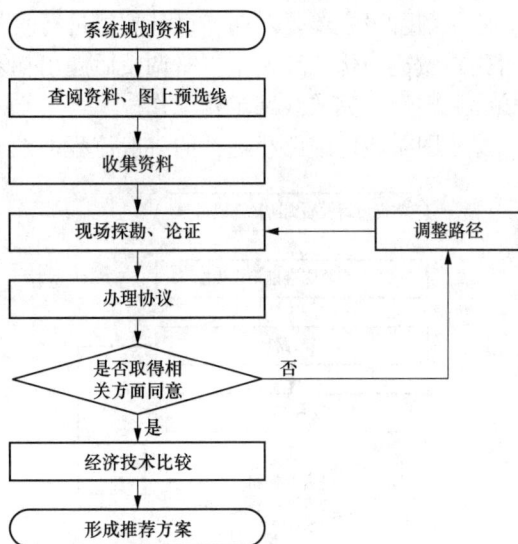

图 6-1　可行性研究阶段选线的一般流程

四、初设选线的一般要求

初设选线是将批准的初步设计电缆路径在工程现场具体落实的环节，在继承可行性研究阶段选线成果的基础上，按实际的地形、地物修正可行性研究阶段选线成果，确定电缆线路

最终的走向，并设立临时标桩。初设选线工作对线路的经济、技术指标和施工、运行条件起着重要作用。因此，要正确处理各因素的关系，选出一条既经济、技术合理，又方便施工和运行的电缆路径。

进行初设选线的技术勘察工作较多，首先要对电缆路径附近的村镇分布、土地利用、海岸性质及利用状况、海滩（潮滩）地形、冲淤特征、地面及地下开发活动等进行调查，选择符合地方规划、与其他开发活动交叉少、有利于电缆管道施工和维护的电缆路径。

其次，要求掌握电缆路径附近的地形地貌、地质、地震、水文、气象、绿化、主要河流、铁路、地铁、城市快速路、城镇规划、特殊障碍物等建设环境特点。尤其要收集灾害地质因素资料，如裸露基岩、陡崖、沟槽、古河谷、浅层气、浊流、活动性沙波、活动断层等，终勘路径应尽可能避开这些灾害地质因素分布区。

然后，根据电缆的电压等级、转弯半径、进出线规划、通道分支情况，综合比较确定电缆井的结构尺寸；并根据现场勘查情况，结合市政综合管线规划的要求，确定电缆通道，得到纵断面设计，明确通道的覆土厚度和坡度；重要交叉、高落差等特殊地形处，绘制纵断面图。

最后，需要明确走廊清理情况，包括拟拆迁的房屋情况，如建筑物的属性、规模、结构分类、价格等并取得相关协议；拆除或迁移"三线"（电力线、通信线、广播线）的情况；拟拆除或迁移、改造地线管线的所属单位、类型、等级、数量、费用；林木砍伐数量，园林、绿地等恢复补偿数量。当走廊清理规模较大时，还应编制相应的专题报告或由建设单位委托第三方完成相应的评估报告。

在面临重要交叉穿越的问题时，如穿越重要市政管线、铁路、地铁、高速、城市快速路、河流等设施时，要求提出相应的处理方案。

初设选线的一般流程如图6-2所示。

五、施工图选线的一般要求

施工图阶段主要是对初步设计方案进行复核，重点核查路径障碍设施的变化情况，必要时对路径做适当优化和调整，对调整后超出初步设计协议范围的路径补充协议文件。在完成复核和调整后，完成线路定测工作。

施工图阶段电缆路径选择的一般流程如图6-3所示。

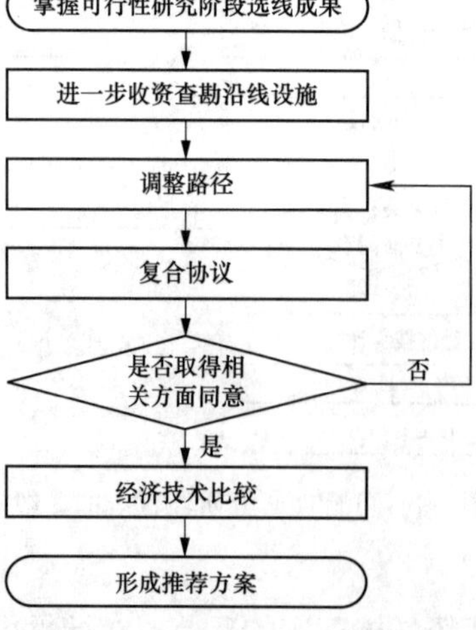

图6-2 初设选线的一般流程

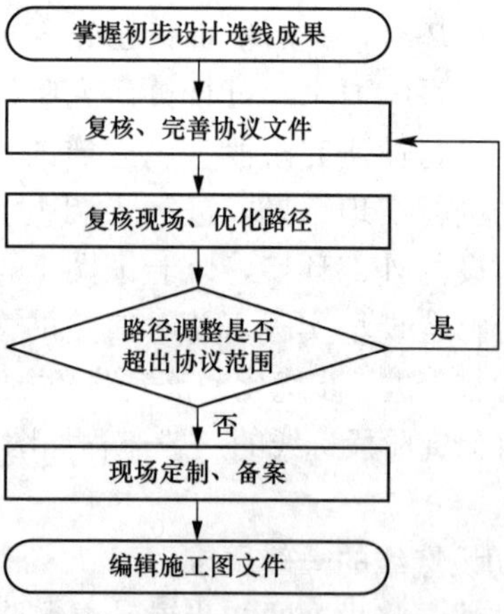

图6-3 施工图选线的一般流程

第三节　外部设施间距要求

一、电缆与电缆之间的距离

电缆与电缆之间的容许最小距离应符合表 6-5 的规定。当电缆与电缆之间采取隔板分隔或者穿管分隔时，其距离可稍微缩小。

表 6-5　　　　　　　　　　　电缆与电缆之间的容许最小距离　　　　　　　　　　单位：m

电缆直埋敷设时的配置情况		平行	交叉
控制电缆之间			0.5*
电缆之间或与控制电缆之间	10kV 及以下电缆	0.1	0.5*
	10kV 及以上电力电缆	0.25**	0.5*
电缆直埋敷设时的配置情况		平行	交叉
不同部门使用的电缆		0.5**	0.5*

*　　用隔板分隔或电缆穿管时不得小于 0.25m；

**　用隔板分隔或电缆穿管时不得小于 0.1m。

二、电缆与管道之间的距离

电缆与管道之间无隔板防护时的允许距离应符合表 6-6 的规定。另外，明敷的电缆不宜平行敷设在热力管道的上部。

表 6-6　　　　　　　　　　电缆与管道之间无隔板防护时的允许距离　　　　　　　单位：m

电缆与管道之间走向		电力电缆	控制和信号电缆
热力管道	平行	1	0.5
	交叉	0.5	0.25
其他管道	平行	0.15	0.1

考虑到电缆载流量一般按环境温度 40～45℃、控制电缆大量使用 PVC 外套且工作温度不宜大于 60℃，结合多种情况下温度分布的实测研究，一般在空气中 300mm 距离温度梯度达到约 10℃时，才对热力管道间距考虑适当增大。

电缆直理敷设时与管道之间的允许最小距离，应符合表 6-7 的规定。

表 6-7　　　　　　　　　　电缆直埋敷设时与管道之间的允许最小距离　　　　　　单位：m

电缆直埋敷设时的配置情况		平行	交叉
电缆与地下管沟	热力管沟	2**	0.5*
	油管或易（可）燃气管道	1	0.5*
	其他管道	0.5	0.5*

*　　用隔板分隔或电缆穿管时不得小于 0.25m；

**　特殊情况时，减小值不得小于 50%。

三、电缆与道路之间的距离

电缆与道路之间的允许最小距离应符合表 6-8 的规定。

表 6-8　　　　　　　　　　电缆与道路之间的容许最小距离　　　　　　　　单位：m

电缆直埋敷设时的配置情况		平行	交叉
电缆与铁路	非直流电气化铁路路轨	3.0	1.0
	直流电气化铁路路轨	10.0	1.0
电缆与公路边		1.0*	

* 特殊情况时，减小值不得小于 50%。

四、电缆与构筑物之间的距离

电缆与构筑物之间的允许最小距离，应符合表 6-9 的规定。

表 6-9　　　　　　　　　电缆与构筑物之间的允许最小距离　　　　　　　单位：m

电缆直埋敷设时的配置情况	平行	交叉
电缆与建筑物基础	0.6*	
电缆与排水沟	1.0*	
电缆与树木的主干	0.7	
电缆与 1kV 以下架空线电杆 1.0	1.0*	
电缆与 1kV 以上架空线杆塔基础	4.0*	

* 特殊情况时，减小值不得小于 50%。

五、电缆对通信线路干扰抑制措施

单芯高压电缆均有必须接地的金属屏蔽层，此时静电耦合产生的感应影响可忽略。同时，电缆线路沿线一般并行有金属支架、接地线，往往还有回流线、其他电缆城镇、工业区内含有大量其他金属管线、钢筋混凝土建筑等金属群，也将起到屏蔽作用，且测试显示这种环境屏蔽系数一般为 0.1~0.8，故可认为电磁感应的影响远比架空线小。

交流系统用单芯电缆与公用通信线路相距较近时，宜维持技术经济上有利的电缆路径，当电缆对弱电回路控制和信号电缆的干扰无法忽略时，可对电缆隧道的钢筋混凝土结构实行钢筋网焊接连通，或者沿电缆线路适当附加并行的金属屏蔽线或罩盒等措施以抑制感应电动势。

第四节　海底电缆路径选择

在进行海底电缆路径选择时，应综合分析工程可行性，遵循安全可靠、经济合理、利于施工及维护的原则，综合考虑自然环境及工程地质条件，且需符合现有海洋开发利用活动及海洋开发利用规划要求，并对多种路由方案进行技术经济比较，选择其中技术经济更加合理的方案。

海底电缆路径选择的流程与陆地电缆路径选择的流程类似，包括路径初选、路径收资及协议、路径勘察、风险评估、审查报批等阶段。

一、路径选择

海底电缆路径初选主要包括登陆段路径及海域段路径选择。登陆段路径选择直接决定了海域段路径选择范围，海域段路径决定了电缆的制造长度和敷设保护难度。为了减少工程投资，提高工程质量，应结合工程收资、现场踏勘提出多个预选方案，并通过综合技术经济比较确定最终方案。

登陆段路径选择应考虑终端站位置或与架空线（陆地电缆）连接方案、登陆段自然环境与施工条件、防冲刷条件、工程总体造价等因素。海域段路径选择考虑因素较多，包括登陆点的位置、规划、通航、渔业、养殖、军事活动、自然保护区、海底石油与采矿等外部活动，沿线水文、气象、海底地形与地质条件、敷设与保护施工条件，其他海底电缆、管线或障碍物，海底电缆曲折系数、制造长度及工程造价，以及运行维护条件等内容。

二、路径收资及协议

海底电缆路径收资范围除常规项目外，通常还应包括航道规划、通航船舶数量与吨位分布、疏浚、军事活动区、渔业与养殖活动、海洋功能区划、海底石油与采矿情况、其他海底电缆与管线、其他海底障碍物等。

在进行海底电缆路径选择时，应办理和国家海洋局或下属单位、国家海事局或下属单位、地方政府、渔政管理部门、相关军事部门、各种自然保护区主管部门、与工程相关的其他海底电缆或管线业主等单位或部门的协议。

三、路径勘探

海底电缆路径勘察是获取工程地质、地形、海洋水文、气象条件的重要手段。勘察范围除常规内容外，还应包括波浪、潮汐、水温和分层流速、最高（低）潮水位、最大风速等水文气象参数；海底水深、坡度、沟槽、沙丘、泥、基岩等地形地貌条件；土壤温度和热阻、生物沉积带分布、海床浅层地质分布、钻孔柱状地质分布等地质条件；海底其他障碍物探测。

路径勘察的方法主要有收资、调研、现场踏勘、气象站观测、单/多波束侧扫声呐、浅层剖面、静力触控、海底钻探等。

海底钻探是成本最高的勘探手段。根据海底电缆工程特点，钻孔深度通常为 $5\sim10\mathrm{m}$ 或是电缆埋深的 5 倍，钻孔间距水深小于 20m 时宜为 100m、水深 $20\sim50\mathrm{m}$ 时宜为 500m、水深 $50\sim1000\mathrm{m}$ 时宜为 2km、水深大于 1000m 时可不设钻探站位。此外，应根据工程要求和地球物理勘察解释结果对站位布设作适当调整。

四、路径风险评估

1. 风险识别

海底电缆路径风险评估应划分为不同的区段，包括主航道、次航道、非通航区等。

高压海底电缆风险评估开始前，应结合工程特点，按实际需求开展数据收集与整合工作。数据收集可直接采用路径收资及勘察成果，但根据实际情况，通常还应补充海底电缆路径初选方案、敷设与保护方式，海底电缆路径历年抛锚等事故记录，海底沙丘移动、地震等特殊地质情况。

高压海底电缆风险分为人为破坏风险和自然环境风险。人为破坏风险主要包括锚害风险、疏浚风险、采沙风险、海洋石油与采矿风险、废弃物倾倒风险、与其他电缆或管线交叉风险、深海捕鱼风险、养殖活动风险等。自然环境风险主要包括沙丘移动、海底地震、海底滑坡、潮水冲刷等。

2. 风险计算

在海底电缆面临的各种危险源中，海底电缆自身风险因素和自然风险影响较小，人为因素影响较大，其中锚害影响占主导地位。

（1）落锚集中频率

坠落物在水中的运动路径主要与物体的形状、质量有关。因此船舶落锚时，并不是一定会击中海底电缆，而是存在一定的概率。

落锚击中电缆的频率可按下式计算。

$$F_H = N_S F_D (1 - P_M) P_L P_H \tag{6-1}$$

式中 F_H——落锚击中电缆的频率，次/年；

   N_S——通过海底电缆路径断面具有锚泊可能的船舶数量，艘；

   F_D——漂移频率，次/（艘·年）。根据各通航区域的实际统计数据估算，如无数据可按 2×10^{-5} 次/（艘·年）估算；

   P_M——不在海底电缆附近进行抛锚的概率，由海底电缆运行策略、当地海事部门的政策及数据统计综合提出；

   P_L——抛锚操作时，船员对锚失去控制的概率；

   P_H——落锚击中海底电缆的概率。

分析落锚风险概率时，将相关海域划分为若干航道。各航道内的水文条件基本相同，锚在同一航道内落下时可以认为受到的外部环境影响是相似的，航道内落锚的频率和分布也是一致的。

（2）拖锚击中频率

根据事故案例及历年事故数据统计分析，船舶拖锚造成海底电缆损坏的概率较高，是重要的风险因素，一般在海底电缆路径附近不允许船舶抛锚。但由于偶然因素，如风浪流等气候原因，船舶临时抛锚，或渔船的违规抛锚作业等都有可能发生。

抛锚是在船舶失去动力的情况下考虑的，船锚被抛到海底后，主要通过锚贯入海床利用土壤的阻力来提供反力从而固定船舶。船锚可能不会直接钩住电缆，但船锚如果没有抓住海底，就会造成拖锚现象。水深超过锚链长度的 1/3，或者海底泥土太软或太硬，如淤泥或黏土，或者风浪流等环境条件太恶劣，都可能发生船锚钩住电缆，造成电缆损坏的情况。

锚钩住海底电缆的可能性及相应的频率计算方法如下式：

$$F'_H = N_S (1 - P_M) F_D \frac{\alpha}{V_S \times 1852} P'_H \tag{6-2}$$

式中 F'_H——抛锚钩住电缆的频率，次/年；

   V_S——船舶速度，节；

   1852——常数，h·m/nmile；

   α——锚固定在海底前被拖的长度，m，由船舶实际模型和数据计算；

   P'_H——抛锚发生时，锚击中海底电缆的概率，一般取 1.0（假定船舶航线与海底电缆路径垂直交叉）。

（3）搁浅撞击频率

搁浅撞击频率是指在电缆登陆区域存在船舶漂移最终搁浅砸中海底电缆，导致电缆损坏的可能。船舶搁浅撞击频率与每艘船舶由于碰撞而导致沉没的概率有关，但在登陆区漂移船舶撞击到海底电缆的概率非常低。

船舶在海底电缆上搁浅撞击概率假设由下式计算：

$$P'_H = K_1 P_S \tag{6-3}$$

式中　K_1——考虑在电缆区域漂移搁浅的修正因子，由电缆登陆区域与关键海区的关系来估算（主要取决于区域的船舶密度）；

　　　　P_s——足够大尺寸的船舶在区域内能够造成电缆损坏的概率，搁浅损坏海底电缆的概率对于所有船舶来说一般低于1%。

（4）沉船击中频率

沉船击中海底电缆是由很多因素造成的，包括碰撞、火灾或结构失效等。碰撞可能直接导致船舶沉没或船舶失火、爆炸而间接导致船舶沉没。沉船对海底电缆的损坏理论上可看成沉船这种落物对海底电缆的损坏，因此沉船损坏海底电缆的概率计算方法原理上应用的是落物风险概率计算方法。

根据中华人民共和国海事局事故统计及案例分析，沉船造成海底管线或电缆损坏的概率极低，设计时一般可以忽略。

3. 风险后果分析

海底电缆风险后果分析内容应包括海底电缆损伤后对人员、财产和环境等产生不利影响的严重程度，分析中也可考虑失效造成海底电缆损坏、服务中断造成的损失情况。

进行海底电缆风险后果分析时应考虑社会影响、人身安全、泄漏点周围的环境、停电时间和直接经济损失等因素。详细分级依据可参考表6-10，也可根据实际需要采用其他分级依据。

表 6-10　　　　　　　　　　　　　　风险发生后果分级

后果大小	社会影响	人身安全	环境影响	停电时间/月	直接经济损失/万元
轻微	无影响或轻微影响：没有公众反应或者公众对事件有反应，但是没有公众表示关注	伤害可以忽略，不用离岗	充油海底电缆绝缘油泄漏，不影响现场以外区域，微损，可很快清除	无	≤1
一般	有限影响：一些当地公众表示关注；受到一些指责；一些媒体有报道和一些政治上的重视	轻微伤害，需要一些急救处理	现场受控制的泄漏，没有长期损害	≤1	1~10
中等	很大影响：引起整个区域公众的关注，大量的指责，当地媒体有大量反面的报道，国家媒体或当地/国家政策的可能限制措施或许可证影响，引发群众集会	受伤，造成损失工时事故	应报告的最低量的失控性泄漏，对现场有长期影响，对现场以外区域无长期影响	1~3	10~100
重大	国内影响：引起国内公众的反应，持续不断地指责，国家级媒体的大量负面报道，地区/国家政策的可能限制措施或许可证影响，引发群众集会	单人死亡或严重受伤	绝缘油大量泄漏，对现场以外某些区域有长期伤害	3~12	100~1000
灾难	国际影响：引起国际影响和国际关注，国际媒体大量反面报道或国际政策上的关注，受到来自群众的压力，可能对进入新的地区得到许可证或税务上有不利影响，对承包方或业主在其他国家的经营产生不利影响	多人死亡	100t 以上烃类及危险物质泄漏，对现场以外地方长期影响	≥12	≥1000

对海底电缆风险概率和风险后果评估完成后，可将两者置于二维不连续矩阵中，采用最低合理可行（As Low As Reasonably Practicable，ALARP）原则对风险水平进行分级，见表 6-11。ALARP 原则也称"二拉平"原则，是当前国外风险可接受水平普遍采用的一种项目风险判据方法，由不可容忍线和可忽略线将项目风险划分为风险严重区、ALARP 区和可忽略区。

表 6-11 中，黑色区域为高风险区域，表明风险不可接受，需采取更精确的评价方法或风险控制措施；灰色区域为一般风险区域，表明风险原则上可接受，需采取风险控制成本与收益分析，以确定是否采取风险控制措施；白色区域为风险较低，表明无须开展进一步的研究。

表 6-11 海底电缆风险矩阵

风险可能性		风险后果				
可能性	频率 1/(100km·年)	Ⅴ	Ⅳ	Ⅲ	Ⅱ	Ⅰ
Ⅴ	>0.5	高	高	高	高	ALARP
Ⅳ	0.25~0.5	高	高	高	ALARP	低
Ⅲ	0.1~0.25	高	高	ALARP	低	低
Ⅱ	0.05~0.1	高	ALARP	低	低	低
Ⅰ	≤0.05	ALARP	低	低	低	低

练 习 题

（1）电力电缆收资及协议的范围和内容包括哪些？

（2）电缆路径的选择原则是什么？

（3）电缆路径选择的一般技术要求包括哪些？

（4）施工图选线的一般要求有哪些？

（5）电缆对通信线路干扰抑制措施有哪些？

参 考 文 献

[1] 《电力电缆设计与采购手册》编委会. 电力电缆设计与采购手册 [M]. 北京：机械工业出版社，2017.

[2] 唐波，孟遂民，郑维权，等. 架空输电线路设计 [M]. 3 版. 北京：中国电力出版社，2023.

[3] 李光辉. 电力电缆施工技术 [M]. 北京：中国电力出版社，2017.

[4] 中国电力工程顾问集团有限公司，中国能源建设集团规划设计有限公司. 电力工程设计手册：电缆输电线路设计 [M]. 北京：中国电力出版社，2019.

[5] 祝贺. 电力电缆线路设计、施工及运检 [M]. 北京：中国电力出版社，2021.

[6] 李国征. 电力电缆线路设计施工手册 [M]. 北京：中国电力出版社，2007.

[7] 哈尔滨理工大学. 卓金玉. 电力电缆设计原理 [M]. 北京：机械工业出版社，1999.

[8] 《电力电缆设计与采购手册》编委会，印永福. 电线电缆手册 [M]. 2 版. 北京：机械工业出版社，2009.